U0324256

阀门设计技术选编

技术选编

王贵武 于 田/主编

Famen Sheji Jishu Xuanbian

China University of Mining and Technology Press

中国矿业大学出版社
·徐州·

图书在版编目(CIP)数据

阀门设计技术选编 / 王贵武,于田主编. —徐州：
中国矿业大学出版社,2022.3

ISBN 978‐7‐5646‐5178‐7

Ⅰ.①阀… Ⅱ.①王… ②于… Ⅲ.①阀门－设计
Ⅳ.①TH134

中国版本图书馆 CIP 数据核字(2021)第 263377 号

书　　名　阀门设计技术选编
主　　编　王贵武　于　田
责任编辑　姜　华
出版发行　中国矿业大学出版社有限责任公司
　　　　　(江苏省徐州市解放南路　邮编 221008)
营销热线　(0516)83884103　83885105
出版服务　(0516)83995789　83884920
网　　址　http://www.cumtp.com　**E-mail**：cumtpvip@cumtp.com
印　　刷　江苏淮阴新华印务有限公司
开　　本　787 mm×1092 mm　1/16　**印张** 17.5　**字数** 330 千字
版次印次　2022 年 3 月第 1 版　2022 年 3 月第 1 次印刷
定　　价　100.00 元

(图书出现印装质量问题,本社负责调换)

王贵武　1941年生,河南淮阳人,大专学历,机械工程师,中国机械工程学会会员,河南省基层科协会员。1960年到中国长城铝业公司机械厂工作,期间当过钳工、机械加工现场技术员、生产计划员,从事过非标设备设计、设备修理和氧化铝生产设备检修等技术工作。精通工业阀门的设计和工业杂质泵加工制造等技术理论知识。在中国长城铝业公司机械厂工作近40年,1997年退休。退休后曾先后被郑州顺达水泵厂、河南上蝶阀门股份有限公司、河南高山阀门集团有限公司、河南泉舜流体控制科技有限公司、河南中铝装备有限公司等企业聘请,负责杂质泵加工制造、安装、调试技术工作,以及阀门研发、设计工作,期间曾担任技术总工程师和技术顾问等职务。

1. 获奖项目

(1) 2000年6月"SQ47H-25Q型系列双偏心法兰式球阀"项目荣获郑州市科学技术奖二等奖。

(2) 2004年提出的"采用车床连杆机构车球面"项目被郑州市科技局、郑州市总工会、郑州市经济委员会等部门评为2004年职工合理化建议优秀成果三等奖。

(3) 2005年被高山镇党委会、镇委会评为"发展高山经济特别贡献者"。

2. 在国内外专业杂志发表多篇论文,其中发表于《机械制造》1994年第7期的《高锰钢难加工材料的刀具设计》论文被莫斯科全俄科技情报研究所摘录。

3. 主导、参与研发、设计新型产品十多种,获国家实用新型专利十余项,如多偏心双半球阀、双偏心半球阀、耐高温双向金属密封偏心蝶阀、氧化铝高压溶出管网料浆控制阀和AW系列阀门气动执行器等产品。设计的部分新型产品曾被国家重点工程装备采用,并被全国各地大中型企业所使用。

　　于田　1967年生,安徽省亳州人,中共党员,大专学历,高级工程师。1991年毕业于郑州纺织工学院机电一体化专业,毕业后进入河南上蝶阀门股份有限公司工作,从事过钳工、生产计划调度、研发设计、现场安装、维修、市场营销策划等工作。在工作期间,通过刻苦学习、深入实践和勤于总结,全面掌握工业阀门的设计、安装、维修等技术以及市场营销技能,成绩显著,贡献突出,多次被评为省、市劳动模范和先进工作者。

　　2006年创办郑州中特阀门有限公司,担任公司的技术部经理,掌握了丰富的阀门设计、选型、安装、维修等技术的理论知识,并积累了宝贵的实践经验。2010年10月又创办河南上阀阀门股份有限公司,担任公司的总经理。

　　30年来,在阀门行业一步一个脚印地从阀门研发、设计、制造加工到市场策划等工作稳步前进,先后担任技术员、工程师、技术总监、总经理等职务。拥有国家实用新型阀门专利107项,荣获省、市科技成果奖19项。被聘为中国机电装备维修与改造技术协会冶金分会资质评审员、开封大学阀门学院客座教授。2020年发起成立河南省阀门工业协会,主导或参与研发、设计新型阀门十多种,如防抱死蝶阀、双偏心半球阀、水轮机进水球阀、超高温烟道阀、水利调流调压阀等,部分创新产品被国家重点工程装备采用,畅销全国各大中型企业,出口十多个国家。

前　言

　　《实用阀门技术选编》出版以来,深受广大读者的欢迎和青睐,同时也收到了很多热心读者的合理化建议,希望增加一部分特种阀门的设计范例和典型阀门的制造、加工工艺实例。为此,我们收集整理和精选了国内部分知名企业和高校的专家、学者的先进设计计算范例等宝贵经验资料,在《实用阀门技术选编》的基础上编写了《阀门设计技术选编》,供广大读者研究、学习与交流。本书可作为阀门制造行业工程技术人员、管理及销售人员的参考资料,也可作为大中专院校机械设计与制造专业学生的学习用书。

　　本书的主要特点如下:

　　1. 本书新增介绍了特种阀门工作原理、密封结构形式、设计计算公式、材料选择、使用工况条件以及常用的各种技术参数等,使本书内容体系更加合理。书中结合生产实际突出重点,通俗易懂,便于应用,实用性和可操作性强。

　　2. 本书比较详细地讲述了阀门在严苛工况下材料的力学性能、在不同温度下的技术参数变化和选择,例如:高温高压阀门、低温阀门、电站阀门设计计算以及氟塑料衬里耐强腐蚀阀门等数种特殊阀门设计技术难题,并列举了典型阀门的制造、加工工艺等。书中还介绍了阀门在严苛工况下设计的重要注意事项等内容。

　　3. 书中引用了国内外阀门技术新标准及新材料、新工艺等,图文并茂地阐述了现代阀门技术新知识,解决设计高温、高压、低温、耐强腐蚀等阀门的技术难题,从而可以提高阀门设计人员的技术水平,并可供广大读者学习、参考。

　　4. 本书精选了国内部分知名企业和高校的专家、学者的先进设计计算范例等宝贵经验资料,供广大读者研究、学习、借鉴与共享。同时,书中的产品设计实例所应用的计算公式等内容是我们的工作经验体会和实践经验总结,经过多年验证,其计算结果是比较准确、可靠的。

　　开封大学阀门学院王晓明教授等老师对本书的修改部分内容进行了认真的审阅。河南上阀阀门股份有限公司总经理、高级工程师于田先生为本书的出版予以鼎力资助。河南泉舜流体控制科技有限公司高级工程师吴红涛副总监,杭州萧山长铝物资有限公司总经理、高级经济师王海东先生,河南中铝装备有限公司工程师时永鑫先生等对本书的出版给予大力支持和帮助。同时，书中介绍了一些国内知名企业和高校的专家、学者的经典文献，在此一并致以崇高的敬意和衷心的感谢！

我们提倡学术公开、知识共享、传承技术、服务社会，编写本书旨在抛砖引玉，书中难免存在疏漏之处，敬请专家、学者和广大读者批评指正。

编　者
2021 年 10 月

目　　录

第一章　阀门的基础知识

阀门属于通用机械的重要分支,广泛用于石油、化工、冶金、电力、造纸、水利等行业。阀门是流体管路控制装置,在管路中发挥着重要作用。比如:接通或截断介质;防止介质倒流;调节介质压力、流量;分离、混合或分配介质;防止介质压力超过规定值;防止介质跑、冒、滴、漏现象,避免由此引起的各种事故的发生。由此可见阀门在管路中的重要性。

鉴于阀门的重要作用,对阀门的质量提出了更高的要求,同时也对阀门设计人员、维修人员以及与其相关的工程技术人员提出了新的要求。人们要想创新思维,应用新技术、新材料、新工艺精心设计和制造出新的阀门产品,就必须首先熟悉、掌握阀门的基本知识,了解各种阀门的结构、原理、性能及安装、调试、操作、维护等方面的技术和知识。

第一节　阀门的主要参数

一、公称尺寸

公称尺寸(DN)是用于管道系统元件的字母和数字组合的尺寸标识。它由字母 DN 和后跟无因次的整数数字组成。这个数字与端部连接件的孔径或外径(单位用 mm 表示)等特征尺寸直接相关。

需要注意的是,除在相关标准中另有规定,字母 DN 后面的数字不代表测量值,也不能用于计算目的。

DN 系列的优先选用的 DN 数值见表 1-1。

表 1-1　优先选用的 DN 数值

DN6	DN100	DN700	DN2200
DN8	DN125	DN800	DN2400
DN10	DN150	DN900	DN2600
DN15	DN200	DN1000	DN2800
DN20	DN250	DN1100	DN3000
DN25	DN300	DN1200	DN3200

表 1-1(续)

DN32	DN350	DN1400	DN3400
DN40	DN400	DN1500	DN3600
DN50	DN450	DN1600	DN3800
DN65	DN500	DN1800	DN4000
DN80	DN600	DN2000	

二、阀门的压力

1. 公称压力

公称压力(PN)是与管道系统元件的力学性能和尺寸特性相关,用于参考的字母和数字组合的标识。它由字母 PN 和后跟无因次的数字组成。

需要注意:一是字母 PN 后跟的数字不代表测量值,不应用于计算目的,除非在有关标准中另有规定;二是除与相关的管道元件标准有关联外,术语 PN 不具有意义;三是管道允许压力取决于元件的 PN 数值、材料和设计以及允许工作温度等,允许压力在相应标准的压力-温度等级表中给出;四是具有同样 PN 和 DN 数值的所有管道元件同与其相配的法兰具有相同的配合尺寸。

PN 数值应从表 1-2 所列系列中选择。

表 1-2 DIN 系列和 ANSI 系列的 PN 数值

DIN 系列	PN2.5	PN6	PN10	PN16	PN25	PN40	PN63	PN100
ANSI 系列	PN20		PN50	PN110	PN150		PN260	PN420

注:DIN 指德国标准化学会,ANSI 指美国国家标准学会。

2. 阀门的壳体试验压力

阀门的壳体试验压力是指对阀门的阀体和阀盖等连接而成的整个阀门外壳进行试验的压力,其目的是检验阀体和阀盖的致密性及包括阀体与阀盖连接处在内的整个壳体的耐压能力。

阀门的壳体试验压力按照表 1-3 的规定执行。

表 1-3 阀门的壳体试验压力   MPa

试验介质	试验压力
液体	≥阀门在 20 ℃时允许最大工作压力的 1.5 倍(1.5×CWP)
气体	≥阀门在 20 ℃时允许最大工作压力的 1.1 倍(1.1×CWP)
液体+气体	先进行液体介质的壳体试验,合格后才进行气体介质的壳体试验,要求同上

注:按照《工业阀门 压力试验》(GB/T 13927—2008)第 4.7.1 条的规定执行。

3. 阀门的密封试验压力和上密封试验压力

阀门的密封试验压力和上密封试验压力按照表 1-4 规定执行。

表 1-4　阀门的密封试验压力和上密封试验压力

试验项目	试验介质	试验压力
上密封试验	液体	≥阀门在 20 ℃时允许最大工作压力的 1.1 倍(1.1×CWP)
密封试验	液体	≥阀门在 20 ℃时允许最大工作压力的 1.1 倍(1.1×CWP)
	气体	0.6 MPa±0.1 MPa; <PN10 时,阀门在 20 ℃时允许最大工作压力的 1.1 倍(1.1×CWP)

注:按照《工业阀门 压力试验》(GB/T 13927—2008)第 4.7.2 条和第 4.7.3 条的规定执行。

公称压力 PN 与英制单位压力级 CL 的对照见表 1-5;K 级(日本标准压力)与 CL 的对照见表 1-6。

表 1-5　公称压力 PN 与 CL(psi)对照表

压力级	CL150	CL300	CL400	CL600	CL800	CL900	CL1500	CL2500	CL3500	CL4500
公称压力	PN20	PN50	PN68	PN110	PN130	PN150	PN260	PN420	PN560	PN760

表 1-6　K 级与 CL(psi)对照表

压力级	CL150	CL300	CL400	CL600	CL900	CL1500	CL2000	CL2500	CL3500	CL4500
K 级	10	20	30	45	65	110	140	180	250	320

三、压力-温度等级

阀门的压力-温度等级是在指定温度下用表压表示的允许最大工作压力,当温度升高时,允许最大工作压力随之降低。压力-温度等级数据是在不同工作温度和工作压力下正确选用法兰、阀门及管件的主要依据,也是工程设计和生产制造中的基本参数。

许多国家都制定了阀门、管件、法兰的压力-温度等级标准。比如,中国标准 GB/T 9124—2010,国际标准 ISO/DIS 7005-1,欧洲标准 EN1092-1,美国标准 ANSI B16.5,以及德国标准 DIN 和苏联标准 ГОСТ 等。请见有关资料的详细介绍,这里不再赘述。

阀门常用材料许用压力与介质工作温度的关系见表 1-7;主要零件材料的使用温度范围见表 1-8。

表 1-7　阀门常用材料许用压力与介质工作温度的关系

材　　料	公称压力 PN	介质工作温度/℃						
		<120	<200	<250	<300	<350	<400	<425
HT200	6	0.6	0.49	0.44	0.35			
	16	1.6	1.27	1.09	0.98			
ZG230-450	16		1.6	1.4	1.25	1.1	1.0	0.9
	40		4.0	3.7	3.3	3.0	2.8	2.3
	63		6.4	5.9	5.2	4.7	4.1	3.7
ZG1Cr18Ni9Ti ZG1Cr18Ni12Mo2Ti	6		0.6		0.56		0.5	
	16		1.6		1.4		1.25	
	40		4.0		3.6		3.2	
	63		6.4		5.6		5.0	

材　　料	公称压力 PN	介质工作温度/℃						
		<450	<480	<520	<560	<590	<610	<630
HT200	6							
	16							
ZG230-450	16	0.7						
	40	1.8						
	63	2.9						
ZG1Cr18Ni9Ti ZG1Cr18Ni12Mo2Ti	6		0.45	0.4	0.36	0.32	0.28	0.25
	16		1.1	1.0	0.9	0.8	0.7	0.64
	40		2.8	2.5	2.2	2.0	1.8	1.6
	63		4.5	4.0	3.6	3.2	2.8	2.5

表 1-8　阀门主要零件材料的使用温度范围

材　　料	温度范围/℃	备　　注
HT200	−20～200	用于公称压力≤PN16 的低压阀门
QT400-15 QT400-10	−30～350	用于公称压力≤PN40 的中压阀门
WCA WCB WCC (16 MN,30 MN)	−40～425	用于中高压阀门

表 1-8(续)

材　料	温度范围/℃	备　注
ZG1Cr18Ni9Ti ZG1Cr18Ni12Mo2Ti	−196～600	用于耐腐蚀介质阀门
1Cr18Ni9	−196～600	用于耐腐蚀介质阀门
0Cr18Ni12Mo2Ti	−196～600	用于耐腐蚀介质阀门
20Cr13	−29～425	用于中高压阀门
聚四氟乙烯	−40～200	用于耐腐蚀介质阀门
碳纤维	−120～350	用于耐中温介质阀门
柔性石墨	−200～600	用于耐中高温介质阀门
5860 胶夹 480D551 锦纶帆布	−40～80	用于耐一般介质(水、汽、油)阀门

注:此表为各种材料的极限使用温度,在实际选用中应根据其产品的介质温度范围,确定材料的最低、最高使用温度。其最低使用温度不得低于介质温度范围下限,最高使用温度不得高于介质温度范围上限。

第二节　阀门型号编制方法、编号、命名的说明

　　阀门型号的标准化为阀门的设计、选用、经销提供了方便。当今阀门的类型和材料种类越来越多,阀门型号的编制也越来越复杂。我国阀门行业的阀门型号编制标准为《阀门 型号编制方法》(JB/T 308—2004),适用于闸阀、截止阀、节流阀、蝶阀、球阀、隔膜阀、旋塞阀、止回阀、安全阀、减压阀、蒸汽疏水阀、排污阀、柱塞阀等阀门型号的编制。阀门型号由阀门类型、驱动方式、连接形式、结构形式、密封面材料或衬里材料类型、压力或工作温度下的工作压力、阀体材料等七部分组成,其编制顺序如图 1-1 所示。

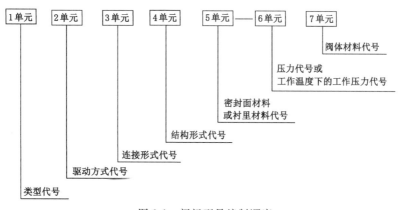

图 1-1　阀门型号编制顺序

目前,阀门制造企业一般采用统一的行业标准编号方法;不能采用统一编号方法的,各生产企业可按自己的情况制定出编号方法。

1 单元:阀门类型代号,见表 1-9 的规定。

表 1-9　1 单元:阀门类型代号

类型	弹簧载荷安全阀	蝶阀	隔膜阀	止回阀和底阀	截止阀	节流阀	排污阀	球阀	蒸汽疏水阀	柱塞阀	旋塞阀	减压阀	闸阀
代号	A	D	G	H	J	L	P	Q	S	U	X	Y	Z

当阀门还具有其他功能作用或带有其他特异结构时,在阀门类型代号前再加注一个汉语拼音字母,按表 1-10 的规定。

表 1-10　带有其他功能作用的阀门表示代号

第二功能作用名称	代号	第二功能作用名称	代号
保温型	B	排渣型	P
低温型	Da	快速型	Q
防火型	F	(阀杆密封)波纹管型	W
缓闭型	H	—	—

2 单元:阀门驱动方式代号,见表 1-11 的规定。

表 1-11　2 单元:阀门驱动方式代号

低温型指允许使用温度低于 −46 ℃ 的阀门										
驱动方式	电磁动	电磁-液动	电-液动	蜗轮	正齿轮	锥齿轮	气动	液动	气-液动	电动	手柄手轮

说明:

(1) 安全阀、减压阀、疏水阀、手轮直接连接阀杆操作结构形式的阀门,驱动方式代号省略,不表示。

(2) 对于气动或液动机构操作的阀门:常开式用 6K、7K 表示;常闭式用 6B、7B 表示。

(3) 防爆电动装置的阀门用 9B 表示。

3 单元:阀门连接形式代号,见表 1-12 的规定。

表 1-12 3 单元:阀门连接形式代号

连接形式	内螺纹	外螺纹	两不同连接	法兰式	焊接式	对夹	卡箍	卡套
代号	1	2	3	4	6	7	8	9

4 单元:阀门结构形式代号,见表 1-13～表 1-23 的规定。

表 1-13 闸阀结构形式代号

结构形式				代 号
阀杆升降式 (明杆)	楔式闸板	弹性闸板		0
		刚性闸板	单闸板	1
			双闸板	2
	平行式闸板		单闸板	3
			双闸板	4
阀杆非升降式 (暗杆)	楔式闸板		单闸板	5
			双闸板	6
	平行式闸板		单闸板	7
			双闸板	8

表 1-14 截止阀、节流阀和柱塞阀结构形式代号

结构形式		代号	结构形式		代号
阀瓣非平衡式	直通流道	1	阀瓣平衡式	直通流道	6
	Z 形流道	2		角式流道	7
	三通流道	3		—	—
	角式流道	4		—	—
	直流流道	5		—	—

表 1-15　球阀结构形式代号

结构形式		代号	结构形式		代号
浮动球	直通流道	1	固定球	直通流道	7
	Y 形三通流道	2		四通流道	6
	L 形三通流道	4		T 形三通流道	8
	T 形三通流道	5		L 形三通流道	9
	—	—		半球直通	0

表 1-16　蝶阀结构形式代号

结构形式		代号	结构形式		代号
密封型	单偏心	0	非密封型	单偏心	5
	中心垂直板	1		中心垂直板	6
	双偏心	2		双偏心	7
	三偏心	3		三偏心	8
	连杆机构	4		连杆机构	9

表 1-17　隔膜阀结构形式代号

结构形式	代号	结构形式	代号
屋脊流道	1	直通流道	6
直流流道	5	Y 形角式流道	8

表 1-18　旋塞阀结构形式代号

结构形式	代号		结构形式	代号	
填料密封	直通流道	3	油密封	直通流道	7
	T 形三通流道	4		T 形三通流道	8
	四通流道	5		—	—

表 1-19　止回阀结构形式代号

结构形式		代号	结构形式		代号
升降式阀瓣	直通流道	1	旋启式阀瓣	单瓣结构	4
	立式结构	2		多瓣结构	5
	角式流道	3		双瓣结构	6
—	—	—		蝶形止回式	7

表 1-20　安全阀结构形式代号

结构形式		代号	结构形式		代号
弹簧载荷弹簧密封结构	带散热片全启式	0	弹簧载荷弹簧不封闭且带扳手结构	微启式、双联阀	3
	微启式	1		微启式	7
	全启式	2		全启式	8
	带扳手全启式	4		—	—
杠杆式	单杠杆	2	带控制机构全启式		6
	双杠杆	4	脉冲式		9

表 1-21　减压阀结构形式代号

结构形式	代号	结构形式	代号
薄膜式	1	波纹管式	4
弹簧薄膜式	2	杠杆式	5
活塞式	3	—	—

表 1-22　蒸汽疏水阀结构形式代号

结构形式	代号	结构形式	代号
浮球式	1	蒸汽压力式或膜盒式	6
浮桶式	3	双金属片式	7
液体或固体膨胀式	4	脉冲式	8
钟形浮子式	5	圆盘热动力式	9

表 1-23　排污阀结构形式代号

结构形式		代号	结构形式		代号
液面连接排放	截止型直通式	1	液底间断排放	截止型直流式	5
	截止型角式	2		截止型直通式	6
	—	—		截止型角式	7
	—	—		浮动闸板型直通式	8

5 单元：阀门密封面材料或衬里材料代号，见表 1-24 的规定。

表 1-24　5 单元：阀门密封面材料或衬里材料代号

材料	锡基轴承合金（巴氏合金）	搪瓷	渗氮钢	氟塑料	陶瓷	Cr13 系不锈钢	衬胶	蒙乃尔合金
代号	B	C	D	F	G	H	J	M
材料	尼龙塑料	渗硼钢	衬铅	奥氏体不锈钢	塑料	铜合金	橡胶	硬质合金
代号	N	P	Q	R	S	T	X	Y

除隔膜阀外，当密封副的密封面材料不同时，以硬度低的材料代号表示。

6 单元：压力代号或工作温度下工作压力代号。

说明：

（1）阀门使用的压力级应符合《管道元件 PN（公称压力）的定义和选用》（GB/T 1048—2005）的规定。

（2）当介质最高温度超过 425 ℃时，标注最高工作温度下的工作压力代号。

（3）当压力等级采用磅级（Lb）或 K 级单位的阀门编制型号时，应在压力代号栏后有磅级（Lb）或 K 级单位符号。

7 单元：阀体材料代号，见表 1-25 的规定。

表 1-25　7 单元：阀体材料代号

阀体材料	碳钢	Cr13 系不锈钢	铬钼系钢	可锻铸铁	铝合金	铬镍系不锈钢	球墨铸铁
代号	C	H	I	K	L	P	Q
阀体材料	铬镍系不锈钢	塑料	铜及铜合金	钛及钛合金	铬钼钒钢	灰铸铁	—
代号	R	S	T	Ti	V	Z	—

第三节　阀门种类、启闭原理和结构

阀门是流体输送系统中的控制部件,具有截止、调节、导流、防止逆流、稳压、分流或溢流泄压等功能。

阀门从最简单的截止阀到极为复杂的自控系统中所用的各种阀门,其品种和规格繁多。阀门可用于控制空气、水、蒸汽、各种腐蚀性介质、泥浆、油品、液态金属和放射性介质等各种类型流体的流动。阀门根据其材质还分为铸铁阀门、铸钢阀门、不锈钢阀门、铬钼钢阀门、铬钼钒钢阀门、双相钢阀门、塑料阀门、非标阀门等。

一、闸阀

闸阀也叫闸板阀,是一种广泛使用的阀门。它的闭合原理是闸板密封面与阀座密封面高度光洁、平整一致、相互贴合,可阻止介质流过。闸阀是靠闸板的楔形形体与阀体的楔形内腔相互配合,并由阀杆上下升降带动闸板闸紧达到密封(关闭)或开启效果的,在管路中主要起切断作用。

闸阀的优点是:流体阻力小,启闭方便;可以在介质双向流动的状态下使用,没有方向性。因为闸板是楔形体,开启省力,全开时密封面不易冲蚀,结构长度尺寸短,既适合作小阀门,也适合作大阀门。

（一）按阀杆螺纹分类

闸阀按阀杆螺纹不同可分为两类:一是明杆闸阀,二是暗杆闸阀。

1. 明杆闸阀

明杆闸阀的阀杆螺母在阀盖或支架上。启闭闸板时,用旋转阀杆螺母实现阀杆的升降。这种结构对阀杆的润滑有利,且开闭程度明显,因此被广泛采用。

2. 暗杆闸阀

暗杆闸阀的阀杆螺母在阀体内,与介质直接接触。启闭闸板时,用旋转阀杆来实现,因此需要安装启闭指示器,以指示启闭程度。这种结构的优点是:闸阀的高度总保持不变,安装空间小,适用于大口径或安装空间受限制的闸阀;缺点是:阀杆螺纹不仅无法润滑,而且直接接受介质侵蚀,容易损坏。

（二）按密封副几何形状配置分类

闸阀按密封副的几何形状的配置不同可分为平行式闸阀和楔式闸阀。平行式闸阀又可分为单闸板式和双闸板式;楔式闸阀也可分为单闸板式、双闸板式和弹性闸板式。

1. 平行式闸阀

平行式闸阀的密封面与垂直中心线平行,即两个密封面互相平行。在平行式闸阀中,以带推力楔块的结构最为常见,即在两闸板中间设置有双面推力楔块,这种闸阀适用于低压、中小口径(DN40～DN300)闸阀。也有在两闸板中间带有弹簧的闸阀,弹簧能产生预紧力,有利于闸板的密封。

2. 楔式闸阀

楔式闸阀的密封面与垂直中心线成某种角度,即两个密封面成楔形。密封面的倾斜角度一般有 $2°52'$、$3°30'$、$5°$、$8°$、$10°$等,角度的大小主要取决于介质温度的高低。一般工作温度愈高,所取倾斜角度应愈大,以减小温度变化时发生热楔死的可能性。在楔式闸阀中,又有单闸板、双闸板和弹性闸板之分。

(1)单闸板楔式闸阀:结构简单,使用可靠,但对密封面角度的精度要求较高,加工和维修较困难,温度变化时热楔死的可能性很大。

(2)双闸板楔式闸阀:在水和蒸汽介质管路中使用较多。其优点是:对密封面角度的精度要求较低,温度变化不易引起热楔死的现象,密封面磨损时可以加垫片补偿;但这种结构零件较多,在黏性介质中易黏结,影响密封,更主要的是上、下挡板长期使用易产生锈蚀,闸板容易脱落。

(3)弹性闸板楔式闸阀:具有单闸板楔式闸阀结构简单的优点,又能产生微量的弹性变形弥补密封面角度加工过程中产生的偏差,从而改善了工艺性,现已被大量采用。

楔式闸阀实物和结构图见图 1-2。

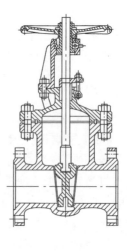

图 1-2　楔式闸阀实物和结构图

二、截止阀

截止阀也叫作截门,是使用广泛的一种阀门。它在开闭过程中密封面之间摩擦力小,比较耐用,开启高度不大,制造容易,维修方便,不仅适用于中低压,而且适用于高压。

截止阀的闭合原理是:依靠阀杆压力,阀瓣密封面与阀座密封面紧密贴合,阻止介质流通(即关闭时切断介质)。

截止阀只许介质单向流动,安装时有方向性。它的结构长度大于闸阀,同时流体阻力大,长期运行时,密封可靠性不强。

截止阀分为三类:直通式、直角式、直流式(如 Y 型截止阀)。截止阀实物和结构图见图 1-3。

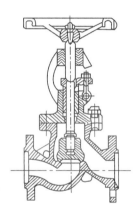

图 1-3　截止阀实物和结构图

三、蝶阀

蝶阀是指关闭件(阀瓣或蝶板)为圆盘,围绕阀轴旋转达到开启与关闭的一种阀门。它在管道上主要起切断、节流或调节介质的作用,可用于供水、气体、油品等行业的截流、节流工况场所,还可用于高温、高压的管网系统之中控制介质。

蝶阀主要由阀体、阀杆、蝶板和密封圈组成。阀体呈圆筒形,轴向长度较短,内置蝶板。

蝶阀按结构分大概有中线型、单偏心、双偏心、三偏心等种类。

蝶阀启闭件是一个圆盘形的蝶板,在阀体内绕其自身的轴线旋转 90°,从而达到启闭或调节介质的目的。蝶板由阀杆带动,若旋转至 90°,便能完成一次启闭过程。改变蝶板的偏转角度,即可达到控制或调节介质流量的目的。蝶阀和蝶杆本身没有自锁能力,为了蝶板的定位,要在阀杆上加装蜗轮减速器。采用手动蜗轮减速器,不仅可以让蝶板具有自锁能力,能使蝶板停止在任意位置上,还能改善阀门的操作性能。

蝶阀适用于各种介质,通常用于液体或气体,如燃气、冷热空气、化工冶炼和发电环保、给排水等工程系统中输送各种腐蚀性、非腐蚀性流体介质的管道上,也用于调节和截断介质的流动。

工业专用蝶阀耐高温,适用压力也较高,阀门公称尺寸大,阀体采用碳钢制造,阀板的密封圈采用金属环代替橡胶环。大型高温蝶阀采用钢板焊接制造,主要用于高温介质的烟风道和煤气管道等工程项目。

蝶阀主要性能特点如下:

(1) 结构尺寸较短,型小轻便,操作灵活,省力,经济性好。

(2) 密封可靠,可达到气密封无泄漏。

(3) 流量特性趋于直线,调节性能最佳。

(4) 可用于设计、制造大通径的阀门,直径可达 4 m 左右,易于加工,工艺性好,安装方便。

(5) 适用于不同温度及 6.4 MPa 以下的压力等级及耐腐蚀等管线。

三偏心金属密封蝶阀实物和结构图见图 1-4。

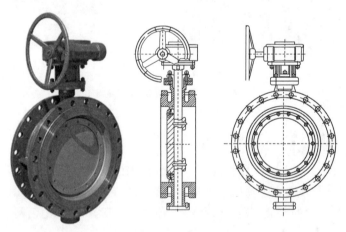

图 1-4　三偏心金属密封蝶阀实物和结构图

四、球阀

球阀是一种启闭件(球体)由阀杆带动,并绕阀杆的轴线做旋转运动的阀门。球阀靠旋转球体使阀门开启或关闭,被广泛应用在石油炼制、长输管线、化工、造纸、制药、水利、电力、市政、钢铁等行业。

从球阀的结构和工作原理来看,它能做旋转90°的动作,旋转体为球体,有圆形通孔(即通道)通过其轴线。球阀在管路中主要用于切断、分配和改变介质的流动方向,它只需要用旋转90°的操作和很小的转动力矩就能关闭严密。球阀最适宜作开关、切断阀使用,如O型球阀。对于电动阀门,除应注意管道参数外,还应特别注意其使用的环境条件,由于电动阀门中的电动装置是机电一体化设备,其使用状态受使用环境影响很大,尤其在特殊环境(潮湿、高温、高压等工况)中使用要特别注意,并采取安全措施。

球阀的优点如下:

(1)流体阻力小,全通径的球阀基本没有流阻。

(2)结构简单,体积小,重量轻。

(3)密封副紧密可靠。球阀有两个密封面,而且其密封面材料广泛使用各种塑料软性材料,密封性能好,能实现零泄漏、完全密封。在真空系统中球阀也已广泛使用。

(4)操作方便,启闭迅速。高性能球阀从全开到全关只要旋转90°,便于远距离的控制。

(5)维修方便。球阀结构简单,密封圈一般都是分体、活动的,拆卸、更换比较方便。

(6)在全开或全闭时,球体和阀座的密封面与介质隔离,介质通过时,不会引起阀门密封面的侵蚀。

(7)适用范围广,通径从小到几毫米至大到几米,从高真空至高压力都可应用。

球阀分为两类:一是浮动球式球阀,二是固定球式球阀。球阀实物和结构图见图1-5。

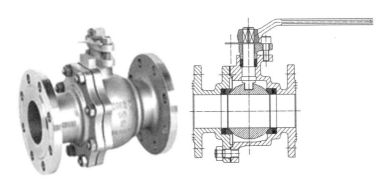

图 1-5　球阀实物和结构图

五、旋塞阀

旋塞阀是一种启闭件(塞子)由阀杆带动,并绕阀杆的轴线做旋转运动,从而达到启闭通道目的的阀门。旋塞阀主要供开启和关闭管道和设备之用,塞体随阀杆转动,以实现启闭动作。小型无填料的旋塞阀又称为"考克"。

旋塞阀的塞体多为圆锥体(也有圆柱体),与阀体的圆锥孔面配合组成密封副。旋塞阀是使用最早的一种阀门,结构简单、开关迅速、流体阻力小。普通旋塞阀靠精加工的金属塞体与阀体的直接接触来密封,所以密封性较差,启闭力大,容易磨损,通常只能用于低压(不高于 1 MPa)和小口径(小于 100 mm)的场合。为了扩大旋塞阀的应用范围,已研制出许多新型结构的旋塞阀。油润滑旋塞阀是最重要的一种,特制的润滑脂从塞体顶端注入阀体锥孔与塞体之间,形成油膜以减小启闭力矩,提高密封性和使用寿命,它的工作压力可达 6.4 MPa,最高工作温度可达 325 ℃。

旋塞阀的分类:按结构形式可分为紧定式旋塞阀、自封式旋塞阀、填料式旋塞阀和注油式旋塞阀四种;按通道形式可分为直通式、三通式和四通式旋塞阀三种。

旋塞阀的用途:常见的直通式旋塞阀用于切断管道中的流体;三通式和四通式旋塞阀适用于流体换向或分流。

旋塞阀的特点如下:

(1) 全通径、流体阻力较小,但摩擦力矩较大。

(2) 结构简单、易于加工、体积小、重量轻,不适合制造大通径阀门。

(3) 有两个密封面,而且旋塞阀的密封面大部分是金属材料,耐温性能好,密封性好,紧密可靠,在管网系统中已广泛使用。

(4) 操作方便,启闭迅速,但不适合高压工况。

(5) 维修方便,结构简单,密封圈是阀体与旋塞体,拆卸更换都比较方便。

旋塞阀实物和结构图见图 1-6。

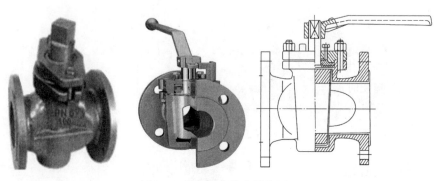

图 1-6　旋塞阀实物和结构图

六、止回阀

止回阀又称单向阀或逆止阀,是一种启闭件(阀瓣)借助介质作用力自动阻止介质逆流的阀门。止回阀的作用是防止管路中的介质倒流。如水泵吸水关闭的底阀就属于止回阀类。

止回阀按结构可分为四类:

(1)升降式止回阀:阀瓣沿着阀体垂直中心线移动的止回阀。这类止回阀有两种:一种是卧式,装于水平管道,阀体外形与截止阀相似;另一种是立式,装于垂直管道。

(2)旋启式止回阀:阀瓣围绕座外的销轴旋转的止回阀。这类止回阀有单瓣、双瓣和多瓣之分,但原理是相同的。

(3)球形止回阀:在阀体内设置一个球罩,阀体中心线与球罩中心线有倾斜角约30°,球罩内装有阀芯(球体),阀芯(球体)内壳是空心的钢球体,外包工业橡胶层,其比重是介质的0.8倍。阀芯(球体)在流体中能漂浮起来,当水泵的流体通过管道中的球形止回阀时,胶球阀芯自动开启阀门;当水泵关闭时,胶球阀芯借助回水的压力自动关闭阀门。此类阀门有单球型和多球型,节能环保,多用于水、油、气等工况条件,且温度不超过150 ℃,弱腐蚀的介质。

(4)蝶式止回阀:阀瓣安装在整体的阀体内,结构简单,零件少,重量轻,更换和安装方便。

止回阀的用途:

(1)止回阀属于自动阀类,主要用于流体介质单向流动的管道上,只允许介质向一个方向流动,防止管路中的介质倒流而发生事故。

(2)止回阀适用介质为液体和气体,如水、蒸汽、油品、硝酸、醋酸等(一般适用于清净介质,不宜用于含有固体颗粒和黏度较大的介质)。止回阀应用行业非常广泛,如化工、石化、造纸、采矿、电力、液化气、食品、制药、给排水、市政、机械设备配套、电子工业等领域。

止回阀安装注意事项:

(1)在管线中不要使止回阀承受重量,大型的止回阀应设有独立支撑,使之不受管系产生的压力的影响;

(2)安装时注意介质流动的方向应与阀体所标箭头方向一致;

(3)旋启式止回阀既可安装在垂直管道上,也可安装于水平管道;

(4)升降式止回阀应安装在水平管道上。

止回阀技术参数说明:

(1)止回阀应标注:通径、工作压力、安装方向、温度、材质、使用介质等;

(2)连接形式:对夹、螺纹、法兰、焊接等;

（3）传动方式：属于自动阀类；

（4）公称尺寸 DN6～DN1200，压力 1.0～16 MPa，温度－40～570 ℃；

（5）材质：碳钢、不锈钢、球墨铸铁、灰铸铁及其他特殊钢。

止回阀实物和结构图见图 1-7。

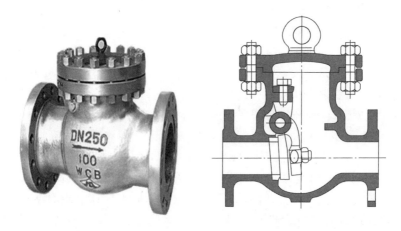

图 1-7　止回阀实物和结构图

七、减压阀

减压阀是通过启闭件（阀瓣）的节流，将介质压力降低，并借助阀门压差的直接作用，使阀后压力自动保持在一定范围内的阀门。减压阀利用介质本身的能量，通过调节将阀前管路较高的液体或气体压力减少至阀后管路所需的压力范围，并使出口压力自动保持稳定，一般阀后压力要小于阀前压力的 50％。

减压阀的构造类型很多，按结构形式可分为薄膜式、弹簧薄膜式、活塞式、杠杆式和波纹管式等；按阀座数目可分为单座式和双座式；按阀瓣的位置不同可分为正作用式和反作用式。其中，弹簧薄膜式减压阀是依靠弹簧和薄膜进行压力平衡的阀门；活塞式减压阀是通过活塞的作用进行减压的阀门。

减压阀传输的介质主要是液体、气体等，如水、油品、空气、蒸汽、燃气等。减压阀广泛用于高层建筑、城市供水管网水压过高的区域、矿井及其他场合，以保证供水系统中各用水点获得适当的服务水压和流量。由于水的漏失率和浪费程度几乎同供水系统的水压大小成正比，因此减压阀具有改善系统运行工况和潜在节水作用，据统计其节水效率约为 30％。

减压阀还是气动调节阀的一个必备配件，主要作用是将气源的压力减压并稳定到一个定值，以便于调节阀能够获得稳定的气源动力用于调节控制，达到管路工作压力要求的额定值。

活塞式减压阀实物和结构图见图1-8。

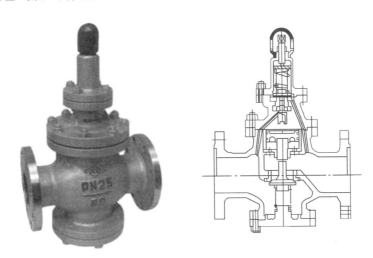

图1-8　活塞式减压阀实物和结构图

八、疏水阀

疏水阀也称为阻汽排水阀、汽水阀、疏水器、回水盒、回水门等,它是自动排放凝结水并阻止蒸汽随水排出的阀门。

疏水阀的种类很多,有浮筒式、浮球式、钟形浮子式、脉冲式、热动力式、热膨胀式。常用的疏水阀有浮筒式、钟形浮子式和热动力式。

浮筒式疏水阀的原理及结构:浮筒式疏水阀主要由阀体(即外壳)、轴杆、导管、浮筒和阀盖等构件组成。当设备或管道中的凝结水在蒸汽压力推动下进入疏水阀并逐渐增多至接近灌满浮筒时,由于浮筒的重量超过了浮力而向下沉落,使节流阀开启,浮筒内的凝结水在蒸汽压力的作用下经导管和阀门排出。当浮筒内的凝结水接近排完时,由于浮筒的重量减轻而向上浮起,使节流阀关闭,浮筒内又开始积存凝结水。这样疏水阀周期性地工作,既可自动排出凝结水,又能阻止蒸汽外逸。

钟形浮子式疏水阀的原理及结构:钟形浮子式疏水阀又称吊桶式疏水阀,主要由调节阀、吊桶、外壳和过滤装置等构件组成。疏水阀内的吊桶被倒置,开始时处于下降位置,调节阀是开启的,设备或管道中的冷空气和凝结水在蒸汽压力推动下进入疏水阀,随即由调节阀排出。一方面,当蒸汽与没有排出的少量空气逐渐充满吊桶内部容积,同时凝结水不断积存,吊桶因产生浮力而上升,使调节阀关闭,停止排出凝结水;另一方面,吊桶内部的蒸汽和空气有一小部分从桶顶部的小孔排出,而大部分散热后凝结成液体,从而使吊桶浮力逐渐减小而下落,使调节阀开启,凝结水又排出。这样疏水阀周期性地工作,既可自动排出凝结水,又能阻止蒸汽外逸。

热动力式疏水阀的原理及结构:这种疏水阀根据相变原理,靠蒸汽和凝结水通过时的流速和体积变化的不同,使阀片上下产生不同压差,驱动阀片开关阀门。当设备或管道中的凝结水流入阻气排水阀后,变压室内的蒸汽随之冷凝而降低压力,阀片下面的受力大于上面的受力,从而将阀片顶起。因为凝结水比蒸汽的黏度大、流速低,所以阀片与阀底间不易造成负压,同时凝结水不易通过阀片与外壳之间的间隙流入变压室,使阀片保持开启状态,凝结水流经环形槽排出。当设备或管道中的蒸汽流入疏水阀后,因为蒸汽比凝结水的黏度小、流速高,所以阀片与阀座间容易造成负压,同时部分蒸汽流入变压室,使阀片上面的受力大于下面的受力,从而使阀片迅速关闭。这样周期性地工作,既可自动排出凝结水,又能阻止蒸汽外逸。由于热动力式疏水阀的工作动力来源于蒸汽,所以蒸汽浪费比较大。这种疏水阀的结构简单、耐水击,有噪声,阀片工作频繁,使用寿命短。

浮球式疏水阀实物和结构图见图 1-9。

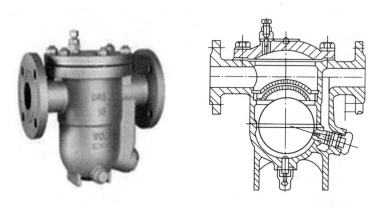

图 1-9　浮球式疏水阀实物和结构图

九、安全阀

安全阀是防止介质压力超过规定值起安全作用的阀门。当管路或设备内介质压力超过规定值时,安全阀自动开启排放介质;低于规定值时,启闭件(阀瓣)自动关闭,从而对管道或设备起保护作用。

安全阀常用的术语如下:

(1) 开启压力:当介质压力上升到规定压力值时,阀瓣自动开启,介质迅速喷出,此时阀门进口处压力称为开启压力。

(2) 排放压力:阀瓣开启后,如果管路中的介质压力继续上升,阀瓣应全开,排放额定的介质排量,这时阀门进口处的压力称为排放压力。

（3）关闭压力:安全阀开启,排出了部分介质后,管路中的压力逐渐降低,当降低到小于工作压力的预定值时,阀瓣关闭,开启高度为零,介质停止流出。这时阀门进口处的压力称为关闭压力,又称回座压力。

（4）工作压力:设备正常工作中的介质压力称为工作压力。此时安全阀处于密封状态。

（5）排量:在阀瓣处于全开状态时,从阀门出口处测得的介质在单位时间内的排出量,称为阀的排量。

安全阀的种类如下所述。

1. 根据安全阀结构划分

（1）重锤(杠杆)式安全阀:靠移动重锤(杠杆)的位置或改变重锤的重量来调整压力。它的优点在于结构简单;缺点是比较笨重、回座力低。这种结构的安全阀只能用于固定的设备上。

（2）弹簧式安全阀:靠调节弹簧的压缩量来平衡阀瓣的压力并使之密封。它的优点在于比重锤式安全阀体积小、轻便、灵敏度高,安装位置不受严格限制;缺点是作用在阀杆上的力随弹簧变形而发生变化,同时必须注意弹簧的隔热和散热问题。弹簧式安全阀的弹簧作用力一般不要超过 20 000 N,因为过大过硬的弹簧不适于精确的工作。

（3）脉冲式安全阀:由主阀和辅阀组成,主阀和辅阀连在一起,通过辅阀的脉冲作用带动主阀动作,排放出多余介质。脉冲式安全阀通常用于大口径管路上,因为大口径管路采用重锤式或弹簧式安全阀都不适应。

2. 根据安全阀阀瓣最大开启高度与阀座通径之比划分

（1）微启式:阀瓣的开启高度为阀座通径的 1/20～1/10。由于开启高度小,对这种阀的结构和几何形状要求不像全启式那样严格,设计、制造、维修和试验都比较方便,但效率较低。

（2）全启式:阀瓣的开启高度为阀座通径的 1/4～1/3。全启式安全阀是借助气体介质的膨胀冲力,使阀瓣达到足够升高和排量的。它利用阀瓣和阀座的上、下两个调节环,使排出的介质在阀瓣和上、下两个调节环之间形成一个压力区,从而使阀瓣上升到要求的开启高度和规定的回座压力。这种阀门结构灵敏度高,使用较多,但上、下调节环的位置难以调整,使用必须仔细。

3. 根据安全阀阀体构造划分

（1）全封闭式:排放介质时不向外泄漏,而全部通过排泄管排放掉。

（2）半封闭式:排放介质时,一部分通过排泄管排放,另一部分从阀盖与阀杆配合处向外泄漏。

（3）敞开式：排放介质时不引到外面，直接由阀瓣向上方排泄。

安全阀实物和结构图见图 1-10。

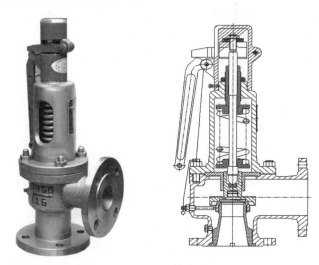

图 1-10　安全阀实物和结构图

第四节　偏心半球阀

一、偏心半球阀概述

偏心半球阀是一种适用范围非常广泛的阀门，其结构大致分为侧装和上装两种形式；按通径不同可分为全通径和缩径两种，目前广泛采用的是缩径阀门；按操作形式有手动、气动、电动、液动、电-液动等。偏心半球阀操作轻便，特别是在恶劣的环境下更有优越性，配套自动化系统可远距离电脑操作，更扩大了半球阀的适用范围。

1. 结构特点

（1）直通式流道。有单向密封和双向密封形式，开启时球与阀座迅速脱离，几乎无磨损；流道为直通式，流阻很小，节能降耗，为环保产品之一。

（2）操作方便。启闭时，球面与阀座迅速脱离，几乎为无接触状态，扭矩小，转动灵活；阀瓣与阀座的剪切作用能切去密封面上的结垢及粘连物，并能自动补偿，密封严紧，可达到零泄漏。

（3）自动调整。密封面的偏心结构使球面能自动调整，保持阀门的密封性能，稳定性好，安全可靠，使用寿命长。

（4）硬、软密封结构。半球阀属于硬密封结构，也可制造为软密封结构。密封副根据不同介质，使用不同的合金材质制造成各种不同的阀门。

2.按用途分类

（1）通用阀：设计合理，结构紧凑，流通面积大，流通阻力小，密封性好，操作轻便灵活，适用于水、油品、污水、蒸汽等多种介质以及纸浆、医药、食品、化工、冶金、电力等多种系统的控制管网。

（2）粉尘专用阀：控制和输送含粉尘、颗粒的流体、固体介质的理想设备。密封副采用 Ni 基或 Co 基合金等合金材质，经过热处理后，阀门抗冲刷、耐磨损，同时阀门偏心阀瓣具有自动补偿的性能，通过蜗轮上调节螺栓，使密封副在一定程度磨损的情况下，仍可达到重新密封的效果。

（3）石油化工专用阀：完全可以适应石油化工行业温度高、腐蚀性强、易燃、易爆等特点，具有密封性好、耐腐蚀、启闭轻便、能够自动切除阀面结垢物等特点，适用于原油、重油等介质输送以及石油裂解、食品制作等工艺流程。

（4）高炉煤气、燃气专用阀：密封副采用不同合金材料，适用于不同工况，耐火性能好，抗高温达 560 ℃，抗腐蚀和抗咬合性能较好，特别适宜在煤气、焦炉煤气、水煤气、液化气、天然气的管道输送与加压门站使用。

（5）料浆混流体专用阀：适用于输送易沉淀结垢和结晶析出的溶液矿浆、料浆灰渣等两相混流体介质，是比较理想的工艺阀门，能够在关闭时切除结垢物障碍，实现顺利关闭和密封。

（6）纯碱和盐行业专用阀：无论是氨碱还是纯碱，在其高腐蚀性工况条件下，半球阀采用特殊材质，密封性能好，与其他阀门相比较使用寿命长。

（7）水煤浆、黑水、灰水系统专用阀：适用于高压、强冲刷等非常恶劣的环境，以其耐磨、耐冲刷的特性应用在 4.0 MPa 以下的工况条件。

（8）高温、高压管网系统专用阀：适用于温度可达 560 ℃、工作压力 ≥ 10 MPa 等特殊环境条件。

二、偏心半球阀工作原理及结构特点

下面以 PBQ 型双偏心半球阀为例介绍偏心半球阀的工作原理和结构特点。

PBQ 型双偏心半球阀是为了解决固-液、固-气两相混流体介质输送中的技术难题而研制开发的阀门产品，适用于氧化铝、钢铁、电力粉煤灰系统以及造纸、石油、化工、煤化工、燃气、污水处理、糖厂等行业、系统，特别适用于输送带有结垢、沉淀、结晶析出、杂质、颗粒的介质。该阀门具有双向密封性能好、耐颗粒磨损、耐高温、耐腐蚀、防结疤，操作力矩小、开启灵活、启闭迅速，防火防爆,使用寿命长等特点。其驱动方式有手动、电动、气动、液动等,完全可以实现远、近距离的控制。

PBQ 型双偏心半球阀利用偏心轮的变形楔作用原理及变形楔在一定条件下的自锁性能来实现闸紧作用。如图 1-11 所示,如果将圆偏心展成平面,偏心机构实际上就是环绕旋转在轴上的斜面机构,斜面的升程是偏心量 E 的 2 倍。

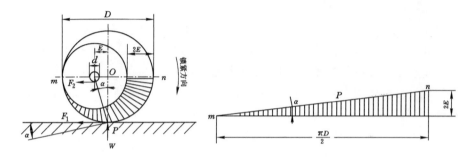

图 1-11 圆偏心轮及升角变化图

双偏心半球阀采用强制密封结构,在拧紧中法兰螺栓时,对密封垫片施加压紧力,预紧的垫片受到压缩,密封面上凸凹不平的微小间隙被填满,这样就为阻止介质泄漏形成了初始密封条件——密封面上形成预紧比压。当介质压力上升和启闭阀门时,密封面上的预紧比压下降,垫片回弹,如果垫片具有足够的能力使密封面上的工作比压始终大于介质和启闭比压,并留有一定的余量,则密封面保持良好的密封状态。因此,强制密封的必要条件是在介质和启闭比压作用下,密封面上仍能保持一定的残余压紧力,当然,还要受到密封副材质所能承受的最大压力的限制,即许用比压[q]要满足 $q_{MF} < q < [q]$。

双偏心半球阀关闭严紧可靠,密封可达零泄漏。阀门密封副关紧后仍有补偿量,当阀门长期使用使密封副磨损而影响密封时,可通过调整驱动装置上限位螺钉而使阀瓣向阀座方向做少量移动,使阀门保证关闭严紧和零泄漏。根据输送介质的特性,阀瓣和阀座密封面要堆焊 Cr-Mn-Si 合金,经特殊热处理和精加工等先进工艺,密封副表面硬度≥55HRC,能承受 560 ℃高温,满足了防腐蚀、耐颗粒磨损、耐冲刷和耐高温等特殊要求。

双偏心半球阀的偏心结构使阀门在启闭过程中,除克服阀瓣与阀座在开启和关闭的瞬间阻力外,其余启闭过程行为为无阻力的空转状态,并且阀杆只做 90°回转,启闭迅速轻便。启闭过程中双偏心结构产生的凸轮效应,能自动清除沉积在密封表面的污垢,从而保证了密封的安全可靠。

双偏心半球阀内腔无"死区",不能积存介质,内腔压力不受环境温度变化的影响。该阀属直通式结构,流通面积大,流阻小。特别是全通径半球阀开启后,阀瓣全部进入阀体的藏球腔内,几乎没有流阻,介质压力损失小,可进行扫线检验。

侧装式偏心半球阀实物和结构图见图 1-12,上装式偏心半球阀实物和结构图见图 1-13。

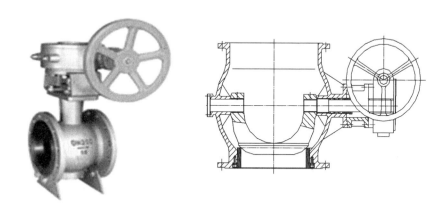

图 1-12 侧装式偏心半球阀实物和结构图

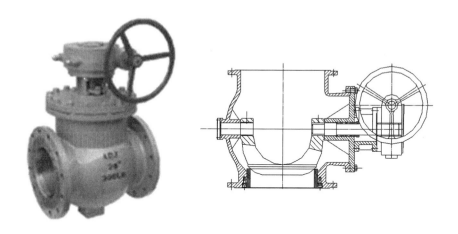

图 1-13 上装式偏心半球阀实物和结构图

三、偏心半球阀技术参数

下面以 PBQ40 型双偏心半球阀为例介绍偏心半球阀的技术参数。PBQ40 型双偏心半球阀的操作装置用数字表示:蜗轮减速机传动装置用 3 表示,气动装置用 6 表示,电动装置用 9 表示。偏心半球阀的两端采用法兰连接直通式,根据其密封副材质不同(如 W、H、M、M1、Y、P),分别说明以下几种类型的阀门所表示的含义。

(1) PBQ40W 型:该型号由阀门制造商厂标制定,用户已认可。其表示意思是:阀体碳钢,阀杆 45 钢,阀芯碳钢,阀座 W(45 钢或 40Cr)。主要用于水、蒸汽、纸浆、污水等介质的阀门。工作温度-29~425 ℃。

(2) PBQ40H 型:阀体碳钢、WCB,阀杆 45 钢、20Cr13,阀芯特种硬化合金钢 Cr-Mn-Si 合金,阀座特种硬化合金钢 Cr-Mn-Si 合金。主要用于石油化工、天然气、煤气、液化气、高炉含尘的煤气、铝矿浆液等系统的介质以及混流的介质等要求耐磨损的工况条件。工作温度-29~425 ℃。

(3) PBQ40M 型:阀体碳钢、WCB,阀杆 45 钢、40Cr,阀芯特种硬化合金钢 Cr-Mo-V 合金,阀座特种硬化合金钢 Cr-Mo-V 合金,密封副的硬度一般不小于 HRC50~HRC55。主要用于石油化工、天然气、煤气、高炉含尘量在 10%左右及流速低的煤气、铝矿浆液、水煤浆等要求耐磨损的工况条件,优于球阀。工作温度-29~425 ℃。

(4) PBQ40M1 型:阀体 WCB,阀杆 45 钢、20Cr13,阀芯特种硬化合金钢 Cr-Mo-V 合金或司太立(Stellite)合金,阀座特种硬化合金钢 Cr-Mo-V 合金或 Stellite 合金,密封副的硬度一般不小于 HRC55~HRC60。阀体内表面、阀芯外表面经 ENP(Electroless Nickel Plating,化学镀镍)特殊工艺处理后,用于含颗粒、粉尘的工况,是输送氧化铝粉、煤粉、含颗粒的多相流浆液介质的比较理想的设备,应用于冶金、高炉的煤粉喷吹及制粉和除尘系统。工作温度-29~425 ℃。

(5) PBQ40Y 型:阀体 WCB,阀杆 20Cr13,阀芯 Stellite 12# 硬质合金,阀座 Stellite 6# 硬质合金。阀体内表面、阀芯外表面经 ENP 特殊工艺处理后,用于含颗粒、粉尘的工况,如冶金、高炉的煤粉喷吹及制粉和除尘的高耐磨管网系统。工作温度≤425 ℃。

(6) PBQ40P 型:阀体 CF3、CF8,阀杆双向不锈钢,阀芯 CF3、CF8 堆焊硬质合金,阀座 CF3、CF8 堆焊硬质合金。用于化工行业的酸类介质、化肥类的尿素、苯类介质、醛类介质、乙烯介质、苛性钠、工业盐、海水等腐蚀性工况条件。工作温度在 560 ℃以下。

PBQ40 型双偏心半球阀具有上述结构形式的特殊优势,应用范围广泛,目前已经开发出了 DN40~DN2000、PN2.5~PN100 类型,有手动、气动、电动、电-液动等多种操作方式。

PBQ40 型双偏心半球阀主要性能规范见表 1-26;PBQ40 型双偏心半球阀主要零件材质及代号见表 1-27。

表 1-26　PBQ40 型双偏心半球阀主要性能规范

公称压力 PN	6	10	16	20	25	40	50	64	100
密封试验压力/MPa	0.9	1.5	2.4	3.0	3.8	6.0	7.5	9.6	15
气密封试验压力/MPa	0.66	1.1	1.8	2.2	2.8	4.4	5.5	7.1	11
适用介质及介质温度 t	PBQ40W 型	水、蒸汽、纸浆等溶液，$-29\,℃<t\leqslant425\,℃$							
	PBQ40H 型	天然气、煤气、液化气、原油、重油，$-29\,℃<t\leqslant425\,℃$							
	PBQ40M 型	溶液及矿浆，$-29\,℃<t\leqslant425\,℃$							
	PBQ40M1 型	氧化铝粉、煤粉、含尘气体及含颗粒的流浆液等，$-29\,℃<t\leqslant425\,℃$							

表 1-27　PBQ40 型双偏心半球阀主要零件材质及代号

零件名称	PBQ40W 型	PBQ40H 型	PBQ40M 型	PBQ40M1 型
阀体	碳钢	碳钢、WCB	碳钢、WCB	碳钢、WCB
阀杆	45 钢、40Cr	45 钢、20Cr13	45 钢、40Cr	45 钢、20Cr13
阀芯	碳钢（氮化处理）	特种硬化合金钢质 Cr-Mn-Si	特种硬化合金钢质 Cr-Mo-V	特种硬化合金钢质 Cr-Mo-V 或 Stellite 12#
阀座	W（氮化处理）	特种硬化合金钢质 Cr-Mn-Si	特种硬化合金钢质 Cr-Mo-V	硬质合金 或 Stellite 6#

说明：

(1) PBQ40 型双偏心半球阀产品法兰连接尺寸按《整体钢制管法兰》(GB/T 9113—2010)的规定执行；

(2) 结构长度参照《金属阀门 结构长度》(GB/T 12221—2005)的规定；

(3) 制造和验收技术条件参照《石油、石化及相关工业用的钢制球阀》(GB/T 12237—2007)的规定；

(4) 压力试验按《阀门的检验与试验》(JB/T 9092—1999)、《工业阀门 压力试验》(GB/T 13927—2008)的要求。

第五节　Y 型截止阀

一、Y 型截止阀概述

阀门是流体管路的控制装置，其基本功能是接通或切断管路介质的流通，改变介质的流动。钢制 Y 型截止阀可以改变介质的流动方向，调节介质的压力和流量,保护管路设备的正常运行。法兰连接的钢制 Y 型截止阀适用于公称压力 PN16～PN160、工作温度－29～550 ℃的石油、化工、制药、化肥、电力等行业各种工况的管道上。该截止阀适用介质为水、油品、蒸汽、酸性介质等;操作方式有手动、齿轮传动、电动、气动等。

二、Y 型截止阀结构特点

(1) 按国家标准《石油、石化及相关工业用钢制截止阀和升降式止回阀》(GB/T 12235—2007)的要求,结构合理,密封可靠,性能优良,美观实用。

(2) 阀瓣、阀座的密封面采用司太立 $2^\#$ 与司太立 $6^\#$ 配对的钴基硬质合金堆焊耐磨。

(3) 阀杆经调质和表面氮化处理,有良好的抗腐蚀性和抗擦伤性。

(4) 可采用各种配管法兰标准及法兰密封面形式,满足各种工程需要及用户要求。

(5) 阀体材料品种齐全,填料、垫片能适用于各种压力、温度及介质工况。

(6) 操作方式有手动(手轮、减速机)、气动、电动、远距离电脑操作等。

(7) 倒密封采用螺纹连接密封座或本体堆焊奥氏体不锈钢而成。目前倒密封发展到钛及钛合金、高强度耐腐蚀钢等。

以 Y 型料浆阀为例,其驱动方式从手动发展到电动、气动、液动、程控、数控、遥控等,填料更换和维修可在不停机情况下进行,方便快捷,不影响运行。该阀门功能:接通或切断介质,调节流量,分配介质,用来改变介质流动方向等。该阀门操作方便、全通道、流体阻力很小。Y 型料浆阀实物和结构图见图 1-14。

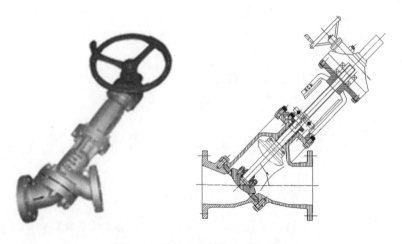

图 1-14 Y 型料浆阀实物和结构图

第六节　调　节　阀

调节阀又名控制阀,是在工业自动化过程控制领域中,通过接受调节控制单元输出的控制信号,借助动力操作去改变介质流量、压力、温度、液位等工艺参数的最终控制元件。调节阀一般由执行机构和阀门组成。如果按行程特点,调节阀可分为直行程和角行程;按其所配执行机构使用的动力,可以分为气动调节阀、电动调节阀、液动调节阀;按其功能和特性分为线性特性、等百分比特性及抛物线特性。调节阀适用于空气、水、蒸汽、各种腐蚀性介质、泥浆、油品等介质。

调节阀型号的选择比较烦琐、复杂,归纳起来,大概有以下几个方面:

（1）确定结构形式:从调节功能、泄漏量与切断压差、防堵、耐蚀、耐压与耐温等方面考虑。

（2）综合经济效果:从可靠性、寿命、维修、阀类等方面考虑。

（3）选择执行机构:从气动薄膜式执行机构、气动活塞式执行机构、电动执行机构等方面考虑。

（4）从工艺生产安全性、介质的特性、产品质量保障性等方面考虑。

（5）流量特性:从直线流量特性、等百分比特性（对数流量特性）、抛物线流量特性等方面考虑。

（6）各种参数确定后选择调节阀的口径（公制或英制）和材料（压力、耐温范围、耐腐蚀性能）。

角式针形调节阀实物和结构图见图1-15。

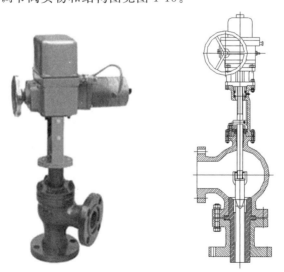

图1-15　角式针形调节阀实物和结构图

第二章　阀门的通用技术要求

第一节　选择阀门的步骤、依据和原则

截至目前,阀门行业已能生产种类齐全的闸阀、截止阀、节流阀、旋塞阀、球阀、电动阀、隔膜阀、止回阀、安全阀、减压阀、蒸汽疏水阀和紧急切断阀等13大类、3 000多个型号、4 000多个规格的阀门产品;最高工作压力为600 MPa,最大公称通径达5 350 mm,最高工作温度为1 200 ℃,最低工作温度为-196 ℃;适用介质为水、蒸汽、油品、天然气、强腐蚀性介质(如浓硝酸、中浓度硫酸等)、易燃介质(如苯、乙烯等)、有毒介质(如硫化氢)、易爆介质及带放射性介质(如金属钠-回路纯水等)。阀门承压件材质有铸铜、铸铁、球墨铸铁、高硅铸铁、铸钢、锻钢、高低合金钢、不锈耐酸钢、哈氏合金、因科乃尔合金、蒙乃尔合金、双相不锈钢、钛合金等,并且能够生产各种电动、气动、液动阀门驱动装置。面对众多的阀门品种和复杂的各种工况,要选择管道系统最适合安装的阀门产品,首先应了解阀门的特性;其次应掌握选择阀门的步骤和依据;再者应遵循选择阀门的原则。

一、确定阀门的结构特性

阀门的结构特性是有关阀门的安装、维修、保养等方法的一些特性,属于结构特性的指标主要有:阀门的结构长度和总体高度;与管道的连接形式(法兰连接、螺纹连接、夹箍连接、外螺纹连接、焊接端连接等);密封面的形式(镶圈、螺纹圈、堆焊、喷焊、阀体本体);阀杆结构形式(旋转杆、升降杆)。

二、确定阀门的使用特性

阀门的使用特性是指阀门的主要使用性能和使用范围,属于阀门使用特性的指标主要有:阀门的类别(闭路阀门、调节阀门、安全阀门等);产品类型(闸阀、截止阀、蝶阀、球阀等);阀门主要零件(阀体、阀盖、阀杆、阀瓣、密封面)的材料;阀门传动方式。

三、阀门的选择步骤

（1）明确阀门在设备或装置中的用途,确定阀门的工作条件,如适用介质、工作压力、工作温度等。

（2）确定与阀门连接管道的公称通径和连接方式(如法兰、螺纹、焊接等)。

（3）确定操作阀门的方式,包括手动、电动、电磁、气动或液动、电-气联动或电-液联动等。

（4）根据管线输送的介质、工作压力、工作温度确定所选阀门的壳体和内件的材料,如灰铸铁、可锻铸铁、球墨铸铁、碳素钢、合金钢、不锈耐酸钢、铜合金等。

（5）选择阀门的种类,包括闭路阀门、调节阀门、安全阀门等。

（6）确定阀门的形式,包括闸阀、截止阀、球阀、蝶阀、节流阀、安全阀、减压阀、蒸汽疏水阀等。

（7）确定阀门的参数。对于自动阀门,根据不同需要先确定允许流阻、排放能力、背压等,再确定管道的公称通径和阀座孔的直径。

（8）确定所选用阀门的几何参数,包括结构长度、法兰连接形式及尺寸、开启和关闭后阀门高度方向的尺寸、连接的螺栓孔尺寸和数量、整个阀门外形尺寸等。

（9）利用现有的资料,如阀门产品目录、阀门产品样本等选择适当的阀门产品。

四、选择阀门的依据

在了解选择阀门的步骤的同时,还应进一步了解选择阀门的依据。

（1）所选用阀门的用途、使用工况条件和操纵控制方式。

（2）工作介质的性质:工作压力,工作温度,腐蚀性能,是否含有固体颗粒,介质是否有毒,是否是易燃、易爆介质,介质的黏度等。

（3）对阀门流体特性的要求:流阻、排放能力、流量特性、密封等级等。

（4）安装尺寸和外形尺寸要求:公称通径、与管道的连接方式和连接尺寸、外形尺寸或重量限制等。

（5）对阀门产品的可靠性、使用寿命和电动装置的防爆性能等的附加要求。

在选定参数时应注意,如果阀门用于控制目的,必须确定如下额外参数:操作方法、最大和最小流量要求、正常流动的压力降、关闭时的压力降、阀门的最大和最小进口压力。

根据上述选择阀门的依据和步骤,合理、正确地选择阀门时还必须对各种类型阀门的内部结构进行详细了解,以便能对优先选用的阀门作出正确的抉择。

五、选择阀门的注意事项

目前,无论在石油化工行业还是在别的行业的管道系统,阀门应用、操作频率和服务千变万化,要控制或杜绝低微的泄漏,最重要、最关键的设备是阀门,阀门在各个领域的服务和可靠表现是独一无二的。选择阀门时应注意以下几点:

(1)阀门的使用要求及使用管道的工况条件。

(2)工艺性先进,便于加工制造和安装。

(3)操作、维修方便。

(4)调节流量准确。

(5)标准化、规范化、系列化。

(6)环保性能好,节能降耗好,质优价廉。

六、选择阀门应遵循的要求

(1)阀门的制造标准应说明国标编号或欧美标准号等,符合采购合同,应附企业文件。

(2)阀门的法兰连接尺寸应符合《钢制管法兰 类型与参数》(GB/T 9112—2010)、《整体钢制管法兰》(GB/T 9113—2010)、《对焊钢制管法兰》(GB/T 9115—2010)、《工业阀门 标志》(GB/T 12220—2015)等标准的规定。

(3)阀门的结构长度应符合《金属阀门 结构长度》(GB/T 12221—2005)的规定。

(4)阀门要有正规的设计计算书。

(5)不同类型阀门的材料牌号、DN、PN、介质流向箭头等应铸在阀体上。

(6)阀门产品应有的正规标牌、产品安装使用说明书、合格证、出厂时装箱清单等技术资料齐全。

第二节　阀门主要零件的材料选择

(1)阀体、阀板材质:根据设计要求应采用不同材料,如球墨铸铁、铸钢、铜合金等。

(2)阀杆材质:闸阀应为不锈钢阀杆(2Cr13),蝶阀应为不锈钢嵌包的阀杆(或按用户需要)。

（3）螺母材质：采用铸铝黄铜或铸铝青铜，要求强度高，还要有一定的硬度和耐腐蚀性。

（4）密封面的材质：

① 普通楔式闸阀，铜环应为铸铝黄铜或铸铝青铜。

② 软密封蝶阀，密封面通常采用丁腈橡胶及三元乙丙橡胶等，严禁采用再生橡胶；密封材质必须满足卫生指标要求，并且要标明各项性能指标和抗老化试验、耐磨性试验的有关数据。

（5）阀轴填料：应以 V 形橡胶圈或碳素纤维浸聚四氟乙烯、柔性石墨等为填料，保证密封性能良好，不渗漏；在启闭频繁时要求填料不活动、不老化，长期保持良好的密封效果，应保证至少 5～10 年或更长时间（特殊环境例外）不更换。

（6）软密封蝶阀的结构技术要求：

① 阀门关闭一律应为顺时针方向转动。

② 阀体上应设有蝶板限位块，其强度必须大于阀门的开启扭矩。

③ 密封圈应固定在阀体上，密封圈压板应为燕尾压板并带可靠防松脱措施。

④ 阀门启闭操作端应为方榫，且其尺寸标准化，并面向地面。

⑤ 阀门启闭程度的刻度线，应铸造在变速箱盖上或转换方向后的显示盘外壳上，一律铸在箱盖上面，刻度线刷上荧光粉以示醒目。

（7）阀体内接触水流部分及阀板应有防腐措施，如清砂除锈后喷涂粉状无毒环氧树脂。

（8）对阀门标牌的要求：阀门出厂时阀门制造厂家应给每台阀门一个固定的编号，其编号和阀门型号、口径、公称压力、适用介质、工作温度、出厂编号、生产厂家、生产日期等阀门标牌内容应固定在阀体上。

第三节　阀门出厂的试验检测和管理

为解决阀门在使用中经常出现的问题，在阀门出厂时、安装前，要严格控制投入管网的阀门质量，必须再次进行性能试验检测。

一、阀门的试验检测

加强与现用阀门的生产厂家的联系与合作，通过技术培训使阀门检测人员充分了解和掌握所使用阀门的材质、构造、加工过程。建立起一支检测设备完善、检测人员技术过硬的专业检测队伍。阀门的试验检测内容如下：

（1）外观检查。阀门表面应无缺陷和裂纹，阀体无爆裂现象。

（2）阀门严密性试验。在阀门关闭的情况下，在 1.1 倍公称压力的试验压力下不渗漏，压力表无压降，这要求阀门的两侧轮流承压、分别检测，且多次启闭达到同样效果。

（3）阀门的操作灵活性。在单人多次对阀门启闭的情况下，仍然灵活轻便。

多年的阀门检测经验表明，检测到的不合格阀门大约占检测量的 20%，大大杜绝了不合格阀门在管网中的使用。

二、阀门的管理

我国阀门行业早在 20 世纪中期就对阀门管理颁布了条例和规定，其主要内容如下：

（1）阀门制造厂家必须保证产品的质量，明确阀门的技术要求、生产管理责任制，做好售后服务工作。阀门设备综合管理部门的工作包括台账建立、标准件采购、入库验收、调拨及报废等；供水调度中心为管网阀门技术管理部门，其工作包括确定技术标准、建立阀门档案卡及阀门选型、施工和验收等；各制造商和用户应明确所辖范围内对阀门的使用、保养、维修和管理等工作的职责和任务；阀门检测中心是阀门检测职能单位。

（2）明确规定阀门配件的采购单位，统一采购。阀门必须采用标准化、系列化、专业化、现代化管理，充分满足工艺要求且安全、可靠。

（3）生产的阀门必须送检测中心检测。

（4）规定阀门的维护与保养要求。

① 各用户管网上的阀门，每半年至少巡查维护、保养一次。

② 阀门的保养分为一级保养、二级保养。一级保养：完成对阀门传动系统零配件检查，保证其正常运行；每半年对阀门做一次开启、关闭操作，阀门井清洁无积水，并记录在每个阀门档案材料中。二级保养：对阀门传动系统进行清洁和填装黄油；确定阀门关闭与开启的正确位置并调整锁定，确保指示正确。

③ 及时清除阀门井内的杂物及积水，保护管网水质。

④ 现场操作阀门人员如发现阀门不能正常使用，应及时报告。

（5）针对供水管网中的阀门问题，通过调研、实地考察及研讨，对供水管网中阀门的功能、启闭力矩、操作机构、性能测试及其说明书提出建议。

① 阀门在供水管网中的功能：供水管网把水厂送出的自来水输配至千家万户，因此供水管网分布于城市的每个角落，其管道长度少则数百千米，多则数千千米。水的不可替代性和人们生存的必需性，决定了供水管网安全运行的重要性。但是由于主客观多方面的原因，管道往往要出现一些故障，管网总

是要不断更新改造,在管网内适当地安装控制阀门十分必要。因此,在一座城市的供水管网中,阀门数量成千上万,且无规则地分布于城市街道的下面,平时要求阀门开启要到位,减少管段的水损失;一旦需要,阀门应能关闭迅速,切流可靠。

② 阀门的启闭力矩:为了人工或机具启闭轻便,阀门在工作压力下的启闭力矩应不大于 240 N·m,也就是一个人操作即可。这要求阀门制造厂家首先优化阀门结构的设计,提高部件组合的同心度、活动部件接触面的光洁度,减少启闭阻力。仅仅靠调节变速传动箱的变速比、增加启闭转数的方式来减少启闭力矩,是不理想的。为了实现这一目的,机械加工要不断创新,要设计创新、工艺创新、应用新材料。为此,阀门制造厂家要配备电脑程控的机床及加工中心,提高机械加工的质量,保证产品的制造质量,提高生产效率。

③ 阀门的操作机构:供水管网中的管道通常暗埋,阀门设井保护,明杆阀门是不适用的;阀门的启闭力求从地面作业,因此阀门启闭端应设方榫帽,而手轮是不适宜的;启闭方向一律要求顺时针旋转关阀,订货时应予以明确;阀门的启闭度应有标示盘,这种标示盘应能从地上观察到,标示盘的刻度应铸造在铸件上,可刷上荧光粉,以便醒目;不应使用铝皮等材料;指针与启闭限位的刻度应在安装前调试好并锁定。近年来,有些制造厂家对中小口径闸阀也设计了相应启闭标示盘,这是值得赞许的。

④ 阀门的性能测试要注意以下几点:

a. 在工作水压下启闭阀门,用扭矩扳手检测开启力矩时应灵活、轻便。

b. 阀门关闭应严密,在 1.1 倍工作水压下不得渗漏或滴漏,符合《工业阀门 压力试验》(GB/T 13927—2008)的要求(金属密封的蝶阀),按照标准对阀门的两侧轮流承压、分别检测,经多次启闭达到标准的要求。各种口径、不同类型的阀门,均应在制造厂家及有检测资格的单位进行带负荷启闭的寿命检测,这种检测也包括对阀轴密封效果的评价。

c. 阀门过流能力要强,特别是蝶阀,蝶板的流阻要小、过流有效面积要大。这要求各种口径、不同类型的阀门应在有检测资格的单位进行流阻系数的测定。

d. 阀体的承内压能力应为公称压力的 1.5 倍。

e. 高端技术的阀门制造厂家应向发达国家制造商学习,进行阀门的流量、流阻系数、气蚀系数、扭矩等技术参数的测试,并将上述数据写入检测记录中存档。

⑤ 阀门的说明书(内容):阀门是设备,在设备出厂时的说明书上应标明以下技术数据:阀门规格 DN;型号;工作压力 PN;制造标准;阀体材质;阀杆材质;密封材质;填料材质;阀门启闭方向;转数;工作压力状况下启闭最大力

矩;制造厂厂名;出厂编号;出厂日期;质量;连接法兰盘的孔径、孔数、中心孔距(应以图示方式标注清楚,包括阀门的长、宽、高的控制尺寸);阀门的流阻系数;操作方式;有效启闭次数及安装、维护注意事项。

第四节 阀门的操作机构与性能检测

一、阀门的操作机构

(1)阀门操作时的启闭方向,一律应顺时针关闭、逆时针开启。

(2)由于管网中的阀门经常是人工启闭,启闭转数不宜过多,即使是大口径阀门,亦应一般在 200~600 mm 内。

(3)由于阀门经常由一个人进行启闭操作,在管道工作压力状况下,最大启闭力矩宜为 240 N·m。

(4)阀门启闭操作端应为方榫,尺寸应标准化,并面向地面,以便人们从地面上可以直接操作。带轮盘的阀门不适用于地下管网。

(5)对阀门启闭程度显示盘的要求如下:

① 阀门启闭程度的刻度线应铸造在变速箱盖上或转换方向后的显示盘的外壳上,刻度线方向以人们便于观察为准,并且刷上荧光粉,以示醒目。

② 指示盘针的材质最好采用不锈钢板,普通钢板应刷漆处理,切勿使用铝皮制作。

③ 阀门的操作机构、指示盘针醒目、固定牢靠,一旦启闭调节准确,应以铆钉锁定。

④ 若阀门埋设在井下较深之处,操作机构及显示盘离地面距离≥1.5 m时,应设置加长杆,并且固定稳牢,以便人们从地面上观察及操作。也就是说,管网中的阀门尽量设置在地面上操作(特殊情况例外)。

二、阀门的性能检测

某一规格批量阀门制造时,应委托权威机构进行以下性能检测:

(1)阀门在工况条件下的启闭力矩。

(2)在工况条件下能保证阀门关闭严密的连续启闭次数。

(3)阀门在管道输水状况下的流阻系数。

(4)阀门在出厂前按照《工业阀门 压力试验》(GB/T 13927—2008)进行以下检测:

① 阀门在开启状况下,阀体应承受阀门公称压力值1.5倍的内压检测。

② 阀门在关闭状况下,两侧分别承受1.1倍阀门公称压力值,无渗漏;金

属密封的蝶阀,渗漏值不大于相关要求。

第五节 阀门的内外防腐和包装

一、金属阀门及其零部件防腐的方法

(1) 将易挥发的腐蚀抑制剂放入含蒸汽的大气中(用阻化纸包裹,吹动含抑制剂空气通过制品腔室等)。

(2) 利用被阻化的水和酒精溶液。

(3) 将防腐(保护)材料薄层涂于阀门及其零部件表面。

(4) 将被阻化的薄膜或聚合物的薄层涂于阀门及其零部件表面。

二、阀门的腐蚀及解决的有效方法

(1) 阀门的腐蚀:通常被理解为阀门金属材料在化学的或电化学的环境作用下所受到的破坏。由于腐蚀现象出现于金属与周围环境自发的相互作用当中,因此,怎样将金属与周围环境相隔绝或更多地使用非金属合成材料,成为人们普通关注的问题。

(2) 金属的腐蚀破坏对阀门的作用期限:腐蚀对可靠性和使用寿命有相当大的影响。机械摩擦和腐蚀因素对金属的作用大大增加了接触表面总的磨损量。阀门在操作过程中,摩擦的表面由于同时受到机械作用和金属与环境进行的化学或电化学相互作用而产生磨损和破坏。对阀门而言,其管道工作气候条件复杂,尤其是石油、天然气和油层、水等介质中硫化氢、二氧化碳和某些有机酸的出现,使其金属表面受到的破坏增大,从而迅速失去工作能力。

(3) 金属的化学腐蚀:化学腐蚀取决于温度、摩擦零件的机械负荷、润滑材料中所含的硫化物及其抗酸的稳定性、与介质接触持续的时间和金属对氧化过程的催化作用、腐蚀侵蚀性物质的分子对金属的转换速度等。因此,金属阀门的防腐方法(或措施)及合成材料阀门的应用便成为目前阀门行业研究的主题之一。

(4) 金属阀门的防腐:可理解为在金属阀门上涂覆保护层(如漆、颜料、润滑材料等),保护阀门无论是在制造、保存、运输还是在其使用的全部过程中都不受腐蚀。

(5) 金属阀门防腐的方法:取决于所需求的保护期限、运输和保存条件、阀门构造特点和材料。当然,还应适当考虑解除防腐的经济效果。

① 阀体(包括变速传动箱体)内外,首先应抛丸清砂除锈,力求静电喷涂粉状无毒环氧树脂,厚度达 0.3 mm 以上。特大型阀门静电喷涂无毒环氧树

脂有困难时,亦应刷涂、喷涂相似的无毒环氧漆。

② 阀体内部以及阀板各个部位要求全面防腐。一方面,浸泡在水中不会锈蚀,在两种金属之间不产生电化学腐蚀;另一方面,表面光滑,过水阻力小。

③ 阀体内防腐的环氧树脂或油漆的卫生要求应有相应权威机构的检测报告,化学物理性能亦应符合相关要求。

三、阀门的包装运输

(1) 阀门两侧应设轻质堵板固封。

(2) 中、小口径阀门应以草绳捆扎,并以集装箱方式运输为宜。

(3) 大口径阀门应用简易木条框架固位包装,以免运输过程中碰损。

(4) 阀门是设备,其包装中应配有阀门的出厂说明书及相关配件。

第六节　管道与阀门的连接形式

要做好管道与阀门或设备之间的连接安装工作,必须了解阀门的种类和各种阀门应用的领域及零配件。

一、各类阀门的主要应用领域

1. 石油装置用阀门

(1) 炼油装置:炼油装置需用的阀门大多是管道阀门,主要为闸阀、截止阀、止回阀、安全阀、球阀、蝶阀、疏水阀(阀门占装置总投资的 3%～5%),其中闸阀需用量最多。

(2) 化纤装置:化纤产品主要有涤纶、腈纶、维纶三大类,其装置需用的阀门主要为球阀、夹套阀(夹套球阀、夹套闸阀、夹套截止阀)。

(3) 丙烯腈装置:该装置一般需用按 API 标准生产的阀门,以闸阀、截止阀、止回阀、球阀、金属密封偏心半球阀、疏水阀、针形截止阀、旋塞阀等较多,其中闸阀占阀门总量的 75%左右。

(4) 合成氨装置:因为合成氨原料气净化方法不同,其工艺流程不同,所需阀门的技术性能也不同。目前,合成氨装置主要需用闸阀、截止阀、止回阀、疏水阀、蝶阀、球阀、金属密封偏心半球阀、隔膜阀、调节阀、针型阀、安全阀、高温低温阀等。

2. 水电站应用阀门

我国水电站的建设正向大型化方向发展,所以需用大口径及高压的安全阀、减压阀、截止阀、金属密封偏心半球阀、闸阀、蝶阀、紧急堵截阀及流量控制阀、球面密封仪表截止阀。

3. 冶金应用阀门

冶金行业中，氧化铝行业主要需用耐磨损的料浆阀，据有关部门统计，以Y型截止阀、金属密封偏心半球阀、硬密封球阀、楔式闸阀、调节疏水阀为最多；炼钢行业主要使用金属密封偏心半球阀、金属密封球阀、硬密封蝶阀、Y型截止阀和四通换向阀。

4. 海洋应用阀门

随着海上油田开采的发展，其海洋平台需用阀门的量也逐渐增多。海洋平台需用切断介质的球阀、硬密封偏心半球阀、安全阀、止回阀、多路阀等。

5. 食品医药应用阀门

该行业需用不锈钢偏心半球阀、不锈钢球阀、无毒全塑球阀等。其中，通用阀门的需求居多，如仪表阀门、针型阀、截止阀、闸阀、止回阀、球阀、蝶阀等。

6. 乡村、城市建筑应用阀门

城建系统一般采用低压阀门，目前正向环保型和节能型方向发展。环保型的胶板阀、平衡阀及中线蝶阀、金属密封蝶阀正在逐渐取代低压铁制闸阀。

7. 乡村、城市供热用阀门

在乡村、城市供热系统中，需用大量的金属密封蝶阀、平衡阀及直式球阀、偏心半球阀，这类阀门能解决管道纵向、横向水力失调问题，达到节能、供热平衡的目的。

8. 环保应用阀门

在环保系统中，给水系统主要需用中线蝶阀、软密封闸阀、球阀、排气阀（用于排除管道中的空气）；污水处理系统主要需用硬密封偏心半球阀（自动切除纤维、塑料及杂物）、闸阀、硬密封蝶阀等。

9. 燃气用阀门

城市燃气的使用已占人们生活能源用量的 20% 以上，阀门用量大，类型也多，主要需要球阀、硬密封偏心半球阀（除尘系统）、旋塞阀、减压阀、安全阀等。

10. 管线应用阀门

长距离输送管线主要是指天然气和石油系统、油冶炼系统、化工管线以及其他行业等长距离输送介质的管线。这类管线需用量居多的阀门是锻钢正体式全通径球阀、全通径软密封偏心半球阀、全通径硬密封偏心半球阀、抗硫平板闸阀、安全阀、止回阀等。

二、各类阀门与管道或设备之间的连接方式

阀门与管道或设备之间的连接方式选择得是否正确、合适，直接影响到管道与阀门产生跑、冒、滴、漏现象的概率。各类阀门的连接方式包括法兰连接、对夹连接、对焊连接、螺纹连接、卡套连接、卡箍连接、自密封连接等。

1. 法兰连接形式

法兰连接是阀体两端带有法兰,与管道上的法兰对应,通过螺栓固定法兰安装在管道中。法兰连接是阀门中用得最多的连接形式。法兰按结合面形状可分为以下几种:

(1) 平面式(光滑式)。用于压力不高的阀门,加工比较方便。

(2) 凹凸式。用于工作压力较高的阀门,可使用中硬垫圈。

(3) 榫槽式。可用塑性变形较大的垫圈,在腐蚀性介质中使用较广泛,密封效果较好。

(4) 梯形槽式。用椭圆形金属环作垫圈,用于工作压力不小于 64 MPa 的阀门或高温阀门。

(5) 透镜式。垫圈是透镜形状,用金属制作,用于工作压力不小于 100 MPa 的高压阀门或高温阀门。

(6) O 形圈式。这是一种较新的法兰连接形式,它是随着各种橡胶 O 形圈的出现而发展起来的,在密封效果上比一般平垫圈严密、可靠。

2. 对夹连接形式

对夹连接是将阀门安装在两片法兰中间,阀体上通常有定位孔以方便安装定位,用螺栓直接将阀门和两头管道穿夹在一起的连接形式。

3. 焊接连接形式

(1) 对焊连接:阀体两端按对焊焊接要求加工成对焊坡口,与管道焊接坡口对应,通过焊接固定在管道上。

(2) 承插焊连接:阀体两端按承插焊要求加工,与管道通过承插焊连接。

4. 螺纹连接形式

螺纹连接是一种简便的连接方法,常用于小阀门。阀体按各螺纹标准加工,有内螺纹和外螺纹两种,与管道上螺纹对应。螺纹连接分两种情况:

(1) 直接密封。内、外螺纹直接旋紧起密封作用。为了确保连接处不漏,往往用铅油、线麻和聚四氟乙烯生料带填充。其中,聚四氟乙烯生料带的使用日见广泛,这种材料耐腐蚀性能很好,密封效果极佳,使用和保存方便;因其是一层无黏性的薄膜,拆卸时可以完整地将其取下,比铅油、线麻优越得多。

(2) 间接密封。内、外螺纹旋紧的力量传递给两平面间的垫圈,让垫圈起密封作用。

需要说明的是,选用螺纹法兰时,必须选用密封螺纹,详细可查相关机械设计手册中的密封螺纹。

5.卡套连接形式

卡套连接在我国近年来才发展起来,它的连接和密封原理是:当旋紧螺母时,卡套受到压力,使其刃部咬入管子外壁,卡套外锥面又在压力下与接头体内锥面密合,因而能够可靠地防止泄漏,如仪表阀门等。

卡套连接形式的优点是:① 体积小,重量轻,结构简单,拆装容易;② 可以减少管道的冲击振动;③ 可以选用多种材料,易于防腐蚀;④ 加工精度要求不高;⑤ 便于高空安装和维修。

6.卡箍连接形式

这是一种快速连接方法,它只需要用两个螺栓来连接,适用于经常拆卸的低压阀门,如卫生阀门等。

7.自密封连接形式

以上各种连接形式都是利用外力来抵消介质压力,实现密封的。下面介绍利用介质压力进行自紧的自密封连接形式。它的密封圈装在内锥体处,跟介质相向的一面成一定角度,介质压力传给内锥体,又传递给密封圈,在一定角度的锥面上产生两个分力,一个与阀体中心线平行向外,另一个压向阀体内壁。后面这个分力便是自紧力。介质压力愈大,自紧力也愈大,所以这种连接形式适合于高压阀门。自密封连接比法兰连接要节省许多材料和人力,但也需要一定的预紧力,以便在阀内压力不高时使用可靠。

阀门连接的形式还有很多,例如,有的不必拆除的小阀门,跟管子焊接在一起;有的非金属阀门,采用承插式连接;等等。阀门使用者要根据具体情况具体对待,务必注意以下两点:

(1)各种连接方式必须参照相应的标准,还需要明确了解用户要求的标准,避免所选用阀门无法安装。

(2)通常大直径的管道与阀门连接采用法兰式连接,小直径的管道与阀门采用螺纹式连接。

第三章　通用阀门材料的解读

阀门是管路附件中十分重要的装置,它的功能是接通或截断流体通路、改变流体方向、调节流体的流量和压力、阻止流体倒流以及释放过剩压力等。为了保证阀门能有效地实现这些功能,必须满足许多条件,比如选择合适的阀门类型、结构、材料等。其中材料的选择是保证阀门使用功能的关键因素之一。各工业领域的特性不同,流体的温度、压力、物理化学性质等均有各自的特点,从而使阀门材料的选择十分复杂。

阀门零件的材料,包括各种铸铁、钢材、有色金属及其合金、各种非金属材料等。为了减少供应和储备上的困难,在一定范围内使用的通用阀门材料已有了标准化的规定。例如《工业用阀门材料 选用导则》(JB/T 5300—2008)中对通用阀门的主要零件应选用何种牌号材料作了具体规定,某些产品标准中根据产品的适用条件对一些阀门零件应选用何种类型材料作了原则上的规定。但是工业生产各个领域的工况条件、介质特性十分复杂,对于特殊工况条件,阀门材料的选择还必须与用户的使用经验相结合或通过试验、验证,确定合适的材料。

由于各工业领域的特殊性以及考虑流体的温度、压力、特性、腐蚀以及材料的资源、制造的工艺性等情况,所以材料的选择原则总体有三个方面:满足使用功能的要求,有良好的工艺性(冷、热加工性能),有良好的经济性。经济性即要用尽可能低的成本制造出符合阀门功能的产品。以上三个原则中,满足使用功能要求是主要的,也就是说工艺性和经济性要服从使用功能的要求,在保证使用功能的前提下力求有良好的工艺性和经济性。十全十美的材料是没有的,因此,选择材料要根据具体情况综合考虑,解决主要矛盾。

第一节　钢制阀门主体和内件材料

阀门的主体是指承受介质压力的阀体、阀盖(或端盖)、闸板(或阀瓣)。其中,阀体和阀盖(端盖)是承受介质的承压件,闸板(阀瓣)是控制介质流动的控压件。承压件的含义是:一旦它们失效,其所包容的介质会释放到大气中。因此,承压件所用的材料必须能在规定的介质温度、压力作用下达到相应的力学性能、耐腐蚀性和良好的冷、热加工工艺性。

一、钢制阀门的主体材料

(一)碳素钢

碳素钢适用于非腐蚀性介质,在某些特定的条件下,如某些有腐蚀性的介质在一定范围内的温度、浓度条件下也可采用碳素钢。

《工业用阀门材料 选用导则》(JB/T 5300—2008)规定,碳素钢制阀门的适用温度为—29～425 ℃,其下限为—29 ℃。当以 WCB、WCC 这两种钢作阀体、阀盖、闸板(阀瓣)、支架时,这两种钢的适用温度下限也为—29 ℃。见表 3-1。

表 3-1　常用的碳素钢铸件、锻件材料

材料状态	国别	标准号	材料牌号		
铸件	中国	GB/T 12229	WCA	WCB	WCC
			ZG205-415	ZG250-485	ZG275-485
	美国	ASTM A216	WCA	WCB	WCC
			UNS J02502	UNS J03002	UNS J02503
锻件	中国	GB/T 699	25,25Mn,35,40		
	美国	ASTM A105			

注意:

(1) 表 3-1 中 WCA、WCB、WCC 是按美国标准表示的牌号。中国牌号 ZG205-415、ZG250-485、ZG275-485 是按照《铸钢牌号表示方法》(GB/T 5613—2014)分别对应 WCA、WCB、WCC 的牌号。UNS J02502、UNS J03002、UNS J02503 采用的是美国金属与合金统一系统编号方法,分别对应 WCA、WCB、WCC 的牌号。

(2) 表 3-1 中最常用的是 WCB 钢,其标准含碳量应不大于 0.30%,但为了获得优良的焊接性能和力学性能,其含碳量应控制在 0.25%左右。

(3) 残留元素 Cr、Ni、Mo、V、Cu 也必须控制并达标,其残留元素总量应不大于 1%,但有碳当量(CE)要求的此条不适用。

(4) 当阀门的连接端为焊接连接时,必须控制碳总量。ASTM A216 补充要求中规定了使用于不同场合的碳素钢铸件碳当量(CE)的要求。但不同的产品标准根据其工况条件对碳当量(CE)的要求也不同,如 API 6D 要求炉前分析 CE≤0.43,成品分析 CE≤0.45。同样,为了保证焊接性能,API 6D 对焊接端的碳素钢铸件含碳量也做了规定,炉前分析 $CE \leqslant 0.23\%$,成品分析 $CE \leqslant 0.25\%$。

(5) ASTM A105 并不是我国的 25 号钢或 25Mn 钢,虽然其主要化学成分相当于我国的 25Mn 钢,但 ASTM A105 对杂质元素 Cu、Ni、Cr、Mo、V、Nb 的控制以及 C、Mn 含量的关系和材料的热处理都有控制要求。

(6) 锻钢阀门是否需要进行材料的力学性能检测是由产品设计要求决定的,对于低碳钢,只要化学成分合格,正火的热处理工艺正确,其力学性能就固定不变,不像中碳钢和高碳钢可以按淬火后的不同回火温度得到不同的力学性能。对于锻造高压阀门(如 PN160、PN320)或更高压力的锻钢阀由设计决定所采用的材料应达到的力学性能,根据所要求的力学性能确定回火温度,以使材料的性能符合设计要求。

(二)不锈钢

1. 奥氏体不锈钢

阀门中常用的不锈钢是奥氏体不锈钢,适用温度范围很广,低温可用于 -296 ℃(液氦),高温可达到 816 ℃,常用的温度范围为 -196(液氮)~700 ℃。

奥氏体不锈钢具有良好的耐腐蚀性、高温抗氧化性和耐低温性能。因此,奥氏体不锈钢广泛用于制作耐腐蚀阀门、高温阀门和低温阀门。

奥氏体不锈钢的耐腐蚀性是相对的,不是什么样的腐蚀性介质它都能承受。金属的腐蚀现象或所谓的耐腐蚀性是根据腐蚀性介质的种类、浓度、温度、压力、流速等环境条件,以及金属本身的性质,即含有成分、加工性、热处理等诸因素的差异而分别有不同的腐蚀状态和腐蚀速度。例如,不锈钢具有优良的耐腐蚀性能,可是因为腐蚀环境或使用条件的不同,也可能发生意想不到的腐蚀破坏事故。因此,人们应充分地了解腐蚀性介质和耐腐蚀材料,这样才能选择合适的耐腐蚀材料。

阀门设计师不但要掌握金属材料的各种使用性能和工艺规范,还需要了解金属材料的腐蚀形态,这样才能设计出优质的产品。下面简要讲述金属材料腐蚀形态。

金属材料腐蚀可分为两大类,即均匀(全面)腐蚀和局部腐蚀,其中均匀(全面)腐蚀包括全面成膜腐蚀和无膜腐蚀。

(1) 全面成膜腐蚀

腐蚀在金属的全部或大部分面积上进行,而且生成保护膜,具有保护性。例如,碳素钢在稀硫酸中腐蚀很快,当硫酸浓度大于 50% 时,腐蚀率达到最大值,此后硫酸浓度继续增大,腐蚀率反而下降。这是由于浓硫酸的强氧化性使钢铁的表面生成一层组织致密的钝化膜,这种钝化膜不溶于浓硫酸,从而起到了阻碍腐蚀作用。

（2）局部腐蚀

局部腐蚀的形态有 10 多种，如缝隙腐蚀、脱层腐蚀、晶间腐蚀与应力腐蚀等。据调查，石油化工装置中局部腐蚀约占 70%。在诸多局部腐蚀形态中，与阀门制造有关且常见的是晶间腐蚀。晶间腐蚀是指局部沿着结晶粒子边界向深度方向腐蚀的形式，这种腐蚀，外面看不出腐蚀迹象，严重的腐蚀可以穿过整个机体厚度。石油化工行业的阀门在设计时要按照《石油化工管道设计器材选用规范》(SH/T 3059—2012)的规定，有针对性地选用耐腐蚀的金属材料来满足工况要求。

耐高温的奥氏体不锈钢是可用于温度超过 350 ℃以上的高温用钢。高温用钢是指在高温下具有较高强度的钢材。在石油化工管道装置中，高温并伴有腐蚀的场合就必须使用既耐高温又耐腐蚀的材料。不锈钢 00Cr18Ni10、0Cr18Ni9、00Cr17Ni14Mo2、1Cr18Ni9Ti、0Cr18Ni2MoTi 等材料使用温度为 −196～600 ℃，且强度高、耐腐蚀。一般在没有耐腐蚀性问题的场合，在规定范围内，含碳量高的不锈钢，其高温强度也高。若在 18-8 钢内添加 Mo、Nb、Ti 等元素，可强化基体，添加 Nb、Ti 元素则形成碳化物，可改善高温强度。具体牌号不锈钢的最高使用温度值，要查相关材料的压力-温度表。

常用奥氏体不锈钢铸件、锻件材料见表 3-2。

表 3-2　常用奥氏体不锈钢铸件、锻件材料

材料状态	国别	标准	材料牌号		适用温度/℃	备注
			GB/T 12230—1989 牌号	GB/T 12230—2005 牌号		
			ZG00Cr18Ni10	ZG03Cr18Ni10	−196～425	
			ZG0Cr18Ni9	ZG08Cr18Ni9	−196～700	
			ZG0Cr18Ni9Ti	ZG08Cr18Ni9Ti		
			ZG1Cr18Ni9Ti	ZG12Cr18Ni9Ti		
铸件	中国	GB/T 12230	ZG0Cr18Ni12Mo2Ti	ZG08Cr18Ni12Mo2Ti		适用温度范围参照 HG/T 20592～20635
			ZG1Cr18Ni12Mo2Ti	ZG12Cr18Ni12Mo2Ti		
			CF3	CF3	−196～425	
			CF3M	CF3M		
			CF8	CF8	−196～700	
			CF8M	CF8M		
			CF8C	CF8C		

表 3-2(续)

材料状态	国别	标准	材料牌号		适用温度/℃	备注
铸件	美国	ASTM A351	ASTM 牌号	UNS 编号		适用温度范围参照 ASME B16.34
			CF3	J92500	≤425	
			CF3M	J92800	≤455	
			CF8	J92600	≤816	a. 温度超过 538 ℃ 时,仅当含碳量不小于 0.04% 时才使用; b. CL150 法兰端阀门适用温度不大于 538 ℃; c. 适用温度参照 ASME B16.34
			CF8M	J92900		
			CF8C	J92710		
锻件	中国	JB/T 4728,GB/T 1220	JB/T 4728 牌号	GB/T 1220 牌号		
			00Cr19Ni10	00Cr19Ni10	−196~425	
			00Cr17Ni14Mo2	00Cr17Ni14Mo2	−196~700	
			0Cr18Ni9	0Cr18Ni9		
			0Cr18Ni10Ti	0Cr18Ni10Ti		
			0Cr18Ni11Nb			
			1Cr18Ni9Ti	1Cr18Ni9Ti		
			0Cr17Ni12Mo2	0Cr17Ni12Mo2		
				0Cr18Ni12Mo2Ti		
			1Cr18Ni12Mo2Ti		−196~700	
	美国	ASTM A182	ASTM 牌号	UNS 编号		a. F304、F316 当温度超过 538 ℃ 时,仅当含碳量不小于 0.04% 时才使用,且对于 CL150 法兰端阀门适用温度不大于 538 ℃; b. 适用温度参照 ASME B16.34
			F304	S30400	≤816	
			F316	S31600		
			F304L	S30403	≤425	
			F316L	S31603	≤450	
			F321	S32100	≤528	
			F347	S34700		

2. 马氏体不锈钢

马氏体不锈钢是一种铬不锈钢,其金相组织为马氏体,可通过热处理进行强化,具有良好的力学性能和高温抗氧化性。该钢种常用于水、蒸汽、油品等弱腐蚀性介质。由于铬不锈钢可通过热处理强化,因此为了避免强度过高产生脆性,应采用正确的热处理工艺。例如,ASTM A217 CA15 规定马氏体不锈钢最低回火温度为 595 ℃。常用马氏体不锈钢铸件、锻件材料见表 3-3。

表 3-3 常用马氏体不锈钢铸件、锻件材料

材料状态	国别	标准	材料牌号		适用温度/℃	备注
铸件	中国	GB/T 2100	ZG1Cr13		−45～350	按 JIS 8243 许用应力表温度范围确定
			ZG2Cr13			
	美国	ASTM A217	ASTM 牌号	UNS 编号	−29～649	按 ASME 许用应力表温度范围确定
			CA15	J91150		
		ASTM A743	CA40	J91153		
棒材	中国	GB/T 1220	1Cr13			
			2Cr13			
锻件	美国	ASTM A182	ASTM 牌号	UNS 编号	−29～649	按 ASME 许用应力表温度范围确定
			F6a	S41000		
棒材		ASTM A276	410	S41000		
			420	S42000		

3. 奥氏体-铁素体双相不锈钢

双相不锈钢耐应力腐蚀破坏性好,适用于含氯离子环境的腐蚀,并具有较高的强度,常用于化肥、炼油、海上采油、海水淡化等工况条件。

目前制造阀门主体(承压件)的双相不锈钢材料大多采用美国材料。常用的奥氏体-铁素体双相不锈钢铸件、锻件材料见表 3-4。

表 3-4 常用奥氏体-铁素体双相不锈钢铸件、锻件材料

材料状态	国别	标准	材料牌号		适用温度/℃	备注
铸件	美国	ASTM A995	CD4MCu		≤315	
		ASTM A890	4A			
锻件		ASTM A182	ASTM 牌号	UNS 编号		
			F51	UNS S31803		
			F53	UNS S32750		
			F55	UNS S32760	≤400	

4. 铬-钼钢和铬-钼-钒合金钢

铬-钼钢和铬-钼-钒钢主要用在高温、高压的场合,要求钢在高温下具有较好的抗蠕变强度和抗高温氧化性,适用温度 −29～650 ℃,主要用于火力发电的高温、高压蒸汽,炼油企业的石油裂解、催化裂化、加氢等含有硫化物、氢腐蚀的石油介质。例如,催化系统采用 5Cr-0.5Mo 钢,加氢系统温度较低的采

用1Cr-0.5Mo钢,温度较高的加氢裂化、加氢脱硫煤液化等装置中采用2.25Cr-1Mo钢。

在Cr-Mo钢中需要说明的是ZG1Cr5Mo,称为5Cr-0.5Mo钢,这种钢具有良好的抗石油裂化过程介质腐蚀的性能,对含有硫化物的热石油介质耐腐蚀性良好,具有抗氢腐蚀的能力,并有良好的热强性。ZG1Cr5Mo制造工艺性较差,易产生铸造裂纹,焊接时热影响区会出现马氏体组织而产生明显的脆化,所以要制订正确的焊接工艺,焊前需进行预热,焊后需进行热处理,一般预热温度为300~400 ℃,焊后热处理温度为740~760 ℃。

常用的铬-钼和铬-钼-钒钢铸件、锻件材料见表3-5。

表3-5 常用铬-钼钢和铬-钼-钒钢铸件、锻件材料

材料状态	国别	标准	材料牌号		适用温度/℃	备注
铸件	中国	JB/T 9625	ZG20CrMo		≤510	
			ZG20CrMoV		≤540	
			ZG15Cr1Mo1V		≤570	
			ZG1Cr5Mo		≤550	
		JB/T 5263	WC6		≤593 (≤1 100 ℉)	铸件回火温度应不低于595 ℃
			WC9			铸件回火温度应不低于675 ℃
			C12A		≤648 (≤1 200 ℉)	铸件回火温度应不低于730 ℃
	美国	ASTM A217	ASTM牌号	UNS编号	−29~648 (−20~1 200 ℉)	a. CL150 法兰端阀门适用温度≤538 ℃,其中 WC6、WC9、C5、C12 仅使用经正火和回火的材料; b. 日本电力标准 E101 规定1Cr-0.5Mo(WC6)、2.5Cr-01Mo(WC9)最高使用温度为593 ℃,另 WC6、WC9 在高于566 ℃温度区域使用时要考虑发生过氧化作用即生成氧化皮的可能性
			WC6	J12072		
			WC9	J21890		
			C5	J42045		
			C12	J82090		
			C12A	J84090		

表 3-5(续)

材料状态	国别	标准	材料牌号		适用温度/℃	备注
锻件	中国	JB/T 9626	15CrMo		≤550	
			1Cr5Mo		≤570	
			12Cr1MoV			
			15Cr1Mo1V			
	美国	ASTM A182	ASTM 牌号	UNS 编号	−29～593 (−20～1 100 ℉)	CL150 法兰端阀门适用温度≤538 ℃,其中 F11 仅使用经正火和回火的材料
			F11 Class1	K11597		
			F22 Class1	K21590		
			F5	K41545	−29～648 (−20～1 200 ℉)	
			F9	K90941		
			F91	K90901		
			F92	K92460		

(三)低温钢

一般低温范围指−29～−196 ℃,−196～−269 ℃为超低温范围。石化企业规定低于−20 ℃就算低温。一般碳素钢、低合金钢、铁素体钢在低温下韧性急剧下降、脆性上升,这种现象称为材料的冷脆现象。为了保证材料的使用性能,不仅要求材料在常温时有足够的强度、韧性、加工性能以及良好的焊接性能,而且要求材料在低温下也具有抗脆化的能力。另外,材料在低温时会发生收缩,各个零件收缩率不同是致使某些密封部位发生泄漏的原因。此外,奥氏体不锈钢在马氏体转变温度时,部分奥氏体转变成马氏体而引起体积变化导致阀门泄漏也是一个重要原因。因此,要研究阀门各部位零件的材料、结构特点,以防止低温时产生间隙而泄漏。

1. 常用气体的液化温度

几种常用气体的液化温度(一个大气压下液化气体的沸点)见表 3-6。

表 3-6 常用气体的液化温度

液化气体	沸点/℃	液化气体	沸点/℃
氨	−33.4	液化天然气	−161.2
丙烷	−45	甲烷	−162
丙烯	−47.7	氧	−183
硫化碳酰	−50	氩	−186
硫化氢	−59.5	氟	−187

表 3-6(续)

液化气体	沸点/℃	液化气体	沸点/℃
二氧化碳	−78.5	氩	−195.8
乙炔	−84	氖	−246
乙烷	−83.3	氘	−249.6
乙烯	−104	氢	−252.8
氪	−151	氦	−269

2. 美国标准的低温铸钢、锻钢

适用于低温下的钢材要求在低温下有足够的韧性，衡量其韧性的指标是在低温下的冲击能量，不同类型（或牌号）的低温钢适用于不同的低温温度。低温阀门按适用的温度划分，分为 −46 ℃、−70 ℃、−101 ℃、−196 ℃四个等级，不同温度等级的阀门所选用的钢材必须在其所适用的温度下达到标准规定的冲击能量才是安全可靠的。

（1）美国标准的低温铸钢（铸件）材料

美国低温铸钢采用的标准是《低温受压零件用铁素体和马氏体铸件技术规范》(ASTM A352)。该标准规定的材料牌号、适用温度及冲击能量要求见表 3-7、表 3-8。

表 3-7　低温铸钢件材料牌号和适用温度

类型	C	C	C-Mn	C-Mo	2.5Ni	C-Cr-Mo	3.5Ni	4.5Ni	9Ni	Cr-Ni-Mo
牌号	LCA	LCB	LCC	LC1	LC2	LC2-1	LC3	LC4	LC9	CA6NM
适用温度/℃	−32	−46	−46	−59	−73	−73	−101	−115	−196	−73

表 3-8　低温铸钢件材料夏比 V 型切口冲击能量要求

牌号	LCA	LCB	LCC	LC1	LC2	LC2-1	LC3	LC4	LC9	CA6NM
试验温度/℃	−32	−46	−46	−59	−73	−73	−101	−115	−196	−73
2 个试样的最小值和 3 个试样的最小平均值/ft·lbf(J)	13 (18)	13 (18)	15 (20)	13 (18)	15 (20)	30 (41)	15 (20)	15 (20)	20 (27)	20 (27)
单个试样的最小值/ft·lbf(J)	10 (14)	10 (14)	12 (16)	10 (14)	12 (16)	25 (34)	12 (16)	12 (16)	15 (20)	15 (20)

数据来源:阀门标准编辑部.低温锻件材料牌号适用温度、夏比 V 型切口冲击能量(EN 10045-1;EN 10045-2).1990。

（2）美国标准的低温锻钢（锻件）材料

美国低温锻钢采用的标准是《要求进行缺口韧性试验的管道部件用碳素钢与低合金钢锻件技术规范》（ASTM A350）。该标准规定的材料牌号、适用温度及冲击能量要求见表3-9。

表 3-9　低温锻钢件材料牌号适用温度、夏比 V 型切口冲击能量

牌号	LF1	LF2	LF3	LF5	LF6	LF9	LF787
适用温度/℃	−29	−46	−101	−59	−51	−73	−73
试验温度/℃	−29	−46	−101	−59	−51	−73	−73
3 个试样的最小平均值 /ft·lbf(J)	13 (18)	15 (20)	15 (20)	15 (20)	15 (20)	13 (18)	15 (20)
单个试样的最小值 /ft·lbf(J)	10 (14)	12 (16)	12 (16)	12 (16)	12 (16)	10 (14)	12 (16)

数据来源：阀门标准编辑部.低温锻件材料牌号适用温度、夏比 V 型切口冲击能量（EN 10045-1；EN 10045-2).1990。

（3）中国低温阀门用低温钢铸件和钢锻件材料

我国低温钢铸件材料采用的标准是《阀门用低温钢铸件技术条件》（JB/T 7248—2008），该标准中只规定了 LCB、LC1、LC2、LC3 等四个牌号，等同采用 ASTM A352 中相应牌号与要求。至于低温钢锻件，目前尚无阀门用低温钢锻件的标准，因此锻造的低温阀门其材料可直接采用 ASTM A350 中的材料及技术要求。

（4）低温冲击试验

由于钢材在低温下韧性降低，特别是用铁素体钢如 LCA、LCB、LCC、LC3 等制造的低温阀门承压件，在低温下有明显的低温脆性。而阀门若在低温下使用，必须达到一定的韧性指标，因此，这些材料要进行最低使用温度下的冲击试验，其试验方法按《金属材料 夏比摆锤冲击试验方法》（GB/T 229—2007）或《金属材料-夏比摆锤冲击试验-第 1 部分：试验方法》（ISO 148—1：2009）或《钢制品机械测试的标准试验方法和定义》（ASTM A370—2007）的规定。有的产品标准规定（如 API 6D）所有用于设计温度低于 −29 ℃ 的碳钢、低合金钢承压部件都应按 ISO 148 或 ASTM A370 进行 V 型切口的冲击试验。

（5）深冷处理

深冷处理是减少材料由于温差和在低温下金相组织改变而产生变形，从而提高阀门在低温时的密封性能的一种处理方法。深冷处理的方法是将被处

理的零件放入冷却介质中保温一定时间,然后取出,当零件温度升至室温后再重复进行一次处理。一般用于－101 ℃以下的阀门,在精加工前(如密封面研磨前)对阀体、阀盖、闸板(阀瓣)、阀杆、紧固件等进行低于工作温度下的深冷处理。对用于－101 ℃以上的低温阀门,若合同规定要做深冷处理,则应按要求做深冷处理。

二、钢制阀门的内件材料

阀门内件主要是指阀门关闭件的密封面和阀杆、衬套(上下密封座)等,内件材料的选用原则是根据主体材料的情况、介质特性、结构特点以及零件所起的作用、受力情况综合考虑。对于常规的通用阀门,标准已规定了内件材料或规定了几种材料由设计者根据具体情况选用。对于一些有特殊要求的阀门,如高温、高压、介质有腐蚀性等工况条件,则需按工况条件选择内件材料。

(一) 关闭件的密封面材料

关闭件即闸板(阀瓣)、阀座。关闭件的密封面是阀门的主要工作面之一,材料选择是否合理以及它的质量状况直接影响阀门的功能和使用寿命。

1. 关闭件密封面的工作条件

由于阀门用途十分广泛,因此阀门关闭件密封面的工作条件差异很大。压力可以从真空到超高压,温度可以从－269 ℃到816 ℃,有些工作温度可达1 200 ℃,工作介质从非腐蚀性介质到各种酸碱等强腐蚀性介质。从受力情况看,密封面受挤压和剪切作用;从摩擦学的角度看,有磨粒磨损、腐蚀磨损、表面疲劳磨损、冲蚀、擦伤等。因此,应该根据不同的工作条件选择相适应的密封面材料。

阀门设计人员还应了解阀门磨损的知识,以改进、创新设计思路,防止或减少阀门的损伤。阀门的磨损大致有以下几种情况:

(1) 磨粒磨损

磨粒磨损是指粗糙的硬表面在软表面上滑动时出现的磨损。硬材料压入较软的材料表面,在接触表面就会划出一条微小的沟槽,此沟槽所脱落的材料以碎屑或疏松粒子的形式被推离物体的表面。

(2) 腐蚀磨损

金属表面腐蚀时产生一层氧化物,这层氧化物通常覆盖在受到腐蚀作用的部位上,这样就能减慢对金属的进一步腐蚀。但是,如果发生滑动,就会清除掉表面的氧化物,使裸露出来的金属表面受到进一步的腐蚀。

(3) 表面疲劳磨损

反复循环加载和卸载会使材料表面或表面下层产生疲劳裂纹,在表面形成碎片和凹坑,最终导致表面的破坏。

（4）冲蚀

冲蚀是指介质高速流经密封面时,因冲撞而使密封面遭到的破坏,它与磨粒磨损相似,但破坏的表面很粗糙。

（5）擦伤

擦伤是指密封面相对运动过程中,材料因摩擦引起的破坏。

2. 对密封面材料的要求

理想的密封面要耐腐蚀、抗擦伤、耐冲蚀、有足够的挤压强度、在高温下有足够的抗氧化性和抗热疲劳性、与本体有相近的线膨胀系数、有良好的焊接性能与加工性能。这些对密封面材料的要求只是理想状态,不可能有这样十全十美的材料。因此,选择材料时要有针对性,不同场合选择不同材料,应用新技术、新材料、新工艺,创新设计思路,解决主要矛盾。

3. 密封面材料的种类

常用的密封面材料分为两大类:软质材料和硬质材料。软质材料为各种橡胶、尼龙、氟塑料等。硬质材料为各种金属和合金。

（二）密封面材料的选择

1. 耐腐蚀

腐蚀即密封面在介质作用下表面受到破坏的过程。如果表面受到这种破坏,密封性就不能保证,因此,密封面材料必须耐腐蚀。材料的耐腐蚀性主要取决于材料的化学性能稳定性及其工艺特性等。

2. 抗擦伤

擦伤必然引起密封面的破坏,因此,密封面材料必须具有良好的抗擦伤性能,尤其是闸阀。材料的抗擦伤性往往是由材料内部性质决定的。

3. 耐冲蚀

冲蚀对在高温、高压蒸汽介质中使用的节流阀、安全阀的破坏更为明显,对密封性影响很大,因此,耐冲蚀亦是密封面材料的重要要求之一。

选择密封面材料的注意事项如下:

（1）材料应有一定的硬度,并在规定工作温度下硬度不发生大的下降。

（2）密封面材料和本体材料的线膨胀系数应该近似,这对镶密封圈的结构尤为重要,以免高温下容易产生额外的应力和引起松动。

（3）在高温条件下使用,材料要有足够的抗氧化、抗热疲劳性以及经受热循环等问题。

在目前情况下,要找到全面符合上述要求的密封面材料是很难的,只能根据不同的阀类和用途,重点满足某几个方面的要求。例如,在高速介质中使用的阀门应特别注意密封面的耐冲蚀要求;而介质中含有固体杂质时,应选择硬度较高的密封面材料。

（三）软质材料类型与性能

通用阀门密封面常用的软质材料为各种橡胶、尼龙、氟塑料等，见表3-10。

表 3-10   通用阀门密封面常用的软质材料及适用范围

序号	名称	代号	适用温度/℃	适用介质及其特性
1	天然橡胶	NR	−50～80	盐类、盐酸、金属涂层溶液、水、湿氯气
2	氯丁橡胶	CR	−40～80	动物油、植物油、无机润滑油及 pH 值变化很大的腐蚀性泥浆
3	丁基橡胶	IIR	−30～100	抗腐蚀、抗磨损、耐绝大多数无机酸和酸液
4	丁腈橡胶	NBR	−30～90	水、油品、废液等
5	乙丙橡胶（三元乙丙橡胶）	EPDM (EPM)	−40～120	盐水、40% 硼水、5%～15% 硝酸及氯化钠等
6	氯磺化聚乙烯合成橡胶	CSM	−20～100	耐酸性好
7	硅橡胶	SI	−70～200	耐高温、低温，电绝缘性好，化学惰性大
8	氟橡胶	FPM (Viton)	−23～200	耐介质腐蚀优于其他橡胶、抗辐射、耐酸
9	聚四氟乙烯	PTFE (TFE)	−196～200	耐热、耐寒性优，耐一般化学药品溶剂和几乎所有液体
10	可熔性聚四氟乙烯	PFA Fs-4100	≤180	多种浓度硫酸、氢氟酸、王水、高温浓硝酸、各种有机酸、强碱等
11	聚全氟乙丙烯	FEP (F46)	≤150	高温下有极好的耐化学性、耐阳光性、耐候性
12	聚偏氟乙烯	PVDF (F2)		耐化学性能很好，耐阳光性和耐候性极好，是强度最高和最硬的氟塑料
13	聚三氟氯乙烯	PCTFE (F3)	≤190	耐化学性能很好，耐阳光和耐候性极好，可在 198 ℃下连续使用，强度和硬度比 F46 和 PTFE 高

序号	名称	代号	适用温度/℃	适用介质及其特性
14	聚烯烃	PO	≤100	
15	聚丙烯	PP	−15～110	耐化学性能和耐应力开裂性能极好,耐候性差
16	聚二醚酮	PEEK	−46～300	
17	对位聚苯	PPI	≤300	基本同聚四氟乙烯
18	尼龙(聚酰胺)	NYLON	≤80	耐碱、氨

说明:

(1)表 3-10 中的适用温度是推荐的安全使用温度,根据密封面结构和受力的不同,适用温度也不尽相同。

(2)表 3-10 中的适用温度范围是这类产品的一般范围,每种产品有多种牌号,适用温度也不尽相同。此外,使用场合不同,推荐的使用温度范围也不同。

(3)表 3-10 中的名称是这类材料的统称,每种产品都有几个牌号,性能也不一样,如尼龙就有尼龙 1010、尼龙 6、尼龙 66 等,丁腈橡胶有丁腈 18、丁腈 26、丁腈 40 等。选用时要注意不同牌号的性能。

(4)氟塑料具有冷流倾向,即应力达到一定值时开始流动,如聚四氟乙烯,如果在结构上没有考虑保护措施,在一定应力下就会流动、失效。

(5)表 3-10 中推荐的适用介质范围也是笼统的,应用时要查这些材料与某种介质的相容性数据。

(四)硬质材料类型与性能

硬质材料的密封面主要是各种金属和合金,如铜合金、不锈钢、硬质合金等。

1. 铜合金

《工业用阀门材料 选用导则》(JB/T 5300—2008)中列入的铜合金密封面材料牌号有:铸铝黄铜(ZCuZn25Al6Fe3Mn3)、铸铝青铜(ZCuAl9Mn2 和 ZCuAl9Fe4Ni4Mn2)、铸锰黄铜(ZCuZn38Mn2Pb2)、黄铜(H62)等。铜合金在水或蒸汽中的耐腐蚀性和耐磨性好,但强度低,不耐氨和氨水腐蚀。铜合金阀门适用介质包括蒸汽、水,如液化气、空气和天然气输送管线,使用温度≤250 ℃。阀瓣和阀座若选用适当牌号的青铜合金(阀杆用不锈钢),可以用于温度极低的介质,如液化气、液态氧和液态氮等低温场合。不含锌青铜是铝青铜,在特定情况下也常被应用。

2. 铬不锈钢

铬不锈钢有较好的耐腐蚀性,常用于水、蒸汽、油品等非腐蚀性介质,温度 −29～425 ℃的碳素钢阀门。但铬不锈钢抗擦伤性能较差,特别是在大比压的情况下使用很易擦伤。试验表明,比压在 20 MPa 下耐擦伤较好。对于高压小口径阀门常采用棒材或锻件(其牌号为 1Cr13、20Cr13、3Cr13)制作的整体阀瓣,密封面经表面淬火(或整体淬火),20Cr13 的硬度值 HRC41～HRC47,3Cr13 的硬度值 HRC46～HRC52 为宜。在阀门设计、制造中应注意,密封面材料的最小硬度差(即阀瓣材料与阀座密封面材料硬度差)要求为 HB100,洛氏硬度在 HRC50 为宜。

3. 硬质合金

硬质合金具有硬度高、耐磨、强度和韧性较好、耐热、耐腐蚀等一系列优良性能,特别是它的高硬度和耐磨性,即使在 500 ℃的温度下也基本保持不变,在 1 000 ℃时仍有很高的硬度。在阀门设计、制造中,可采用烧结硬质合金、表面处理、密封面堆焊处理等方式增强密封面的性能。

烧结硬质合金密封面是用碳化物粉末和少量的钴基粉末不同配比混合后烧结而成的,其特点是耐腐蚀、耐磨损、抗擦伤,特别是热硬性好,即使在高温下也能保持足够的硬度。

常用的表面处理有 ENP 工艺,增强密封面的硬度。常用的有镀镍、镀铬、镀磷和氮化等。化学镀镍具有抗冲刷、抗氧化、抗机械磨损、防腐、降低摩擦系数等特点,在阀门制造业中已广泛应用。

密封面堆焊处理可采用铬不锈钢焊条堆焊,用于工作温度在 450 ℃以下、工作压力 1.6～16 MPa、基体材料为铸钢的电站、石油化工阀门的密封面。

(五)密封面的焊接材料及工艺

在阀门设计、制造过程中,在阀件基体材料上堆焊符合使用性能要求的材料,作为其密封面,可以显著提高阀门的使用寿命,节省大量的贵重金属。因此,国内外阀门制造厂生产的大部分阀门产品均采用堆焊密封面的方法,扩大阀门的应用范围。阀门密封面的堆焊工艺可执行我国《阀门密封面堆焊工艺评定》(GB/T 22652—2019)和美国 API 6D《堆焊和补焊作业规范》条文中的规定。下面介绍几种常用的堆焊焊条及其焊接规范。

1. D507

D507 符合 GB、ED 的 CrA1-15,堆焊金属材料为 1Cr13 半铁素体高铬钢。焊层有空淬特性,一般不需热处理,硬度均匀,亦可在 750～800 ℃退火软化,加热至 900～1 000 ℃空冷或油淬后可重新硬化。焊前必须将工件预热至 300 ℃以上(也有资料介绍不需预热),焊后空冷,硬度不小于 HRC40。焊后如进行不同热处理可获得相应硬度。

2. D507Mo

D507Mo 符合 GB、ED 的 CrA2-15,堆焊金属为 1Cr13 半铁素体高铬钢。有空淬特性,焊前不预热,焊后不处理,焊后空冷,硬度不小于 HRC37。

3. D577CrMn

D577CrMn 型阀门堆焊条符合 GB、ED 的 CrMn-C-15。焊前不预热,焊后不处理,抗裂性好,硬度不小于 HRC28,与 D507Mo 配合使用。

4. D516M、D516MA

D516M、D516MA 为高 Cr-Mn-Si 钢堆焊条,硬度 HRC38～HRC48,耐磨损,耐咬合,弱腐蚀介质。适用于堆焊工作温度在 450 ℃ 以下的受水、蒸汽、石油介质作用的部件;如阀瓣与阀座间同等材料配对不咬合,工作温度在 450 ℃以下,适用于低、中压的阀门,如氧化铝料浆管网输送系统的阀门,使用温度范围 -29～425 ℃。

5. D237

D237 型阀门堆焊条是低氢钠型药皮的合金钢 Cr-Mo-V 型堆焊焊条,采用直流反接,堆焊层为马氏体基体,有一定的抗磨粒磨损的能力,硬度不小于 HRC50,堆焊层抗裂性好。适用于堆焊受泥沙磨损和气蚀破坏的水力机械过流部件、阀门的密封面,堆焊后为高硬度的抗耐磨层;主要用于高炉煤气除尘管道和含泥沙的管网系统的低、中压的阀门,使用温度范围一般为 -29～425 ℃。

6. 喷焊硬质合金

硬质合金的种类较多,这里主要讲的是阀门密封面焊接用的硬质合金,最常用的是钴基硬质合金,也称为钴铬钨硬质合金。它的特点是耐腐蚀、耐磨、抗擦伤,特别是红硬性好,即在高温下也能保持足够的硬度;此外,加工工艺性适中,其许用比压为 80～100 MPa,据国外资料介绍,最高比压可达 155 MPa;适用温度范围一般在 -196～650 ℃,特殊场合可达 816 ℃ 左右的高温。但是,它在硫酸、高温盐酸中不耐腐蚀,在一些氯化物中也不耐腐蚀。常用牌号有:

(1) 司太立 6#、12#,为钴基合金焊条。符合 AWS ECoCr-A、GB 和 ED CoCr-A-03,也相当于 D802。焊前根据工件大小进行 250～400 ℃ 预热,焊时控制层间温度 250 ℃,焊后 600～750 ℃ 保温 1～2 h 后随炉缓冷或将工件置于干燥和预热的沙缸或草灰中缓冷。

(2) 司太立 D802、D812,为钴基合金堆焊条。符合 AWS ECoCr-B、GB

和 ED Cr-B-03,焊后其硬度不小于 HRC41。

此外,钴基硬质合金还有焊丝,可以进行氧-乙炔堆焊或钨极氩弧焊。司太立 6# 焊丝符合 AWS RCoCr-A,也相当于 HS111,常温硬度 HRC40～HRC46;司太立 12# 焊丝符合 AWS RCoCr-B,也相当于 HS112,常温硬度 HRC45～HRC50。硬质合金(钴基)焊接都要对工件预热,焊时控制层间温度和焊后处理,要根据焊接工艺或焊条说明书施行。

7. 喷焊陶瓷粉末

当今科学技术迅速发展,各类工艺技术不断更新,阀门密封面喷焊陶瓷粉末或镶嵌陶瓷圈的新工艺、新技术已经在阀门行业得到广泛的应用。

随着高磨损和强腐蚀等严苛、特殊工况的不断出现,传统的金属阀门已经不能满足工况要求,陶瓷阀门与金属材料阀门相比,其最大优点是优异的高温力学性能、耐强腐蚀、耐磨损、密度小。具体而言,陶瓷阀门具有如下卓越性能:

(1) 耐磨损:陶瓷的硬度是不锈钢的 5～15 倍,耐磨性能非常卓越。

(2) 耐腐蚀:陶瓷对于大多数的酸碱物质来说,其化学性质稳定,抗腐蚀性能非常好。

(3) 耐高温:陶瓷的熔点很高,大多数在高温下具有稳定的力学性能。

由于陶瓷阀门具有上述诸多优点,因此广泛应用于电力、多晶硅、气力除灰系统的粉煤灰输送、冶金工业管道领域等。

8. 金属表面处理

常用的表面处理办法有镀硬铬、化学镀镍、镀镍磷合金、氮化、多元复合氮化、喷涂等。

金属表面处理方法有化学镀镍、镀铬、氮化等。由于 ENP 工艺具有抗冲刷、抗机械磨损、防腐、降低摩擦系数等特点,在石油、天然气的开采及管道输送的阀门中已广泛应用,如管线球阀的阀体、阀座、支撑板、阀杆,平板闸阀的闸板、阀座等。ENP 不需要外加电流,在金属表面的催化作用下经过化学还原法进行金属沉积。常用标准有 ASTM B733 镍磷镀层和 GB/T 13913—2008。阀门常用的化学镀镍厚度有两种:一种是 0.05 mm (0.002 in);另一种是 0.075 mm (0.003 in)。为提高镀层的硬度,需要根据不同的硬度要求进行 200～400 ℃的热处理。

9. 堆焊注意事项

(1) D507Mo 和 D577 两种焊条是为了代替 Cr13 型焊条堆焊有硬度差的阀门密封面而配套研制的。D507Mo 堆焊金属硬度较高,用于闸板;D577 堆焊金属硬度较低,用于阀体或阀座密封面。两者组成的密封面可获得良好的抗擦伤性能。

(2)堆焊层的高度加工后应在5 mm以上,以保证硬度和成分稳定。

(3)堆焊要按焊接工艺规定操作,焊接电流不可过大,以防止焊条成分发生变化而影响焊接质量。

(4)等离子喷焊密封面用的是合金粉末,类型有铁基合金粉末、镍基合金粉末和钴基合金粉末。喷粉有许多优点:省材料,质量好,可以降低制造成本。一般由专门加工厂家来做。

(5)有些阀类的关闭件密封面不能堆焊,如球阀的球体。如果是铬不锈钢制作的球体,可通过热处理来提高表面硬度;如果是奥氏体钢制作的球体,由于其表面很软,所以要用表面处理的方法来提高表面硬度,在提高硬度的同时还要考虑处理后表面的耐蚀性。表面处理后密封面材料如下:

① 不锈钢密封面:不锈钢密封面大多以本体材料作密封面,即304或CF8的阀体在其上直接做出密封面,除了304、CF8外还有316、CF8M、304L、CF3、316L、CF3M、FA20、CN7M等。

② 其他密封面材料,见表3-11。

表 3-11　其他密封面材料

材　料	适用温度/℃	硬度(HRC)	适用介质
K-蒙乃尔(CuFeAlNi)	−240～482	27～35	碱盐、食品稀酸、氯化物
S-蒙乃尔(CuMnSiNi)	−240～482	30～38 649 ℃时 35	碱盐、食品稀酸、氯化物
哈氏合金 B	≤371	14	盐酸、湿 HCl 气、硫酸、磷酸
哈氏合金 C	≤538	23	强氧化性介质、盐酸、氯化物
20 号合金	−45.6～316		氧化性介质、各种浓度硫酸
17-4PH	−40～425	40～45	有轻微腐蚀冲蚀场合
440C(11Cr17)	−29～425	50～60	非腐蚀性介质

（六）阀门密封面焊接材料牌号和使用范围

根据阀门密封面材料焊接方法的不同,可用电焊条、焊丝、喷焊粉末对阀门密封面进行堆焊,各种焊接材料见表3-12。

表 3-12　焊接材料

型号	牌号	标准	焊层硬度（HRC）	加工后净高度/mm	应用范围	焊接方法
EDCr-A1-03	D502	GB/T 984	≥40	通用阀门 ≥3	≤PN200 t≤450 ℃	手工电弧焊
EDCr-A1-15	D507					
EDCr-A2-15	D507Mo		≥37		≤PN200 t≤510 ℃	
EDCr-B-03	D512		≥45		≤PN300 t≤450 ℃	
EDCrMn-C-15	D577		≥28	电站阀门 ≥4	≤PN200 t≤510 ℃	
EDCrNi-A-15	D547		HB270～HB320		≤PN300 t≤570 ℃	
EDCrNi-N-15	D547Mo		≥37		≤PN350 t≤600 ℃	
EDCoCr-A-03	D802 EN0.6	相当于 GB/T 984、AWS ECoCr-A	≥40	通用阀门 ≥2		
EDCoCr-B-03	D812 Stellite 12#	相当于 GB/T 984、AWS ECoCr-B	≥44	通用阀门 ≥4	≤PN600 t≤670 ℃	
钴基焊丝	HS111 (Co106)	相当于 AWS RCoCr-A	40～46	≥2		手工氩弧焊或手工氧乙炔焊
	HS112 (Co104)	相当于 AWS RCoCr-B	45～50		≤PN800 t≤670 ℃	
钴基粉末	PT2101	GB/T 7744	40～45		≤PN600 t≤700 ℃	等离子弧焊
	PT2103		45～50			
镍基粉末	PT1101		40～45			
	PT1102		45～50			
铁基粉末	PT3108		40～50		≤PN250 t≤450 ℃	
	PT3109		36～45			

（七）阀杆与闸板（阀瓣）、阀座的材料组合

阀杆材料与闸板（阀瓣）、阀座的密封面材料定义为内件材料。常用的内件材料按照《石油、天然气工业用螺柱连接阀盖的钢制闸阀》（GB/T 12234—2007）、《石油和天然气工业用阀盖螺栓连接的钢制闸阀》（API 600）规定的内件材料组合，见表3-13。

表3-13　常用的内件材料组合（阀芯与阀座配对）

阀杆材料	密封面配对材料牌号	阀杆材料	密封面配对材料牌号
13Cr	13Cr/13Cr（阀芯与阀座）	321	321/321（配对材料）
13Cr	13Cr/Stellite	321	321/Stellite
13Cr	Stellite 12#/Stellite 6#	321	Stellite/Stellite
13Cr	13Cr/Monel	1Cr18Ni9Ti	1Cr18Ni9Ti/1Cr18Ni9Ti
17-4PH	Stellite 12#/Stellite 12#	1Cr18Ni9Ti	1Cr18Ni9Ti/Stellite
17-4PH	17-4PH/17-4PH	1Cr18Ni9Ti	Stellite/Stellite
Monel	Monel/Monel	1Cr18Ni12Mo2Ti	1Cr18Ni12Mo2Ti/1Cr18Ni1Mo2Ti
304	304/304	1Cr18Ni12Mo2Ti	1Cr18Ni12Mo2Ti/STL
304	304/Stellite	1Cr18Ni12Mo2Ti	Stellite/Stellite
304	Stellite 12#/Stellite 12#	20号合金	20号合金/20号合金
316	316/316	Hastelloy B	Hastelloy B/Hastelloy B
316	316/Stellite	Hastelloy C	Hastelloy C/Hastelloy C
316	Stellite 12#/Stellite 12#	F51	F51/F51
304L	304L/304L	F51	F51/STL
304L	304L/Stellite	38CrMoAlA	Stellite/Stellite
304L	Stellite 12#/Stellite 12#	25Cr2Mo1V A	Stellite/Stellite
316L	316L/316L	4Cr10Si2Mo	Stellite/Stellite
316L	316L/Stellite	4Cr14Ni14W2Mo	Stellite/Stellite
316L	Stellite/Stellite	Inconel	Inconel/Inconel

说明：

（1）表3-13中所列的材料组合仅是各种材料组合中的一部分，根据工况条件的不同，应以使用条件为依据来选材，或根据合同要求确定材料。

（2）表3-13中13Cr表示Cr13系不锈钢，如1Cr13、2Cr13等。

（3）STL即Stellite（司太立硬质合金如钴基硬质合金等）。

（4）Monel即蒙乃尔合金，Hastelloy即哈氏合金，Inconel即因科乃尔合金。

（5）用斜杠分开的两种材料，阀座密封面材料可选用两种材料之一，闸板

（阀瓣）密封面材料为另一种。

《石油和天然气工业用阀盖螺栓连接的钢制闸阀》（API 600）和《石油和天然气工业用公称尺寸小于和等于 DN100 的钢制闸阀、截止阀和止回阀》（API 602）规定的内件配置表见表 3-14。

表 3-14　API 600、API 602 规定的内件配置表

内件号	阀杆	常用材料牌号	硬度	闸板密封面	最高硬度	阀座密封面	最高硬度
1	13Cr	F6,F6A	HB200～HB275	13Cr	HB250	13Cr	HB250
2	18Cr-8Ni	F304（F304L，F304H）	没有规定	18Cr-8Ni	没有规定	18Cr-8Ni	没有规定
3	25Cr-20Ni	F310H	没有规定	25Cr-20Ni	没有规定	25Cr-20Ni	没有规定
4	13Cr	F6,F6A	HB200～HB275	13Cr	HB750	13Cr	HB750
5	13Cr	F6,F6A	HB200～HB275	HF（钴铬合金）	HB350	HF（钴铬合金）	HB350
5A	13Cr	F6,F6A	HB200～HB275	HF（钴铬合金）	HB350	HF（钴铬合金）	HB350
6	13Cr	F6,F6A	HB200～HB275	13Cr	HB250	CuNi	HB175
7	13Cr	F6,F6A	HB200～HB275	13Cr	HB250	13Cr	HB750
8	13Cr	F6,F6A	HB200～HB275	13Cr	HB250	HF（钴铬合金）	HB350
8A	13Cr	F6,F6A	HB200～HB275	13Cr	HB250	HFA（镍铬合金）	HB350
9	NiCu 合金	Monel	没有规定	HF（钴铬合金）	没有规定	NiCu 合金	没有规定
10	18Cr-8Ni-Mo	F316（F316L，F316H）	没有规定	18Cr-8Ni-Mo	没有规定	18Cr-8Ni-Mo	没有规定
11	NiCu 合金	Monel	没有规定	NiCu 合金	没有规定	HF（钴铬合金）	HB350
11A	NiCu 合金	Monel	没有规定	NiCu 合金	没有规定	HFA（镍铬合金）	HB350
12	18Cr-8Ni-Mo	F316（F316L，F316H）	没有规定	18Cr-8Ni-Mo	没有规定	HF（钴铬合金）	HB350
12A	18Cr-8Ni-Mo	F316（F316L，F316H）	没有规定	18Cr-8Ni-Mo	没有规定	HFA（镍铬合金）	HB350
13	19Cr-29Ni	Alloy 20	没有规定	19Cr-29Ni	没有规定	19Cr-29Ni	没有规定
14	19Cr-29Ni	Alloy 20	没有规定	19Cr-29Ni	没有规定	HF（钴铬合金）	HB350
14A	19Cr-29Ni	Alloy 20	没有规定	19Cr-29Ni	没有规定	HFA（镍铬合金）	HB350
15	18Cr-8Ni	F304（F304L，F304H）	没有规定	HF（钴铬合金）	HB350	HF（钴铬合金）	HB350

表 3-14（续）

内件号	阀杆	常用材料牌号	硬度	闸板密封面	最高硬度	阀座密封面	最高硬度
16	18Cr-8Ni-Mo	F316（F316L，F316H）	没有规定	HF（钴铬合金）	HB350	HF（钴铬合金）	HB350
17	18Cr-8Ni-Mo	F316（F316L，F316H）	没有规定	HF（钴铬合金）	HB350	HF（钴铬合金）	HB350
18	19Cr-29Ni	Alloy 20	没有规定	HF（钴铬合金）	HB350	HF（钴铬合金）	HB350

说明：

（1）API 600（ISO 10434）规定：内件（密封件）包括阀杆、闸阀密封面、阀体（或阀座圈）密封面和上密封面衬套。

　　API 602（ISO 15761）规定：密封件（内件）包括阀杆、关闭件密封面和阀体（或阀座圈）密封面。

（2）阀杆应使用锻件。

（3）内件号为 1 和 4～8A 的上密封面衬套表面硬度差至少为 HB250。

（4）内件号为 1 的密封副（闸板和阀座密封面）的硬度差至少为 HB50。

（5）闸板和阀座密封面是两种不同材料时，可以互换。如 8 号内件，也可以闸板密封面为 HF，阀座密封面为 13Cr。

（6）如经客户同意，8 和 8A 号内件可代替 1 号，10 号内件可代替 2 号，5 号内件可代替 5A 号，8 号内件可代替 6 和 8A 号。

第二节　焊接材料的性能

焊接主要应用于阀门密封面的堆焊、铸件缺陷的补焊和产品结构要求焊接的地方。焊接材料的选用与其工艺方法有关，如手工电弧焊、等离子喷焊、埋弧自动焊、二氧化碳气体保护焊，所用的材料各不相同。这里只介绍最普遍、最常用的焊接方法——手工电弧焊所用的各种材料。

一、对焊工的要求

焊工应通过国家质量监督检验检疫总局制定的《锅炉压力容器压力管道焊工考试与管理规则》规定的基本知识与操作考试，持有资格证。

阀门属于压力器具，焊工的技术水平和焊接工艺直接影响产品质量以及安全生产，所以对焊工严格要求是十分重要的。在阀门生产企业中，焊接是道特殊工序，特殊工序就要有特殊的手段，包括人员、设备、材料的管理和控制等。

二、对焊条的保管要求

（1）注意环境湿度，防止焊条受潮，要求空气中相对湿度<60％，并且焊条要离开地面与墙壁一定距离（约 30 cm）。

（2）分清焊条型号，规格不能混淆。

（3）运输、堆放过程应注意不要损伤药皮，特别对不锈钢焊条、铸铁焊条等更要小心。

三、铸件补焊、结构焊常用焊条

阀门产品上常用于铸件补焊、结构焊的焊条牌号见表 3-15。

表 3-15　常用焊条牌号

类 别	牌 号	GB 型号	AWS 型号	标 准
碳钢焊条	J422	E4303		GB/T 5117—2012
	J502	E5003		
	J507	E5015	E7015	
	CHE 508-1*	E5018-1	E7018-1	
不锈钢焊条	R507	E1-5MoV-15	E502-15	GB/T 983—2012
	A102	E0-19-10-16	E308-16	
	A132	E0-19-10Nb-16	E347-16	
	A002	E00-19-10-16	E308L-16	
	A202	E0-18-12Mo2-16	E316-16	
	A212	E0-18-12MoNb-16	E318-16	
	A022	E00-18-12Mo2-16	E316L-16	
	A302	E1-23-13-16	E309-16	
	A402	E2-26-21-16	E310-16	
	铬 202	E1-13-16	E410-16	
低合金耐热钢焊条	R337	E5515-B2-VNb		GB/T 5118—2012
	R107	E5015-A1	E7015-A1	GB/T 5118—2012
	R307	E5515-B2	E8015-B2	
	R407	E6015-B3	E9015-B3	
低合钢焊条	温 707Ni	E5515-C1		GB/T 5118—2012
	温 907Ni	E5515-C2	E8015-C2	
	温 107Ni	E7015-G		
Monel 焊条	R-M3NiCu7		ERNiCu-7	GB/T 4241—2006

表 3-15(续)

类 别	牌 号	GB 型号	AWS 型号	标 准
不锈钢焊丝		H0Cr20Ni10Ti		GB/T 4241—2006
		H0Cr21Ni10		
		H0Cr19Ni12Mo2		
		H00Cr21Ni10		
		H00Cr19Ni12Mo2		

* CHE 508-1 相当于中国焊条厂牌号 E5018-1。

四、承压铸件补焊用焊条

（1）基体材料为 WCB、WCC,焊条选用根据《非合金钢及细晶粒钢焊条》(GB/T 5117—2012)或 J502(型号 E5003)、J507(型号 E5015)。

（2）基体材料为奥氏体不锈钢类,焊条选用见表 3-16。

表 3-16 奥氏体不锈钢承压铸件补焊焊条选用

基体材料	铸件热处理后和试压渗漏的补焊焊条		铸件热处理前或铸件外表面一般缺陷的补焊焊条	
	牌号	型 号	牌号	型 号
CF8、ZG0Cr18Ni9 ZG0Cr18Ni9Ti、ZG1Cr18Ni9Ti	A132	E019-10Nb-16	A102	E0-19-10-16
			A132	E019-10Nb-16
CF3、ZG00Cr18Ni10	A002	E00-19-10-16	A002	E00-19-10-16
CF8M、ZG0Cr18Ni12Mo2Ti	A212	E0-18-12Mo2Nb-16	A202	E0-18-12Mo2-16
			A212	E0-18-12Mo2Nb-16
CF3M	A022	E00-18-12Mo2-16	A022	E00-18-12Mo2-16

（3）基体材料为低合金耐热钢类,焊条选用见表 3-17。

表 3-17 低合金耐热钢承压铸件补焊焊条选用

基体材料	焊 条	
	牌 号	型 号
ZG1Cr5Mo、C5	R507	E1-5MoV-15
WC1	R107	E5015-A1
WC6、ZG20CrMo	R307	E5515-B2
WC9	R407	E6015-B3
ZG20CrMoV、ZG15Cr1Mo1V	R337	E5515-B2-VNb

（4）基体材料为低温钢类,焊条选用见表 3-18。

表 3-18   低温钢承压铸件补焊焊条选用

基体材料	焊 条	
	牌 号	型 号
LCB、LCC	CHE508-1	E5018-1，AWS 7018-1
LC1	R107	E5015-A1
LC2	低温 707Ni	E5515-C1
LC3	低温 907Ni	E5515-C2
	低温 107Ni	E7015-G

五、铸件的焊补

（1）铸件如有夹砂、裂纹、气孔、砂眼、疏松等缺陷允许补焊，但在补焊前必须将油污、铁锈、水分、缺陷清除干净。切除缺陷后用砂轮打磨出金属光泽，其形状要平滑，有一定坡度，不得有尖棱存在。

（2）承压铸件上有严重的穿透性裂纹、冷隔、蜂窝状气孔、大面积疏松或无法清除缺陷处及补焊后无法修整打磨处不允许补焊。

（3）承压铸件试压渗漏的重复焊补次数不得超过 2 次。

（4）铸件补焊后必须打磨平整光滑，不得留有明显的补焊痕迹。

（5）补焊后的无损检测要求按有关标准规定。

六、焊后的消除应力处理

（1）重要的焊接件如保温夹套焊缝、阀座焊于阀体上的焊缝、要求焊后处理的堆焊密封面等以及承压铸件焊补超过规定范围的，焊后均要消除焊接应力。无法进炉处理的可采用局部消除应力的方法。消除焊接应力的工艺可参考焊条说明书进行。

（2）焊补深度超过壁厚约 20％或 25 mm（取小值）或面积大于 65 cm² 或试压渗漏的焊补，焊后都要进行消除焊接应力处理。

七、焊接工艺评定

正确选择焊条只是焊接这道特殊工序中的一个重要环节，如果没有前述内容的保证，就无法获得良好的焊接质量。

由于手工电弧焊的焊接质量和焊条本身的质量、焊条的规格、母材材质、母材的厚度、焊层的厚度、焊接位置、预热温度、采用的电流（交流或直流）极性的变化（焊条接正极为反接，焊条接负极为正接）、层间温度、焊后处理等都有关系，所以正式生产前要进行工艺评定，亦即先进行验证，验证在给定的条件下所采取的措施是否能保证施焊产品的质量。这些给定条件即重要参数一旦发生变化,就要重新进行评定。堆焊和补焊、镶焊(按对接焊评定)规定的重要参数不一样,要注意这些重要参数的变化。

阀门产品中需要进行焊接工艺评定的有密封面堆焊、阀座与阀体镶焊(按对接焊评定)和承压铸件的补焊。具体的工艺评定方法可参看 ASME《锅炉及压力容器规范》第Ⅸ卷——《焊接和纤焊工艺评定》和我国《承压设备焊接工艺评定》[合订本](NB/T 47014~47016—2011)。

第三节　铸铁阀门和铜合金阀门

铸铁阀门是国民经济发展中不可缺少的管路附件,广泛用于水道、建筑、煤气、船舶、消防、石油化工等领域。铸铁的优点在于溶解温度低、耗能少、金属流动性好,适于铸造形状复杂的零件。此外,铸铁工艺成品率高、切削性能好,并且由于铸铁组织中含有石墨,它可夹杂在腐蚀生成物中间防止腐蚀继续进行。因此,铸铁有一定的耐腐蚀性,其耐水性比碳钢强,在一定条件下也可耐碱腐蚀;缺点是耐酸性弱、韧性低,属脆性材料,使用中尤其要注意其脆性。

铸铁是主要由铁(Fe)、碳(C)、硅(Si)三种元素组成的合金。通过在该合金中添加其他元素或改变熔解方法、冷却条件、进行热处理等,可得到组织、机械强度不同的各种铸铁。

制作阀门承压件的铸铁主要有灰铸铁、可锻铸铁和球墨铸铁,分别在不同工况条件下使用。

一、铸铁阀门的主体材料

(一)灰铸铁及常用牌号

灰铸铁阀门主要用于公称压力≤PN10,温度−10~200 ℃的水、蒸汽、油品等介质。常用制作阀门承压件的灰铸铁材料牌号见表 3-19。

表 3-19　承压件灰铸铁材料牌号

材料状态	国别	标准	材料牌号	备　注
灰铸铁铸件	中国	GB/T 12226, GB/T 9439	HT200	GB/T 12226—2005 是用于阀门、法兰、管件等承压的石墨为片状的灰铸铁件,是阀门的专业标准;
			HT250	
			HT300	
			HT350	GB/T 9439—2010 是灰铸铁件标准
灰铸铁铸件	美国	ASTM A126	A级	最小抗拉强度 145 MPa
			B级	最小抗拉强度 214 MPa
			C级	最小抗拉强度 283 MPa

（二）可锻铸铁及常用牌号

可锻铸铁阀门主要用于公称压力≤PN25,温度－29～300 ℃的水、蒸汽、空气、油品等介质。一般用于制作 DN≤65 的截止阀、升降式止回阀。常用制作阀门承压件的可锻铸铁材料牌号见表 3-20。

表 3-20　承压件可锻铸铁材料牌号

材料状态	国别	标准	材料牌号		备注
可锻铸铁铸件	中国	GB/T 9440	KTH300-06		ASTM A47 的 32510 近似对应 GB/T 9440 的 KTH350-10； ASTM A47 的 35018 近似对应 GB/T 9440 的 KTH370-12
			KTH300-8		
			KTH350-10		
			KTH370-12		
	美国	ASTM A47	ASTM 牌号	UNS 牌号	
			32510	F22200	
			35018	F22400	

（三）球墨铸铁及常用牌号

球墨铸铁阀门主要用于公称压力≤PN40,温度－29～350 ℃的水、蒸汽、油品等介质。制作阀门承压件的球墨铸铁牌号见表 3-21。

表 3-21　承压件球墨铸铁材料牌号

材料状态	国别	标准	材料牌号		备注
可锻铸铁铸件	中国	GB/T 12227, GB/T 1348	QT400-15		GB/T 12227—2005 是用于阀门、管件、法兰承压件的阀门专业标准； GB/T 1348—2008 是球墨铸铁标准
			QT400-18		
			QT450-10		
			QT500-7		
	美国	ASTM A395, ASTM A536	ASTM 牌号	UNS 编号	表中 UNS 编号仅对应 ASTM A536； ASTM A395 中无对应的 UNS 编号
			60-40-18	F32800	
			65-45-12	F33100	
			80-55-06	F33800	
		ASTM A439	D-2	F43000	主要用于阀杆螺母

二、铸铁阀门的其他零件材料

阀门的其他零件指除主体(承压件)外的内件材料(阀杆、密封面)、垫片、填料和紧固件,其材料牌号见表 3-22。

表 3-22　阀杆、密封面、垫片、填料和紧固件材料

名称	标准	材料牌号	备注
阀杆	ASTM A182	F6a	
	ASTM A276	410、420	
	GB/T 1220	1Cr13、2Cr13	
密封面	GB/T 1175	ZCuZn25Al6Fe3Mn3	铸铝黄铜
		ZCuZn38Mn2Pb2	铸锰黄铜
		ZCuAl9Mn2、ZCuAl10Fe3	铸铝青铜
	GB/T 1220	1Cr13、2Cr13、1Cr18Ni9、1Cr18Ni9Ti	不锈钢棒
	HG 2-538	聚四氟乙烯(PTFE)	适用范围参照标准
		橡胶	
垫片	GB/T 3985	XB350、XB450	石棉橡胶板
	GB 2598	1Cr13(冷轧不锈、耐热钢带)/XB450	缠绕式垫片
	GB/T 3985	1Cr18Ni9/XB450	
填料	HG 2-538	聚四氟乙烯(PTFE)	
	JB/T 6617	柔性石墨环	
螺固件	GB/T 699	螺栓 35/螺母 25	
	GB/T 3077/GB/T 699	螺栓 30CrMo、35CrMo/螺母 35、45	

三、铜合金阀门主要零件材料

　　铜合金阀门主要用于公称压力≤PN25 的水、海水、氧气、空气、油品等介质,一般情况下用于中低压环境,也可用作常温高压的小口径气瓶阀。铜具有良好的塑性和耐低温性能,但强度较低,可用于温度≤-196 ℃的低压阀门。选择合适的铜合金牌号也可用于工作压力≤3.0 MPa 的氧气管路阀门。但铜不耐氨的腐蚀,由于某些化工产品会产生腐蚀或污染介质,因而某些化工产品用的阀门禁止用铜内件,甚至外部零件也不准用铜制作。

　　铜合金阀门的主要零件材料见表 3-23。

表 3-23   铜合金阀门主要零件材料

名称	标准	材料牌号	备注
主体（承压件）及密封面	GB/T 1176	ZCuSn3Zn11Pb4	铸锡青铜
		ZCuSn5Pb5Zn5	
		ZCuSn10Zn2	
		ZCuZn16Si4	铸硅黄铜用于氧气阀
		ZCuAl9Mn2、ZCuAl9Fe4Ni4Mn2	铸铝青铜
		ZCuAl10Fe3	
	YS/T 649	H62	黄铜
		HPb59-1	
	YS/T 649	QAl9-2、QAl9-4	铝青铜
阀杆	GB/T 1220	1Cr13、2Cr13	不锈钢
		1Cr18Ni9、1Cr18Ni9Ti	
	YS/T 649	QAl9-2、QAl9-4	铝青铜
填料	HG 2-538	聚四氟乙烯（PTFE）	
	JC/T 1019	YS250F、YS350F、YS450F	油浸石棉盘根
		油浸石墨石棉盘根	
		浸聚四氟乙烯石棉盘根	
	GB/T 4622.3	0Cr18Ni9/PTFE、0Cr18Ni9/柔性石墨	缠绕式垫片
	HG 20608	不锈钢柔性石墨复合垫	
紧固件	GB/T 699	螺栓 35/螺母 25	
	GB/T 3077/GB/T 699	螺栓 30 CrMo、35CrMo/螺母 35、45	
	GB/T 1220	螺栓 1Cr18Ni9/螺母 1Cr18Ni9	

第四章　阀门密封材料选择与应用规范

第一节　密封面上的比压计算

影响阀门密封性的因素很多,所有这些因素是不可能都精确地进行计算的。通常,设计人员根据产品的用途来确定启闭件的结构和密封面尺寸。当计算启闭力时,必须确定密封面单位面积上的压力,这个压力称为比压,一般只能根据试验来确定。闭路阀启闭件保证密封性所必需的比压,取决于密封面的宽度、材料及介质工作压力。为了确定能够保证密封的比压值,人们进行了大量的研究工作,但是由于研究结果差异很大,因此还不能编制一个统一的规范。有人曾经做过用 20Cr13 钢制造的宽度为 0.5 mm 的窄密封面的试验,所得出的关系式如下:

$$\frac{q_{\mathrm{MF1}}}{q_{\mathrm{MF2}}} = \sqrt{\frac{b_1}{b_2}}$$

式中　q_{MF1}——密封面宽度为 b_1(mm)时所需的比压值,MPa;

　　　q_{MF2}——密封面宽度为 b_2(mm)时所需的比压值,MPa。

当密封面宽度大于 0.5 mm 时,具有如下关系式:

$$\frac{q_{\mathrm{MF1}}}{q_{\mathrm{MF2}}} = \sqrt{\frac{b_2}{b_1}}$$

以上关系式表明,当密封面宽时,密封面不是整个表面都以相同的程度起着密封作用。比压值 q 对空气渗漏量 q_{V} 影响的试验结果如图 4-1 所示。

分析图 4-1 可以得出以下结论:

(1) 每个试样都具有一定的关系式,即

$$q_{\mathrm{V}} = f(q \cdot p)$$

(2) 对应坐标上各种不同 p 值,$q_{\mathrm{V}} = f(q)$ 的函数值为直线,可以用下列关系式表示:

$$q_{\mathrm{V}} = \frac{q_{\mathrm{V0}}}{q \cdot m}$$

式中　q_{V}——当压力为 p 时,此瞬间空气的渗漏量;

　　　q_{V0}——q 值很小时,介质最初泄漏量;

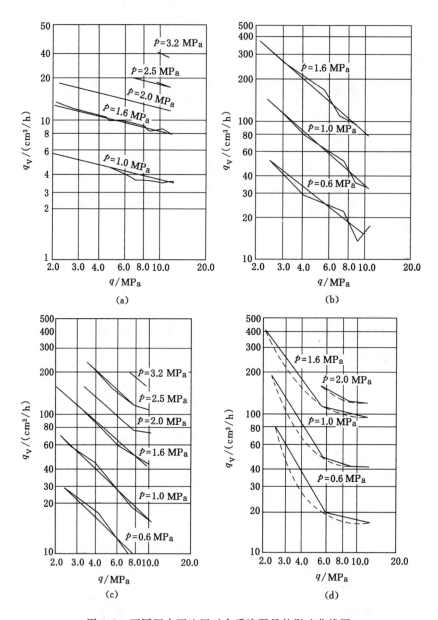

图 4-1　不同压力下比压对介质渗漏量的影响曲线图

q——在给定的瞬间作用的比压；

m——该试验的常数,与试样的材料和表面状况有关。

只有 12Cr18Ni9 试件的变化不符合上述规律性,这些试件曲线的斜度是变化的,随着比压 q 的增加,斜度愈来愈小。以上现象可以这样解释:在变形过程中,12Cr18Ni9 由于冷作硬化而使得本身的弹性和塑性剧烈改变。当 q 值小时,比压的变化较 q 值大时影响空气泄漏量更为显著,与冷作硬化有关的波峰变形之后,比压的变化对 q_V 值(空气泄漏量)的影响就小。

通过对平面密封面的密封性的研究,发现了由介质本身产生的密封比压值的变化规律,如图 4-2 所示。

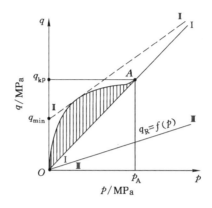

图 4-2　密封面上必需比压曲线图

当介质压力 p 增加时,比压 q 曲线增长。在到达 q_{kp} 之前,试验数据非常分散(画线的面积)。当到达临界比压 q_{kp} 时,密封面表面的微观不平度及其他缺陷达到相互压平的程度,压力再升高时,影响就不大了,这时零件的弹性起决定性作用。当压力超过 p_A 时,必需比压按正比例增加。在临界比压 q_{kp} 范围内,用较低的比压(直线 OA)压紧密封面就可保证密封性。

这样,以超过 q_{kp} 的比压压紧后,$q=f(q)$ 的关系用直线 I-I 表示。如果从试验获得的 q 值中减去介质作用力,那么密封面上的比压值 q_R 以直线 III-III 表示。为了保证密封面间所要求的密封性,比压值应按规定的 II-II 线选取,它考虑了安全系数,当压力接近零时,比压不应小于 q_{min}。

在计算介质作用力 F_{MJ} 时,如果采用密封面的平均直径 D_{CP},则认为有介质作用的密封面面积上没有比压作用;如果介质压力分布在直径 D_{CP} 范围内,那么介质作用力 F_{MJ} 仍在一半面积内传递,使半面直接接触。这个假设具有重要意义,不过应考虑到,密封面之间介质渗透面积的轮廓具有很复杂的形式,表面本身不是平的,吻合面上的实际比压与计算比压有很大的差别。介质作用面积随着阀杆轴向力的增加而减小,而密封面的接触面积则增大,因而确定密封比压 q_{MF} 是有一定条件的,主要依赖于试验数据。若减少密封面的接触面积,必然相应地增加比压。因此,在工程上,认为密封比压 q_{MF} 和实际比压 q 作用在整个密封面上。

为确定液体用常温闭路阀密封面上的密封比压值 q_{MF}(MPa),可应用一般公式：

$$q_{MF} = \frac{C + K \cdot p}{\sqrt{b_M/10}} \tag{4-1}$$

式中　C——与密封面材料有关的系数。铸铁、青铜和黄铜，$C=3.0$；钢和硬质合金，$C=3.5$；铝、铝合金、聚乙烯、聚氯乙烯、PTFE、RPTFE、MOLON、DEVLON、PEEK、尼龙，$C=1.8$；中等硬度橡胶，$C=0.4$。

　　　　K——在给定密封面材料条件下，考虑介质压力对比压值的影响系数。铸铁、青铜、黄铜，$K=1$；钢、硬质合金，$K=1$；铝、铝合金、聚乙烯、聚氯乙烯、PTFE、RPTFE、MOLON、DEVLON、PEEK、尼龙，$K=0.9$；中等硬度橡胶，$K=0.6$。

　　　　p——介质工作压力，通常取公称压力 PN；

　　　　b_M——密封面宽度，mm。

应用该公式时应注意以下几点：

(1) 所示数据适用于平面密封。

(2) 密封面经过精磨，表面粗糙度 Ra 达到 0.2。在工业净水或其他不含污物硬杂质的液体介质中工作时，所示数据可保证密封（汽油和煤油除外）。

(3) 当密封面用不同材料制造时，q_{MF} 值按较软的材料选取。

(4) 适用于确定 $q_{MF}=80.0$ MPa 以下的比压值。

(5) 对某些截止阀刚性较好的结构，并经过精研的密封面（表面粗糙度 Ra 约为 0.1），允许比压值降低 25%。

(6) 温度升高，要求增大比压。按某些数据，水的温度从 15 ℃增加到 100 ℃时，比压就需增加 1 倍。

(7) 大体上可以认为，为了保证所需的密封性，密封面的表面粗糙度 Ra 需保证：1 级密封——表面粗糙度不低于 0.1，2 级密封——表面粗糙度不低于 0.2，3 级密封——表面粗糙度不低于 0.4。

(8) 在用于腐蚀性极大的介质、常变换的氢和氮及其他极其重要介质的一级密封阀门中，上述比压值建议增大 1.8 倍。

(9) 介质中其他杂质对比压值的影响难以准确估计，因为这些影响取决于其物理特性、尺寸及介质污秽的程度。

由于手动操作或者阀门关闭后介质压力的变化，密封面上经常会产生比压值显著超过 q_{MF} 的现象，所以，在设计过程中必须使实际比压 q 值不会引起过大的塑性变形，并且不改变经过研磨的表面几何形状。为此，必须保证：

$$q_{MF} < q < [q]$$

式中　q_{MF}——保证密封所需比压，MPa；

q——实际工作比压,MPa;

$[q]$——密封面材料的许用比压,MPa。

闸阀密封面的工作条件比截止阀密封面更恶劣,因为闸阀密封面间有滑动摩擦,会引起密封面的磨损,而且当比压大时会引起咬住或擦伤的危险。计算闸阀密封比压时,推荐使用公式(4-1)来确定 q_{MF}。

在压力 2.5 MPa,常温空气下,用锥度为 1：7 的油密封旋塞阀所做的试验表明,密封面上的比压 $q = 0.045p^2$ 就足够了;考虑到安全,可以采用 $q = 0.06p^2$。q(MPa)可以这样确定:

$$q = F/A_q$$

式中 F——塞体的轴向力,N;

A_q——塞体锥面的投影面积,mm^2。

$$A_q = \frac{\pi}{4}(D_1^2 - D_2^2)$$

式中 D_1——塞体大端直径,mm;

D_2——塞体小端直径,mm。

这样,可以用 q 值确定塞体上的轴向力 F(N):

$$F = q \cdot A_q$$

除平面密封外,截止阀中还采用 $\varphi = 30° \sim 45°$ 的锥面密封,如图 4-3(a)所示。锥面密封研磨比较困难,因为不能用平面研磨工具;当 φ 角较小时,温度变化会引起阀瓣被卡死现象;当阀座直径较大和作用力大时,楔子的作用力可以导致镶嵌的阀座产生变形。但是,锥面密封不易积存污物,而轴向力相同时比平面密封的比压要大,因此,公称尺寸较小和极重要的阀门广泛采用锥面密封。

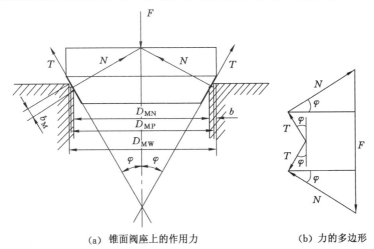

(a) 锥面阀座上的作用力　　　　(b) 力的多边形

图 4-3 锥面阀座上的作用力示意图

根据图 4-3(b)得：

$$F = 2N\sin\varphi + 2T\cos\varphi$$

式中　N——密封锥面反作用力，N；

　　　φ——密封锥面锥半角，(°)；

　　　F——阀杆轴向力，N；

　　　T——密封面摩擦力，N。

$$T = f_M \cdot N$$

其中，f_M 为密封面摩擦系数。

由此可得

$$F = 2N(\sin\varphi + f_M\cos\varphi)$$

或

$$F = 2N\sin\varphi\left(1 + \frac{f_M}{\tan\varphi}\right)$$

而

$$2N = \pi D_{MP} b_M q$$

$$b_M = \frac{D_{MW} - D_{MN}}{2\sin\varphi}$$

$$D_{MP} = \frac{D_{MW} + D_{MN}}{2}$$

所以

$$F = \frac{\pi}{4} q (D_{MW}^2 - D_{MN}^2)\left(1 + \frac{f_M}{\tan\varphi}\right) \tag{4-2}$$

由此得出

$$q = \frac{F}{\frac{\pi}{4}(D_{MW}^2 - D_{MN}^2)\left(1 + \dfrac{f_M}{\tan\varphi}\right)} \tag{4-3}$$

$$A_b = \frac{\pi}{4}(D_{MW}^2 - D_{MN}^2)$$

式中，A_b 为密封锥面的投影面积，mm^2。因此得出

$$q = \frac{F}{A_b\left(1 + \dfrac{f_M}{\tan\varphi}\right)}$$

其中，F/A_b 的值就是轴向力在锥形密封面的投影面上的比压。令 $F/A_b = q_s$，则

$$q = q_s \bigg/ \left(1 + \frac{f_M}{\tan\varphi}\right)$$

为使锥形密封面上的比压值等于 q_{MF}，计算时可应用下式：

$$F_{MF} = \pi D_{MP} \cdot b \cdot n \cdot q_{MF}$$

式中 $D_{MP} = D_{MN}$，mm。

b——锥形密封面投影宽度，mm。

n——安全系数，$n = 1 + \dfrac{f_M}{\tan \varphi}$，其中 $f_M = 0.3$。当 $\varphi = 30°$时，$n = 1.5$；当 $\varphi = 45°$时，$n = 1.3$；当 $\varphi = 60°$时，$n = 1.2$。

高压截止阀阀瓣被制造成锥面密封形式，阀座密封面锥半角用 45°，密封锥面宽度为 $0.4\sim0.6$ mm，所需比压取：

当公称压力为 PN320 时，$q_{MF} = 92.0$ MPa；

当公称压力为 PN700 时，$q_{MF} = 115.0$ MPa。

前面已推导出：

$$F = \pi D_{MP} \cdot b \cdot q_{MF} \cdot \sin \varphi \left(1 + \frac{f_M}{\tan \varphi}\right)$$

如果两种结构的 D_{MP}、b、q_{MF} 都取同样数值，可得到以下结果：

(1) 对于平面密封

$F = \pi D_{MP} \cdot b \cdot q_{MF} = F_{MF}$。

(2) 对于锥面密封

当 $\varphi = 30°$时，$F = 0.75 F_{MF}$；

当 $\varphi = 45°$时，$F = 0.92\ F_{MF}$；

当 $\varphi = 60°$时，$F = F_{MF}$。

当 $\varphi = 30°$，$f_M = 0.3$，其他条件相同时，锥面密封需要的力比平面密封减少了 25%。

在截止阀中也采用线接触密封，如图 4-4 所示。实际上密封不可能是一条线，而是密封面宽度很窄的平面，因为在阀杆轴向力下，密封面会有某种程度的变形。

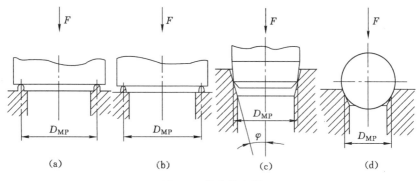

图 4-4 线接触密封

如图 4-4 所示，以必须保证接触面单位长度上的一定力为基础进行计算：

$$F_{MF} = \pi D_{MP} \cdot q_{MX}$$

锥形截面密封成功地应用于带有硬质颗粒的污秽介质的截止阀中，当采用线接触锥形密封时，如图 4-4(c)所示，有

$$F_{MF} = \pi D_{MP} \cdot q_{MX} \cdot \sin \varphi \left(1 + \frac{f_M}{\tan \varphi}\right)$$

$$F_{MF} = \pi D_{MP} \cdot q_{MX} \cdot n_X$$

其中，n_X 采用下列数值：当 $\varphi = 30°$ 时，$n_X = 0.75$；当 $\varphi = 45°$ 时，$n_X = 0.9$；当 $\varphi = 60°$ 时，$n_X = 1.0$。

钢及钴铬钨硬质合金的线密封许用比压 $[q_X] \leqslant 120.0$ MPa。

第二节　密封面材料的选择

阀门的密封面是阀门最关键的部位，密封面质量的好坏关系到阀门的使用寿命。通常选择密封面材料要考虑耐腐蚀、耐擦伤、耐冲蚀、抗氧化等因素。

一、常用阀门密封面材料分类

1. 软质材料（耐腐蚀，但不耐温）

(1) 橡胶（丁腈橡胶、氟橡胶等）；

(2) 塑料（聚四氟乙烯、尼龙等）。

2. 硬密封材料

(1) 铜合金（用于低压阀门）；

(2) 铬不锈钢（用于普通高中压阀门）；

(3) Stellite 合金（用于高温高压阀门及强腐蚀阀门）；

(4) 镍基合金（用于腐蚀性介质）。

另外值得提出的是，陶瓷截止阀很好地解决了 FGD 工况（即脱硫装置）存在的高腐蚀、高固含量磨损两大问题。由于先进陶瓷材料本身所具有的高硬度、高强度、高耐磨性及良好的防腐性能，可大大提高阀门的耐腐蚀、耐磨损冲刷以及耐高温性能，从而提高了阀门的性能和寿命，节约了维修成本，提高了工作效率。例如，在石灰石浆液、石膏浆液废水的调节过程中，KW 陶瓷调节阀是目前最理想的阀门之一，是进口减压阀产品替代品，具有极高的推广价值。

二、选择阀门密封面材料应考虑的因素

阀门的分类主要按用途和结构特点来分，但我们一般采用通用分类法，既

按原理、作用又按结构划分,这种方法是目前国内、国际最常见的分类方法。在这里按阀体的材料不同将阀门分为以下几种。

1. 金属材料阀门

其阀体等零件由金属材料制成,如铸铁阀、碳钢阀、合金钢阀、铜合金阀、铝合金阀、铅合金阀、钛合金阀、蒙乃尔合金阀等。

2. 非金属材料阀门

其阀体等零件由非金属材料制成,如塑料阀、陶瓷阀、搪瓷阀、玻璃钢阀等。

3. 金属阀体衬里阀门

其阀体外形为金属,内部凡与介质接触的主要表面均为衬里,如衬胶阀、衬塑料阀、衬陶阀等。

密封面是阀门最关键的工作面,密封面质量的好坏直接影响着阀门的使用寿命,而密封面的材料又是保证密封面质量的重要因素。选择阀门密封面材料时应考虑的因素,在本书第三章第一节已经介绍,这里不再赘述。阀门专业技术人员在从事阀门设计时一定要掌握、运用好这些基本知识。

在目前情况下,要找到全面符合上述要求的密封面材料是很难的,只能根据不同的阀类和用途,重点满足某几个方面的要求。例如,在高速介质中使用的阀门应特别注意密封面的耐冲蚀要求;而介质中含有固体杂质时则应选择硬度较高的密封面材料。

第三节　阀门材料性能、参数及牌号对照

一、阀门材料性能、参数及具体应用要求

WCB——碳钢:无腐蚀性应用,包括水、油和气,温度范围−30~425 ℃。

LCB——低温碳钢:低温应用,温度低至−46 ℃,不能用于温度高于340 ℃的场合。

LC3——3.5%镍钢:低温应用,温度低至−101 ℃,不能用于温度高于340 ℃的场合。

WC6——1.25%铬0.5%钼钢:无腐蚀性应用,包括水、油和气,温度范围−30~593 ℃。

WC9——2.25%铬钢:无腐蚀性应用,包括水、油和气,温度范围−30~593 ℃。

C5——5%铬0.5%钼钢:轻度腐蚀性或侵蚀性应用及无腐蚀性应用,温度范围−30~649 ℃。

C12——9%铬1%钼钢:轻度腐蚀性或侵蚀性应用及无腐蚀性应用,温度

范围-30~649 ℃。

　　CA6NM——12%铬钢:腐蚀性应用,温度范围-30~482 ℃。

　　CA15——12%铬钢:腐蚀性应用,适用温度高达704 ℃。

　　CF8M——316不锈钢:腐蚀性或超低温或高温无腐蚀性应用,温度范围-268~649 ℃;温度425 ℃以上时,要指定碳含量0.04%及以上。

　　CF8C——347不锈钢:主要为高温、腐蚀性应用,温度范围-268~649 ℃,温度540 ℃以上时,要指定碳含量0.04%及以上。

　　CF8——304不锈钢:腐蚀性或超低温或高温无腐蚀性应用,温度范围-268~649 ℃,温度425 ℃以上时,要指定碳含量0.04%及以上。

　　CF3——304L不锈钢:腐蚀性或无腐蚀性应用,适用温度高达425 ℃。

　　CF3M——316L不锈钢:腐蚀性或无腐蚀性应用,适用温度高达454 ℃。

　　CN7M——合金钢:具有很好的抗热硫酸腐蚀性能,适用温度高达425 ℃。

　　M35-1——蒙乃尔:可焊接等级,具有很好的抗所有普通有机酸和盐水腐蚀的性能,也具有很高的抗大多数碱性溶液腐蚀的性能,适用温度高达400 ℃。

　　N7M——哈斯特镍合金B:特别适用于处理各种浓度和温度的氢氟酸,具有很好的抗硫酸和磷酸腐蚀的性能,适用温度高达649 ℃。

　　CW6M——哈斯特镍合金C:具有很好的抗强氧化环境腐蚀的性能,在高温下具有很好的特性,对甲酸(蚁酸)、磷酸、亚硫酸和硫酸具有很高的抗腐蚀性能,适用温度高达649 ℃。

　　CY40——因科乃尔合金:在高温应用中表现很好,对于强腐蚀流体介质具有很好的抗腐蚀性能。

二、阀门材料牌号对照及适用温度

阀门材料牌号对照及适用温度见表4-1、表4-2。

表4-1　阀体材料牌号及代号

阀体材料牌号	代号	阀体材料牌号	代号
HT25-47	Z	Cr5Mo	I
KT30-6	K	1Cr15Ni9Ti	P
QT400-15	Q	Cr18Ni12Mo2Ti	R
H62	T	12CrMoV	V
ZG25	C		

注:(1)公称压力≤PN10的灰铸铁阀体和公称压力≥PN25的碳素钢阀体,省略本代号;

　　(2)本表依据为《阀门　型号编制方法》(JB/T 308—2004)。

表 4-2 阀门壳体、阀座材料及适用条件

壳体材料	阀座材料	适用温度/℃	适用介质或行业
碳钢 C 型	PTFE＋不锈钢	≤150	水、蒸汽、油品等
	不锈钢	≤250	
铬镍钛钢 P 型	PTFE＋不锈钢	≤150	硝酸类
	不锈钢	≤200	
铬镍钼钛钢 R 型	PTFE＋不锈钢	≤150	醋酸
	不锈钢	≤200	
铬镍钼钛钢 I 型	本体＋硬质合金	≤550	蒸汽、冶炼、能源

说明:阀体材料牌号与代号对应表示方法主要有 15 种:C—碳钢,I— 1Cr5Mo 铬钼钢,H—Cr13 系不锈钢,P—0Cr18Ni9 系不锈钢,PL— 00Cr19Ni10 系不锈钢,R—0Cr12Ni12Mo2 系不锈钢,RL—00Cr17Ni14Mo2 系不锈钢,S—塑料,L—铝合金,T—铜及铜合金,Ti—钛及钛合金,V—铬钼 钒钢,Z—灰铸铁,Q—球墨铸铁,K—可锻铸铁。

第四节　硬密封材料的选择

本节主要介绍 Cr13 型不锈钢、奥氏体不锈钢本体密封副材料和硬质合金 密封副材料的应用。

一、Cr13 型不锈钢密封副材料

(1) Cr13 型不锈钢密封副标记代号为 H,主要是用于工作温度范围 ≤425 ℃,阀体及其闸板(阀瓣等)材质为 WCB、WCC、A105 等碳钢的闸阀、 截止阀、止回阀、安全阀、硬密封球阀和硬密封蝶阀等。

(2) Cr13 型堆焊焊条主要是 1Cr13 型的 D507Mo 和 2Cr13 型的 D577 等。优先选用 2Cr13 型的 D577 焊条,用 2Cr13 型堆焊闸阀密封面时,闸板密 封面硬度为 HRC45～HRC45,阀体的阀座密封面硬度为 HRC32～HRC35, 密封副硬度差为 HRC10 时,能较充分地发挥 2Cr13 型堆焊合金的性能。

二、奥氏体不锈钢本体密封副材料

奥氏体不锈钢本体密封副标记为 W,主要用于阀体及闸板(阀瓣等)材质 为 CF8、CF3、F304、F304L、CF8M、CF3M、F316、F316L、CF8C、F321、F347 等 及特殊耐蚀合金——CN-7M、Monel 合金(M35-1)、哈氏合金(Hastelloy B, Hastelloy C,Inconel 625 等)、Inconel 合金(CY-40,Inconel 600 等)、铸镍合金

(CZ-100)、CD-4MCu(沉淀硬化双相不锈钢)、铸钛(ZTA2)等,用于抗酸、碱及其他强腐蚀性介质时,要求保留上述母体材质优良的耐腐蚀性能,并且不因堆焊或喷焊阀体密封面而造成焊接热影响区,使耐蚀合金元素烧损及析出碳化物而降低其耐腐蚀性。

奥氏体不锈钢本体密封副通常是阀体密封面用本体直接加工而成的,但为了使密封副有一定的硬度差,对闸板(或阀瓣等)密封面堆焊 Co-Cr-W (Stellite)硬质合金。特殊耐蚀合金的阀体和内件的密封面均为本体材料加工而成。

三、硬质合金密封副材料

硬质合金密封副标记为 Y,主要用于低温阀门(工作温度范围 $-46\sim-254\ ℃$)、高温阀门(工作温度 $\geqslant 425\ ℃$、阀体材质为 WC6、WC9、ZGCr5Mo、PⅠ、PⅡ、PⅢ、PⅣ、PⅤ)、耐磨损阀门(含不同工作温度级的耐磨损阀门及抗冲蚀阀门)、抗硫阀门及高压阀门(国标阀门公称压力 $\geqslant$ PN160;Class $\geqslant$ 900 Lb)等或订货合同书有要求的阀门。

硬质合金密封副主要是采用 Co-Cr-W(Stellite)硬质合金焊条,即用 D802、D812 焊条及焊丝 HS111(相当于 D802 焊条)、HS112(相当于 D812 焊条)堆焊或用钴基硬质合金粉末 F223 喷焊阀体和闸板(或阀瓣等)的密封面。

对于用于煤化工制气的黑水系统及灰浆系统,要求极硬的耐磨球阀,球体表面要求用超音速喷涂 WC(碳化钨)或 Cr23C6(碳化铬)。该类球阀的阀座密封面要求堆焊 Co-Cr-W(Stellite)硬质合金 D812 焊条,它们的密封副标记也为 Y。

第五节　软密封材料的选择

很多阀门的密封部分使用软密封材料——橡胶材料,选择正确的橡胶密封材料,是保证阀门密封性能、使用寿命和可靠性的关键性因素之一。

一、常用橡胶材料性能及选择

常用的橡胶如三元乙丙橡胶、丁腈橡胶(NBR)、硅橡胶(VMQ)、氟橡胶(FKM 或者 FPM)和氯丁橡胶(CR)等,其特性各不相同。这里从使用温度、适用介质、硬度、压缩永久变形和耐磨性等 5 个主要因素出发探讨如何选择最优的橡胶材料。

1. 使用温度

橡胶材料只有在适合它的工作温度范围内才能保持弹性和柔韧性,从而实现密封。如果使用温度过低,橡胶圈会变硬、弹性减小,当温度低到一定程度时,橡胶甚至会脆化。如果使用温度过高,橡胶圈易被氧化、热老化,或者与所密封流体发生化学反应,从而使橡胶物理化学性能和机械性能降低,最后失去密封功能。表 4-3 列出了常见橡胶密封材料的工作温度。由于橡胶配方多种多样,每种产品的性能都可能有一些差异,所以表中所列出的温度数值仅供参考。此外,使用环境中与橡胶接触的介质也会改变橡胶的性能,比如某些油类会缓慢渗透到橡胶密封圈中,降低橡胶圈的低温脆化温度,使橡胶圈在密封该油时比在空气中能耐受的温度更低。

表 4-3 常见橡胶密封材料的工作温度比较

名称	低温	高温
三元乙丙橡胶	−40 ℃,特殊配方可达−55 ℃	125 ℃,特殊配方可达 150 ℃
丁腈橡胶	−35 ℃,特殊配方可达−55 ℃	100 ℃,特殊配方可短时用于 125 ℃
氰化丁腈橡胶	−20 ℃,特殊配方可达−45 ℃	150 ℃
硅橡胶	−55 ℃,特殊配方可达−115 ℃	200 ℃,特殊配方可短时用于 250 ℃
氟橡胶	−25 ℃,特殊配方可达−40 ℃	200 ℃
氯丁橡胶	−40 ℃	120 ℃

2. 适用介质

橡胶密封材料必须要耐受与其直接接触的介质,除了被密封的物质外,介质还包括可能与橡胶密封件接触的润滑油、清洁剂或者系统清洗时所用的溶剂等。

由于阀门应用广泛,与橡胶密封件接触的介质种类也很多,比如酸、碱、醇、油脂、有机溶剂、水、蒸汽、氧气等。如果介质的成分简单,只有一种或者一类流体,那么密封件的选择要相对容易些。比如,如果介质是乙醇(酒精)或者其水溶液,那么三元乙丙橡胶、硅橡胶、丁腈橡胶和氰化丁腈橡胶都可以作为备选密封材料;如果介质中有多种化学品,那么还要考虑橡胶密封件是否能耐受这些化学品,如系统中除了有乙醇还有异丙醇(两者均为醇类物质),应该考虑三元乙丙橡胶或者硅橡胶(丁腈橡胶和氰化丁腈橡胶对异丙醇的耐受就不如这两种橡胶好)。

如果不确定密封材料对某种液体介质的耐受程度,可以做浸胀试验,即在特定的温度下,将橡胶件浸泡在介质中数天或者更长。如果该橡胶件不耐受这种介质,一般在高温下 7~14 d 后,就会有体积、重量、硬度、形状等变化,甚至可能会分解。

如果被密封的介质是气体,那么就需要考虑气体在密封件中的透气率。表 4-4 比较了几种常用橡胶密封材料对各种常见气体的渗透率。由于透气率和橡胶具体配方密切相关,所以表中所列出的温度数据仅供参考。

表 4-4　常见橡胶密封材料的渗透率比较

名称	氢气	二氧化碳	氮气	氧气	空气
通用硅橡胶⁻	7 150	40 000	66 000	3 920	56 800
丁腈橡胶⁺	—	—	58 620	73 622	—
天然橡胶⁺	667	2 500	2 000	1 780	2 100
氯丁橡胶⁺	180	500	280	302	315
通用氟橡胶⁺	—	150	138	115	—
三元乙丙橡胶⁺	—	1 650	1 600	1 570	1 750

注:(1) 本表列出的渗透率(无量纲)是在 25 ℃下,以丁基橡胶的渗透率为基准品(即假设丁基橡胶的渗透率为 100);

(2) 数据出自 Liesl K.Massey 的 *Permeability properties of plastics and elastomers:a guide to packaging and barrier materials* 一书;

(3) 基于 Alexander Lebovits 的 *The Permeability of Polymers to Gases* 一文中的数据计算而得。

橡胶产品如果要直接接触食物或者饮用水,那么其材料和配方必须无毒害,而且不能给食品添加任何气味。随着科技的发展和人们健康意识的提高,世界各国对与食品接触材料的安全性越来越重视。很多国家和地区对与食品直接接触的橡胶产品都有相应的法规和认证。比如,我国制定的《食品安全国家标准 食品接触用橡胶材料及制品》(GB 4806.11—2016),美国食品和药物管理局(FDA)法规对与食品反复接触的橡胶产品有严格规定,德国要求与饮用水接触的材料必须被 KTW 认证等。另外,美国和欧盟都有法规来限制橡胶制品中 N-亚硝胺类物质(致癌物)的含量。

3. 硬度

同样的橡胶材料,配方不一样,橡胶产品的硬度也可能不同。橡胶硬度常用邵氏 A(Shore A)表示,各种橡胶材料常见的硬度范围是邵氏 A40～A90。但要注意的是,通用级氟橡胶的最低硬度为邵氏 A55,而特殊硅橡胶的硬度可以低至邵氏 A10。

通常来说,如果橡胶配方近似的话,硬度较低的橡胶比较柔顺,但是耐磨性较差;硬度高的橡胶拉伸模量一般较高,压缩永久变形性能较好。但这些特点不是绝对的,有两个原因:一是密封件的实际硬度有时很难准确测到;二是耐磨性、模量、压缩永久变形等性能和材料的种类及配方密切相关。

4. 压缩永久变形

压缩永久变形是表征橡胶制品性能的重要指标之一,它不但能反映出橡胶件经受压力载荷后恢复原始形状的能力,还能反映出橡胶产品的质量(是否完全硫化)。该测试一般是将已知高度的橡胶样品压缩到规定程度,在一定的温度下保持一段时间,然后解除压力,让样品在自由状态中回复,再测试样品的最终高度。常用的测试标准有 ASTM D395、ISO 815 和 GB/T 7759.1、GB/T 7759.2 等。一般来说,在同样的测试条件下,数值越低,抗压缩永久变形的性能就越好。

如果在使用中橡胶件反复经受"压力载荷-消除"这一过程的话,压缩永久变形性能差的橡胶件就可能会很快失去密封能力。另外,在实际使用中,压缩永久变形可能会被橡胶件在介质中的体积溶胀所部分抵消,这时压缩永久变形的数值大小就不一定是最重要的参数,需要综合考虑橡胶产品的耐溶剂性能、阀门压力、耐磨性能等其他情况。

5. 耐磨性

耐磨性对动密封来说是一个重要的指标。对橡胶耐磨性来说,有多种标准测试,比如 GB/T 1689 和 GB/T 9867。但是经验表明,这些标准测试的结果有时与实际情况不符,最好的办法还是在材料使用经验基础上,加上橡胶件的功能测试。表 4-5 列出了几种常见橡胶密封材料的耐磨性,可见聚氨酯橡胶的耐磨性最好,硅橡胶的耐磨性很差。

表 4-5 常见橡胶密封材料的耐磨性比较

名称	三元乙丙橡胶	丁腈橡胶	氰化丁腈橡胶	硅橡胶	氟橡胶	氯丁橡胶	聚氨酯橡胶
耐磨性	良	良-优	良-优	差-良	良	良-优	优

当然这里的结论也不是绝对的,因为橡胶配方对橡胶耐磨性影响很大。通过在橡胶配方中添加一些特殊成分,橡胶产品的耐磨性也能被显著提高。

二、常用橡胶材料牌号及工况条件

1. 丁腈橡胶(NBR)

耐油性能优异,耐热性能优于天然橡胶、丁苯橡胶。气密性和耐水性较好。丁腈橡胶又分为丁腈-18、丁腈-26 及丁腈-40 等。适用于工作温度 $-60\sim120\ ℃$ 的石油产品、笨、甲苯、水、酸、碱介质。

2. 氟橡胶(FKM)

耐热,耐酸、碱,耐油,耐饱和水和蒸汽。压缩永久变形小,气密性较好。适用于工作温度 $-30\sim220\ ℃$ 的石油产品、水、酸、酒精等。

3. 乙丙橡胶(EPDM)

密度小,色浅,成本低,耐化学稳定性好(仅不耐浓硝酸),耐臭氧,耐老化优异,电绝缘好,冲击弹性好,但不耐油、一般矿物润滑油及液压油。适用于工作温度－50～120 ℃的环境。

乙丙橡胶(EPDM)在脱硫系统中以综合性能好、质优价廉得到广泛应用。

4. 聚四氟乙烯(PTFE)

耐高温,耐化学腐蚀,摩擦系数小,但机械强度低,易蠕变,弹性小。适用于工作温度 $t \leqslant 170$ ℃的腐蚀性介质,用于高温或低温条件下的酸、碱、盐溶剂等强腐蚀的介质。

5. 合成橡胶

根据国标《橡胶和胶乳 命名法》(GB/T 5576—1997),标准橡胶品种代号表示方法如下:

(1) 乳聚丁苯橡胶:牌号以 SBR1000、SBR1500、SBR1600、SBR1700、SBR1800 等表示。合成橡胶的耐油、耐温、耐腐蚀等综合性能优于天然橡胶。一般合成橡胶的使用温度 $t \leqslant 150$ ℃,天然橡胶的 $t \leqslant 60$ ℃。合成橡胶用于公称压力≤PN10 的截止阀、闸阀、隔膜阀、蝶阀、止回阀、夹管阀等阀门的密封。

(2) 液体橡胶(略)。

6. 尼龙

尼龙具有摩擦系数小、耐腐蚀性好等特点。尼龙多用于温度 $t \leqslant 90$ ℃、公称压力≤PN320 的球阀、截止阀等。

7. 衬塑料阀、衬陶瓷阀等(略)

第六节　金属材料在阀门制造业的应用

一、铸铁材料

铸铁用于温度 $t \leqslant 100$ ℃、公称压力≤PN16 的煤气和油类用的闸阀、截止阀、旋塞阀等。

二、巴氏合金材料

巴氏合金用于温度 $t = 70 \sim 150$ ℃、公称压力≤PN25 的氨用截止阀或者其他氨用阀门。

三、铜合金材料

常用铜合金材料有 6-6-3 锡青铜和 58-2-2 锰黄铜等。铜合金耐磨性好,

适用于温度 $t \leqslant 200$ ℃、公称压力 $\leqslant$ PN16 的水和蒸汽用闸阀、截止阀、止回阀、旋塞阀等。

四、铬不锈钢材料

铬不锈钢常用牌号有 2Cr13、3Cr13,经调质处理,耐腐蚀性能好。常用于温度 $t \leqslant 450$ ℃、公称压力 $\leqslant$ PN320 的水、蒸汽和石油等介质的阀门。

五、铬镍钛不锈钢材料

铬镍钛不锈钢常用牌号为 1Cr18Ni9ti,其耐腐性、耐冲蚀性和耐热性能较好。适用于温度 $t \leqslant 600$ ℃、公称压力 $\leqslant$ PN63 的蒸汽、硝酸等介质用截止阀、球阀等。

六、渗氮钢材料

渗氮钢常用牌号是 38CrMoAlA,经渗碳处理,具有良好的耐腐蚀性和抗擦伤性。常用于温度 $t \leqslant 540$ ℃、公称压力 $\leqslant$ PN100 的电站闸阀。

七、渗硼钢材料

由阀体或阀瓣本体材料直接加工出密封面,再进行渗硼表面处理,密封面耐磨性能很好。通常用于电站排污阀。

第五章 阀门主要零件材料选用规范

制造阀门零件材料很多,包括各种不同牌号的黑色金属和有色金属及其合金、各种非金属材料等。制造阀门零件的材料要根据下列因素来选择:

(1) 工作介质的压力、温度和特性;

(2) 零件的受力情况以及在阀门结构中所起作用;

(3) 有较好的工艺性;

(4) 在满足以上条件情况下,要有较低的成本。

第一节 阀体、阀盖和闸板(阀瓣)材料

阀体、阀盖和闸板(阀瓣)是阀门主要零件,直接承受介质压力,所用材料必须符合"阀门的压力与温度等级"的规定,同时还应了解介质的清洁程度(有无固体颗粒)。除此之外,还要参照国家和使用部门的有关规定和要求。

许多材料可以满足阀门在不同工况的使用要求,但是,正确、合理地选择阀门的材料,可以获得阀门最经济的使用寿命和最佳的性能。常用的阀体、阀盖和闸板(阀瓣)材料介绍如下。

一、常用材料

1. 灰铸铁

灰铸铁适用于工作温度在$-15\sim200$ ℃之间,公称压力≤PN16的低压阀门。灰铸铁阀门以其价格低廉、适用范围广而应用在工业的各个领域。它们通常用在水、蒸汽、油和气体作为介质的情况下,并广泛应用于化工、印染、油品、纺织和许多其他对铁污染影响少或没有影响的工业产品上。

2. 黑心可锻铸铁

黑心可锻铸铁适用于工作温度在$-15\sim300$ ℃之间,公称压力≤PN25的中低压阀门。这类阀门的适用介质为水、海水、煤气、氨等。

3. 球墨铸铁

球墨铸铁是铸铁的一种,适用于工作温度在$-30\sim350$ ℃之间,公称压≤PN40的中低压阀门。这种铸铁中的团状或球状石墨取代了灰铸铁中的片

状石墨。球墨铸铁内部结构的改变使它的机械性能比普通的灰铸铁要好,而且不损伤其他性能。所以,用球墨铸铁制造的阀门比用灰铸铁制造的阀门使用压力更高,适用介质为水、海水、蒸汽、空气、煤气、油品等。

4. 碳素钢

碳素钢适用于工作温度在 $-29\sim425$ ℃之间的中高压阀门,其中 16Mn、30Mn 适用于温度在 $-40\sim400$ ℃之间,常用来替代 ASTM A105。牌号 WCA、WCB、WCC 碳素钢阀门总体上使用性能好,并对由热膨胀、冲击载荷和管线变形而产生的应力抵抗强度大,这就使它的使用范围扩大,通常包括适用铸铁阀和青铜阀的工况条件。适用介质为饱和蒸汽和过热蒸汽、高温和低温油品、液化气体、压缩空气、水、天然气等。

5. 低温碳钢

低温碳钢和低镍合金钢可用于低于 0 ℃的温度范围,但不能扩大使用到深冷区域,适用于工作温度在 $-46\sim345$ ℃之间的低温阀门。用这些材料制造的阀门适用介质如海水、二氧化碳、乙炔、丙烯和乙烯等。

6. 低合金钢

低合金钢(如碳钼钢和铬钼钢)适用于工作温度在 $-29\sim595$ ℃之间的非腐蚀性介质的高温高压阀门;C5、C12 适用于工作温度在 $-29\sim650$ ℃之间的腐蚀性介质的高温高压阀门。低合金钢适用于许多种工作介质,包括饱和和过热蒸汽、冷的和热的油、天然气和空气。碳钢阀的工作温度可以达到 500 ℃,而低合金钢阀可以达到 600 ℃以上,在高温下,低合金钢的机械性能比碳钢要高。

7. 奥氏体不锈钢

奥氏体不锈钢大约含 18% 的铬和 8% 的镍,18-8 奥氏体不锈钢经常使用在温度过高、过低以及很强的腐蚀条件下作为阀体和阀盖材料。以 18-8 奥氏体不锈钢为基体加入钼并稍微增加镍的含量,就增加了其抗腐蚀能力。用这种钢制造的阀门可以大量应用在化工上,如输送醋酸、硝酸、碱、漂白液、食品、果汁、碳酸、制革液和其他许多化工产品。为了适用于高温范围,可进一步改变材料成分,如在该不锈钢内加入铌,就是我们所知的 18-10Nb,适用温度达 800 ℃。

奥氏体不锈钢适用于工作温度在 $-196\sim600$ ℃之间的腐蚀性介质的阀门,通常用在很低的温度下也不会变脆,所以用这种材料(如 18-8Mo 和 18-10Mo、18-10-3Mo)制造的阀门很适合在低温下工作,例如输送液态的气体,像天然气、沼气、氧气和氮气等。

8. 20 号合金

20 号合金含有 29% 的镍和 20% 的铬,外加钼和铜。这种合金对于各种温度和浓度的硫酸都有很强的抵抗能力。另外,在大多数情况下,20 号合金还可用于磷酸和醋酸介质,特别是有氯化物和其他杂质的场合。

9. 不锈耐酸钢

不锈耐酸钢适用于公称压力≤PN63、温度≤200 ℃ 的硝酸、醋酸等介质中。常用牌号:ZG0Cr18Ni9Ti, ZG0Cr18Ni10(耐硝酸), ZG0Cr18Ni12Mo2Ti, ZG1Cr18Ni12Mo2Ti(耐酸和尿素)。

10. 塑料、陶瓷

这两种材料都属于非金属。非金属材料的最大特点是耐腐蚀性强,甚至有金属材料阀门所不能具备的优点。塑料、陶瓷一般适用于公称压力≤PN16、工作温度不超过 60 ℃ 的腐蚀性介质中。无毒塑料也适用于给水工业中。塑料、陶瓷一般不能单独作为阀体材料使用,需用钢质材料作骨架,内衬塑料、陶瓷。

二、低温材料

1. 蒙乃尔合金

蒙乃尔是一种具有很好耐蚀性的高镍-铜合金,主要适用于含氟氯酸介质的阀门中。这种材料经常被用在输送碱、盐溶液以及许多无机酸的阀门上,特别是硫酸和氢氟酸。蒙乃尔合金非常适合于蒸汽、海水和海洋环境。

2. 哈氏合金

哈氏合金主要适用于稀硫酸等强腐蚀性介质的阀门中。

(1) 哈氏合金 B

这种合金含有 60% 的镍、30% 的钼和 5% 的铁,特别能抵抗无机酸的强腐蚀。哈氏合金 B 对于各种浓度的盐酸,可以用到沸点温度;对于硫酸,在腐蚀性最强的浓度下可以用到 70 ℃;对于磷酸,可以用在各种条件下。而且哈氏合金 B 对于氯化铵、氯化锌、硫酸铝和硫酸铵也很适用。在氧化气氛中,哈氏合金 B 可以用于大约 800 ℃;在还原气氛中,使用温度可以更高一些。

(2) 哈氏合金 C

这种合金是含有 15% 的铬和 17% 的钼的镍基合金。在氧化和还原两种气氛下,它可以用到 1 100 ℃。哈氏合金 C 对于盐酸、硫酸和磷酸有很好的抗腐蚀性,而且在许多情况下也可用于硝酸;对于氯化物、氢氯化物、硫化物、氧化的盐溶液和许多其他腐蚀性介质也有很强的抗腐蚀性;还特别适用于氢卤酸类介质,例如氢氟酸。

3. 钛合金

钛合金主要适用于各种强腐蚀介质的阀门中。

4. 铸造铜合金

工业用的铜合金很多是由有色金属材料制成的,主要是青铜和黄铜。制造的青铜合金中铜、锡、铅、锌的比例通常为 85：5：5：5 或 87：7：3：3。如果需要无锌青铜,必须加以说明。青铜的物理强度、结构稳定性、抗腐蚀性使它特别适合于工业生产。工业用的青铜阀门的口径可达 100 mm。

青铜阀门常用在中等温度的场合,有些牌号的青铜可用到 250 ℃ 左右。在低温方面,多数铜合金具有在很低的温度下不变脆的特性,这使得青铜广泛应用在低温工况下,例如液氧、液氮,其温度在 −180 ℃ 以下。

5. 双向不锈钢

双向不锈钢含有 20% 或更多的铬和 5% 左右的镍以及一定量的钼,这些合金的强度和硬度比普通的奥氏体不锈钢好,而且在有硫酸和磷酸的非常恶劣的工况下,抗局部腐蚀的能力很强。主要适用于工作温度在 −273～200 ℃ 之间的氧气管路和海水管路的阀门中。

常用阀体材料选用参考见表 5-1。

表 5-1　常用阀体材料选用参考

材　料			常用工况		适用介质
类别	材料牌号	代号	PN	$t/℃$	
灰生铁	HT200	Z	≤16 氨≤25	≤200	水、蒸汽、油类等
	HT250			氨≥−40	
可锻铸铁	KT30-6	K	≤25	300	
	HT30-8			氨≥−40	
球墨铸铁	QT400-15	Q	≤40	≥350	
	QT400-15				
高硅铸铁	NSTSi-1S	G	≤6	≤120	硝酸腐蚀介质等
优质碳素钢	ZG200、ZG250、WCA、WCB、WCC	C	≤16	≤425	水、蒸汽、油类等、氨、氮氢气等
	A3、10、20、25、35		≤32	≤200	
铬钼合金钢	12CrMo、WC6 15CrMo ZG20CrMo	I	≤100	≤540	蒸汽类
	Cr5Mo ZGCr5Mo		≤160	≤550	油类

表 5-1(续)

材料			常用工况		适用介质
类别	材料牌号	代号	PN	$t/℃$	
铬钼钒合金钢	12Cr1MoV 15Cr1MoV ZG12Cr1MoV ZG15Cr1MoV WC9	V	≤100	≤550	蒸汽类
镍、铬、钛耐酸钢	1Cr18Ni9Ti ZG1Cr18Ni9Ti	P	≤63	≤200 −100～−196 ≤600	硝酸等腐蚀介质 乙烯等低温介质 高温蒸汽、气体等
镍、铬、钼、钛耐酸钢	1Cr18Ni12Mo2Ti ZG1Cr18Ni12Mo2Ti	R	≤200	≤200	尿素、醋酸等
优质锰钒钢	16 Mn 15 MnV	I	≤160	≤450	水、蒸汽、油类等
铜合金	HSi80-3	T	≤40	≤250	水、蒸汽、气体等

第二节　阀杆、密封面材料

一、阀杆材料

在阀门开启和关闭过程中,阀杆承受拉、压和扭转作用力,与介质直接接触,并同填料之间有相对的摩擦运动,因此,阀杆材料必须保证在规定温度下有足够的强度和冲击韧性,有一定的耐腐蚀性和抗擦伤性以及良好的工艺性。常用的阀杆材料有以下几种。

1. 碳素钢

阀体用于低压和介质温度不超过 300 ℃的水、蒸汽介质时,一般选用 A5、45、40Cr 碳素钢,20Cr13、30Cr13 不锈钢等。用于中压和介质温度不超过425 ℃的水、蒸汽介质时,一般选用 35 优质碳素钢。

2. 合金钢

阀体用于中压和高压、介质温度不超过 450 ℃的水、蒸汽、石油等介质时,一般选用铬钢 40Cr 和 20Cr13、30Cr13 不锈钢等;用于高压、介质温度不超过

540 ℃ 的水、蒸汽等介质时,可选用 38CrMoAlA 渗氮钢;用于高压、介质温度不超过 570 ℃ 的蒸汽介质时,一般选用 25Cr2MoVA 铬钼钒钢。

3. 不锈钢

阀体采用 CF8、CF3、CF8M、CF3M 等材料,用于中压和高压、介质温度不超过 450 ℃ 的非腐蚀性介质与弱腐蚀性介质时,可选用 20Cr13、30Cr13 铬不锈钢和 17-4PH 双向不锈钢;用于腐蚀性介质时,可选用 Cr17Ni2、1Cr18Ni9Ti、Cr18Ni12Mo2Ti、Cr18Ni12Mo3Ti 等不锈钢和 PH15-7Mo 沉淀硬化钢。

4. 耐热钢

阀体采用耐热钢,用于介质温度不超过 600 ℃ 的高温阀门时,可选用 4Cr10Si2Mo 马氏体型耐热钢和 4Cr14Ni14W2Mo 奥氏体型耐热钢。

二、密封面材料

1. 软密封面材料

软密封面材料有很多,下面介绍常用的几种。

(1) 丁腈橡胶(NBR)。丁腈橡胶耐油性能优异,耐热优于天然橡胶、丁苯橡胶,气密性和耐水性较好。丁腈橡胶可分为丁腈-18、丁腈-26、丁腈-40 等,适用于温度 -60~120 ℃ 的石油产品、苯、甲苯、水、酸、碱等介质。

(2) 氟橡胶(FKM)。氟橡胶耐热、耐酸碱、耐油、耐饱和水与蒸汽,压缩永久变形小,气密性较好。氟橡胶适用于温度 -30~220 ℃ 的石油产品、水、酸、酒精。

(3) 聚四氟乙烯(PTFE)。聚四氟乙烯耐高温、耐化学腐蚀,摩擦系数低,但机械强度低,易蠕变,弹性小。聚四氟乙烯适用于温度小于 170 ℃ 的腐蚀介质。

(4) 塑料、尼龙等。

2. 硬密封材料

(1) 铜合金。铜合金在水或蒸汽中的耐腐蚀性和耐磨性都较好,适用于公称压力 ≤PN16、温度不超过 200 ℃ 的介质。铜合金可以采用镶圈结构或堆焊和熔铸的方法固定在阀体上。常用牌号为 ZCuAl10Fe3(铝青铜)、ZCuZn38Mn2Pb2(铸黄铜)。

(2) 铬不锈钢。铬不锈钢耐腐蚀性较好,通常用于水、蒸汽和油品以及温度不超过 450 ℃ 的介质。常用牌号有 20Cr13、1Cr13。

(3) Stellite 合金。Stellite 硬质合金耐腐蚀性、耐冲蚀性和抗擦伤性等综合性能都很好,适用于各种不同用途的阀类和温度 -268~650 ℃ 的各种不同的介质,特别是强腐蚀性介质,是一种比较理想的密封面材料。Stellite 合金由于价格高,多采用堆焊。

(4)镍基合金。镍基合金是耐腐蚀领域中的另一类重要材料,常用作密封面材料的有 3 种:蒙乃尔、哈氏合金 B 和哈氏合金 C。蒙乃尔是抗氢氟酸腐蚀的主要材料,适用于温度 −240∼482 ℃的碱、盐、食品及不含空气的酸溶剂介质。哈氏合金 B、哈氏合金 C 是阀门密封面材料中最耐全面腐蚀的材料,适用于温度 370 ℃的腐蚀性矿酸、硫酸、磷酸、湿 HCl 气、强氧化性介质;同时,适用于温度 538 ℃的无氯酸溶液、强氧化性介质。

(5)铁基合金。铁基合金是我国新发展的密封面材料,其耐磨、耐擦伤性能优于 20Cr13,又具有一定的耐腐蚀性,可以代替 20Cr13。适用于温度不大于 450 ℃的非腐蚀性介质。常用牌号有 WF311、WF312 铁基粉末。

(6)密封面烧结陶瓷。随着高磨损、强腐蚀等严苛工况的不断出现,传统的金属阀门已经不能满足工况要求。陶瓷阀门与金属材料相比,其最大的优点是优异的高温力学性能、耐腐蚀、耐磨损、密度小。陶瓷阀门具有如下卓越性能:

① 耐磨损陶瓷的硬度是不锈钢的 5∼15 倍,耐磨性能非常卓越;

② 耐腐蚀陶瓷对于大多数的酸、碱物质来说,其化学性质稳定,抗腐蚀性能非常好;

③ 耐高温陶瓷的熔点很高,大多数在高温下具有稳定的力学性能。

常用的陶瓷材料有氧化锆(ZrO_2)、氧化铝(Al_2O_3)、氮化硅(Si_3N_4)和碳化硅(SiC)等,广泛应用于电力行业、多晶硅、气力除灰系统的粉煤灰输送、冶金工业等恶劣的工况环境。

常用密封面材料见表 5-2。

表 5-2　常用密封面材料选用表

材料		代号	常用工况		通用类
			PN	$t/℃$	
橡胶		X	≤1	≤60	截止阀、隔膜阀、蝶阀、隔膜阀等
尼龙		N	≤320	≤80	球阀、截止阀等
聚四氟乙烯塑料		F	≤63	≤150	球阀、截止阀、旋塞阀、闸阀等
巴氏合金		B	≤25	−70∼150	氨用截止阀
铜合金	QSn6-6-3 HMn58-2-2	T	≤16	≤200	闸阀、截止阀、止回阀、旋塞阀等
不锈钢	20Cr13、30Cr13 TDCr2 TDCrMn	H	≤32	≤450	高中压阀门

表 5-2(续)

材料		代号	常用工况		通用类
			PN	t/℃	
渗氮钢	38CrMoAlA	D	≤100	≤540	电站阀,一般情况下不用
硬质合金	WC	Y	按阀体材料确定		高温阀、超高压阀
	TDCoCr-1				高压、超高压阀
	TDCoCr-2				高温、低压阀
在本体上加工	铸铁	W	≤16	≤100	气、油类用闸阀、截止阀
	优质碳素钢		≤40	≤200	油类用阀
	1Cr18Ni9Ti		≤320	≤450	酸类腐蚀性介质用阀
	Cr18Ni12Mo2Ti				

第三节　阀杆螺母材料

阀杆螺母在阀门开启和关闭过程中直接承受阀杆轴向力,因此必须具备一定的强度。同时,阀杆螺母与阀杆是螺纹传动,要求摩擦系数小、不生锈和不出现咬死现象。

一、铜合金

铜合金的摩擦系数较小、不生锈,是目前阀杆螺母普遍采用的材料之一。对于公称压力<PN16 的低压阀门,可采用 ZHMn58-2-2 铸黄铜;对于 PN16～PN63 的中压阀门,可采用 ZQAl9-4 无锡青铜;对于高压阀门,可采用 ZHAl66-6-3-2 铸黄铜。

二、碳素钢

当工作条件不允许采用铜合金时,可选用 35、40、45 等优质碳素钢配件,以及 20Cr13、1Cr18Ni9、Cr17Ni2 等不锈钢配件。工作条件不允许指下列情况:① 用于电动阀门上,带有瓜形离合器的阀杆螺母,需要进行热处理获得高的硬度或表面硬度;② 工作介质或周围环境不适合选用铜合金时,如对铜有腐蚀的氨介质。选用钢制阀杆螺母时,要特别注意螺纹的咬死现象。

注意:按材料的适用温度习惯上将阀门材料分为五组,在设计高温阀门时必须注意。

第Ⅰ组:WCB,A105,长期用于温度≥425 ℃,钢中的碳化物相会转化为石墨。

第Ⅱ组:WC6,使用正火加回火的材料,用于温度不大于 593 ℃。

第Ⅲ组:WC9,使用正火加回火的材料,用于温度不大于 593 ℃。

第Ⅳ组:304(CF8),316(CF8M),用于温度大于 538 ℃,只能使用含碳量 ≥0.04% 的材料;CF3,用于温度不大于 427 ℃。

第Ⅴ组:304L(CF3),316L(CF3M),用于温度大于 538 ℃,只能使用含碳量 ≥0.04% 的材料;CF8M,用于温度不大于 454 ℃。

上述第Ⅳ组、第Ⅴ组中括号外数字指锻件,括号内数字指铸件。

第四节　垫片、填料、紧固件

一、垫片

常用的垫片有非金属垫片、半金属垫片和金属垫片。非金属垫片也称软垫片,用于温度、压力都不高的场合,如石棉橡胶板、橡胶、聚四氟乙烯等。半金属垫片由金属材料和非金属材料组合而成,如柔性石墨复合垫、缠绕式垫片、金属包覆垫等。半金属垫片比非金属垫片承受的温度、压力范围大。金属垫片全部由金属制作,有波形、齿形、椭圆形、八角形垫以及透镜垫、锥面垫等,用于高温、高压场合。

（一）非金属垫片使用条件

非金属垫片使用条件见表 5-3。

表 5-3　非金属垫片使用条件

名称	代　号	压力等级/MPa	适用温度/℃
天然橡胶	NR	2.0	−50～90
氯丁橡胶	CR	2.0	−40～100
丁腈橡胶	NBR	2.0	−30～110
丁苯橡胶	SBR	2.0	−30～100
乙丙橡胶	EPDM	2.0	−40～130
氟橡胶	Viton	2.0	−50～200
石棉橡胶板	XB350	2.0	≤300 $p \cdot t \leqslant 650$ MPa·℃
耐油石棉橡胶板	XB450 NY400		
改性或填充聚四氟乙烯		5.0	−196～260

（二）半金属垫片使用条件

（1）柔性石墨复合垫使用条件见表 5-4。

表 5-4　柔性石墨复合垫使用条件

芯板及包边材料	压力等级/MPa(Lb 级)	适用温度/℃
低碳钢	2.0～11.0(150～600)	450
0Cr18Ni9	2.0～11.0(150～600)	650 *

＊ 用于氧化性介质时适用温度≤450 ℃。

（2）金属包覆垫使用条件见表 5-5。

表 5-5　金属包覆垫使用条件

包覆垫金属材料 *	HB	填充材料	压力等级/MPa(Lb 级)	适用温度/℃
纯铝板 L3	40			200
纯铜板 T3	60			300
镀锡薄钢板	90	石棉橡胶板	2.0～15.0(150～900)	400
镀锌薄钢板 08F				
0Cr18Ni9	187			500
00Cr19Ni10				
00Cr17Ni14Mo2				

＊包覆垫也可采用其他金属材料。

（3）缠绕式垫片使用条件见表 5-6。

表 5-6　缠绕式垫片使用条件

金属带材料 *	非金属带材料	压力等级/MPa(Lb 级)	适用温度/℃
0Cr18Ni9	柔性石墨	2.0～26(150～1500)	650 **
0Cr17Ni12Mo2	柔性石墨		
00Cr17Ni14Mo2	聚四氟乙烯		200

＊缠绕式垫片也可采用其他金属带材料；＊＊用于氧化性介质时适用温度≤450 ℃。

（4）齿形组合垫使用条件见表 5-7。

表 5-7　齿形组合垫使用条件

齿形环材料 *	覆盖层材料 *	压力等级/MPa(Lb 级)	适用温度/℃
10 或 08			450
0Cr13	柔性石墨	2.0～42(150～2500)	540 **
0Cr18Ni9			650 **
0Cr17Ni12Mo2	聚四氟乙烯		200

* 齿形环和覆盖层也可采用其他材料；** 用于氧化性介质时适用温度≤450 ℃

（三）金属垫片使用条件

金属垫片使用条件见表 5-8。

表 5-8　金属垫片使用条件

材料 *	HB$_{max}$ **	压力等级/MPa(Lb 级)	适用温度/℃
10 或 08	120		450
0Cr13	170	2.0～42(150～2 500)	540
0Cr18Ni9	1＋0		600
0Cr17Ni12Mo2			

* 金属垫片也可采用其他金属材料；** 金属环垫材料的硬度值(HB$_{max}$)应比法兰材料的硬度值 (HB)低30～40。

（四）其他资料中介绍的金属垫片使用条件

其他资料中介绍的金属垫片使用条件见表 5-9。

表 5-9　其他资料中介绍的金属垫片使用条件

材料	HB$_{max}$	适用温度/℃
软铁	90	450
08 或 10	120	450
0Cr13	140	540
00Cr17Ni14Mo2	150	450
1Cr18Ni9Ti	160	600
0Cr18Ni12Mo2Ti	160	600
0Cr18Ni9	160	600

（五）注意事项

（1）阀门中法兰垫片的尺寸是没有标准的,垫片的厚度可以参照管道法兰垫片的有关标准。因垫片用的板材、带材都是有一定规格的,不能想要多厚就有多厚。

（2）垫片用聚四氟乙烯材料时,在结构上要考虑防止冷流。

（3）采用缠绕式垫片时,在结构上要防止垫片压散,解决办法是垫片加内环,外圆由止口定位。

（4）垫片的选用不只是考虑温度、压力,还要考虑介质的腐蚀性等因素。

（5）垫片的常用牌号有中国牌号（GB）、美国牌号（AWS）和日本牌号（JIS）等,参见有关资料。

二、填料

填料是动密封的填充材料,用来填充填料室空间以防止介质经由阀杆和填料室空间泄漏。

填料密封是阀门产品的关键部位之一,要想达到好的密封效果,一方面是填料自身的材质结构要适应介质工况的需要;另一方面是合理的填料安装方法和从填料函的结构上考虑来保证可靠的密封。

（一）对填料自身的要求

（1）降低填料对阀杆的摩擦力。

（2）防止填料对阀杆和填料函的腐蚀。

（3）适应介质工况的需要。

（二）常用填料品种

国外资料介绍用于各种工况条件下的填料品种达 40 余种,而通用阀门中最常用的不过几种或十几种。

1. 盘根型填料

（1）橡胶石棉盘根：XS250F、XS350F、XS450F、XS550F。

（2）油浸石棉盘根：YS450F、YS350F、YS450F。

（3）浸聚四氟乙烯石棉盘根。

（4）柔性石墨编织填料：根据增强材料的不同可分别耐温 300 ℃、450 ℃、600 ℃、650 ℃、850 ℃。

（5）聚四氟乙烯编织填料、膨胀聚四氟乙烯方形编织填料。

（6）半金属编织填料：以夹有不锈钢丝、铜丝的石棉作为芯子,外表用夹铜丝、不锈钢丝、蒙乃尔丝、因科乃尔丝的石棉线编织起来,根据用途其表面用石墨、云母、二硫化钼润滑剂处理。也有的以石棉为芯,用润滑的涂石墨的铜箔扭制而成。

2. 成型填料

成型填料即压制成型的填料,其品种有：

（1）橡胶。

（2）尼龙。

（3）聚四氟乙烯。

（4）填充聚四氟乙烯（增强聚四氟乙烯）增强材料为玻璃纤维，一般为8％～15％玻璃纤维。

为了提高填料使用温度，填料制造商将填充聚四氟乙烯（增强聚四氟乙烯）中添加一定比例的碳纤维或陶瓷纤维，还添加一定比例的 MoS_2、石棉等材料。

（5）柔性石墨环。

（三）注意事项

（1）盘根型填料切断时用45°切口，安装时每圈切口相错180°。

（2）在高压下使用聚四氟乙烯成型填料时，要注意其冷流特性。

（3）柔性石墨环单独使用的密封效果不好，应与柔性石墨编织填料或YS450F（看温度情况）组合使用，填料函中间装柔性石墨环，两端装编织填料；还可隔层装配，即一层柔性石墨一层编织材料；还可在填料函中间放隔环，隔环上下分别成两组组合装配的填料。

（4）石墨对阀杆、填料函壁有腐蚀，使用中应选择加缓蚀剂的盘根。

（5）柔性石墨在王水、浓硫酸、浓硝酸等介质中不适用。

（6）填料函的尺寸精度和表面粗糙度、阀杆尺寸精度和表面粗糙度是影响成型填料密封性的关键。

（7）API 6D标准关于使用石棉或其代用材料的重要信息中提到：由于石棉与某些严重危害身体健康的疾病有关，其中有些疾病甚至是致命的，如肺癌，因此，目前正在使用和开发许多代用材料以取代在某些场合石棉的使用。

三、紧固件

阀门产品上用的紧固件主要指的是阀门中法兰用的螺栓和螺母，这个部位的紧固件是重要连接件。

（一）紧固件的选用原则

（1）按照产品标准规定选用。

（2）根据用户提出的要求确定。

（3）根据工况条件，如工作温度、工作压力、环境状况、垫片类型等综合考虑。

（4）参照有关的管道法兰用的紧固件材料及对紧固件的要求确定材料。

(二) 常用的紧固件材料(螺柱、螺母配对)

常用的紧固件材料(螺柱、螺母配对)见表 5-10～表 5-16。

表 5-10 常用紧固件材料

螺柱	螺母	T_{max}/℃	螺柱	螺母	T_{max}/℃
35	25	425	0Cr18Ni9	0Cr18Ni9	600
35CrMo	35、45	425	0Cr17Ni12Mo2	0Cr17Ni12Mo2	600
35CrMo	30CrMo	500	25Cr2Mo1VA	25Cr2MoVA	600
25Cr2MoVA	30CrMo	550	25Cr2MoVA	35CrMo	600
35	Q235A	＜-20～300	25Cr2MoVA	25Cr2MoVA	＞-20～550
			35CrMoVA	35CrMoA 35CrMoVA	＞-20～500
35	15	＞-20～350	1Cr5Mo	1Cr5Mo	＞-20～600
40MnB 40MnVB 40Cr	35、40Mn、45	＞-20～400	2Cr13	1Cr13、2Cr13	＞-20～450
30CrMoA	30CrMoA	-100～500	0Cr19Ni9 *	25Cr2MoVA	＞-20～550
35CrMoA	40Mn、45	＞-20～400		0Cr19Ni9	-196～700
	30CrMoA 35CrMoA	-100～500	0Cr17Ni12Mo2	0Cr17Ni12Mo2	-196～700
25Cr2MoVA	30CrMoA	＞-20～500			

* GB/T 1220—2007 中为 0Cr18Ni9。

表 5-11 法兰用螺栓、螺母材料

材料牌号	公称压力 PN	T_{max}/℃	材料牌号	公称压力 PN	T_{max}/℃
Q235A	≤25	300	25Cr2Mo1VA	≤420	550
35	≤50		20Cr1Mo1VNbB		570
35CrMo	≤420	500	20Cr1Mo1VTiB		
25Cr2MoVA		550	2Cr12WMoVNbB		600

表 5-12　法兰用螺栓、螺母材料

螺栓材料	使用状态	螺栓规格	螺栓试验温度/℃	使用温度/℃	螺母材料	使用状态	螺母试验温度/℃
35	正火	≤M22	−30	−30	A3、AY3	正火	免做
		M24～M48	−20				
	调质	≤M48	−30		15		
40Cr					35	正火或调质	
40MnB		≤M56	−40	−40	40		
40MnVB					40Mn		
35CrMoA			−100	−100	30Mn2	调质	−70
					30CrMo		
30CrMoA					35CrMo		
0Cr18Ni9	固溶	≤M48	免做	−196	0Cr18Ni9	固溶	免做
0Cr17Ni12Mo2		≤M32			0Cr17Ni12Mo2		

表 5-13　固件材料要求

牌号	标准	热处理制度	规格	机械性能≥			硬度(HB)
				σ_b/MPa	σ_s/MPa	δ_s/%	
30CrMo			—	—	—	—	234～285
35CrMo	GB/T 3077	调质(回火≥550 ℃)	<M24	835	735	13	269～321
			>M24～M80	805	685	13	234～285
			>M80	735	590	13	234～285
25Cr2MoVA	GB/T 3077	调质(回火≥600 ℃)	≤M48	835	735	15	269～321
			>M48	805	685	15	245～277
10Cr18Ni9	GB/T 1220	固溶	—	520	206	40	≤187
0Cr17Ni12Mo2			—				

（三）阀门中法兰紧固件选材的说明

（1）表 5-11～表 5-16 是根据管道法兰标准中规定的紧固件选配情况列出的。阀门中法兰用紧固件如何选材，没有标准规定。

有的产品只规定中法兰螺栓根部总面积上的拉应力不超过多少及材料的类型，如中法兰螺栓应使用合金钢，螺母采用优质碳素钢，其他并无具体的规定。在具体应用中，阀门中法兰螺栓、螺母的选材可参考管道法兰标准中的规定。

表 5-14　PN60～PN320 双头螺柱

钢号	σ_b	σ_s	δ	ψ	α_k	硬度（HB）	备注
	MPa		%		$N \cdot m/cm^2$		
	≥						
40	580	340	19	45	60	207～240	JB/T 450—2008
40MnB	900	750	15	45	80	250～302	JB/T 450—2008
35CrMoA	800	600	15	50	80	214～286	JB/T 450—2008
40	568	333	19	45	49	187～229	中石化管道器材
35CrMo	784	588	15	50	78.4	241～285	中石化管道器材

表 5-15　PN160～PN320 螺母

钢号	σ_b	σ_s	δ	ψ	α_k	硬度（HB）	备注
	MPa		%		$N \cdot m/cm^2$		
	≥						
35	540	320	20	45	70	179～217	JB/T 450—2008
40Mn	600	360	17	45	60	187～229	JB/T 450—2008
40Cr	800	600	15	45	80	235～277	JB/T 450—2008
25	451	274	23	50	49	149～170	中石化管道器材
20CrMo	686	490	16	45	78.4	197～241	中石化管道器材

表 5-16　PN160～PN320 螺栓、螺母配对

螺栓材料	40	40MnB	35CrMoA	40	35CrMo
螺母材料	35	40Mn	40Cr	25	20CrMo
备　注	JB/T 2773～JB/T 2775			中石化管道器材	

（2）阀门中法兰紧固件一般均需热处理后使用，经过热处理达到一定的力学性能才能充分发挥材料的作用。

根据产品的需要，有的高压阀门的紧固件要做力学性能检验。但对于一般产品而言，紧固件所用的材料达到一定硬度要求即可满足使用要求，而硬度要求通过产品设计来确定，由热处理来实现。

对于按国外标准制作的阀门，如果紧固件采用国外牌号，则要注意不只是化学成分符合此牌号要求，其力学性能也要达到要求。

（3）API 6D《管线和管道阀门规范》规定用于低于－29 ℃的紧固件应按ASTM A320《低温设备用合金钢和不锈钢螺栓材料标准规范》的技术要求制造；低温钢螺栓材料应符合 ASTM A320 Gr L7M《低温部件用合金钢和不锈

钢螺栓的材料技术规范》的技术要求制造。

（四）美标阀门用紧固件

1. 美标阀门用紧固件采用的标准

（1）ASTM A193《高温设备用合金钢和不锈钢螺栓材料》。

（2）ASTM A194《高温和高压设备用碳素钢与合金钢螺栓和螺母材料规格》。

（3）ASTM A320《低温用合金钢螺栓材料规格》。

2. 常用的美标阀门用螺栓、螺母材料配对

常用的美标阀门用螺栓、螺母材料配对见表 5-17。

表 5-17　常用美标阀门用螺栓、螺母材料配对

螺栓		螺母		适用范围
标准	牌号	标准	牌号	
ASTM A193	B7	ASTM A194	2H	−29～425 ℃
	B7M		2HM	−29～425 ℃，执行 NACE 标准的抗硫阀门
	B16		7	−29～593 ℃
	B8		8	−196～700 ℃
	B8M		8M	
ASTM A320	AL7		4	−46～−101 ℃，低温阀门

第五节　铜合金材料

一、黄铜

1. 黄铜的主要用途

黄铜是由铜和锌组成的合金。如果只是由铜、锌组成的黄铜，叫作普通黄铜；如果是由二种以上的元素组成的多种合金，就称为特殊黄铜，如由除铜、锌外铅、锡、锰、镍、铅、铁、硅组成的铜合金。黄铜有较强的耐磨性能，工业阀门用铜质材料很多，如黄铜铸造件、精密铸铜件、铜阀门铸件、氧气阀铸铜件、船用铸铜件等，主要铸造材料为铝黄铜、锰黄铜、锡青铜、硅黄铜等。

2. 黄铜的常用牌号

（1）黄铜：H62，H68，H90 等。

（2）铅黄铜：HPb59-1，HPb63-5，HPb65-5 等。

（3）铝黄铜：HAl60-1-1，HAl59-3-2，HAl66-6-3-2 等。

（4）锰黄铜：HMn58-2，HMn57-3-1等。

（5）硅黄铜：HSi80-3。

（6）铁黄铜：HFe59-1-1。

二、锡青铜

锡青铜常用于要求强度较高的阀门的丝母，以满足耐磨性、抗弯强度、抗拉强度较高的零件、重要的轴套、密封副零件等。锡青铜常用的部分材料牌号、化学成分、主要特性见表5-18、表5-19。

表 5-18　锡青铜的化学成分（GB/T 1176—2013）

合金牌号	合金名称	化学成分/%					
		锡	锌	铅	磷	镍	铜
ZCuSn3Zn8Pb6Ni1	3-8-6-1 锡青铜	2.0～4.0	6.0～9.0	4.0～7.0		0.5～1.5	其余
ZCuSn3Zn11Pb4	3-11-4 锡青铜	2.0～4.0	9.0～13.0	3.0～6.0			其余
ZCuSn5Pb5Zn5	3-5-5 锡青铜	4.0～6.0	4.0～6.0	4.0～6.0			其余
ZCuSn10Pb1	10-1 锡青铜	9.0～11.5			0.5～1.0		其余
ZCuSn10Pb5	10-5 锡青铜	9.0～11.0		4.0～6.0			其余
ZCuSn10Zn2	10-2 锡青铜	9.0～11.0	1.0～3.0				其余

表 5-19　锡青铜的主要特性和应用举例（GB/T 1176—2013）

合金牌号	主要特性	应用举例
ZCuSn3Zn8Pb6Ni1	耐磨性较好，易加工，铸造性能好，气密性较好，耐腐蚀，可在流动海水下工作	在各种液体燃料以及海水、淡水和蒸汽（≤225 ℃）中工作的零件，压力不大于2.5 MPa的阀门和管配件
ZCuSn3Zn11Pb4	铸造性能好，易加工，耐腐蚀	海水、淡水、蒸汽中，压力不大于2.5 MPa的管配件
ZCuSn5Pb5Zn5	耐磨性和耐腐蚀性好，易加工，铸造性能和气密性较好	在较高负荷，中等滑动速度下工作的耐磨耐腐蚀零件，如轴瓦、衬套、缸套、活塞离合器、泵件压盖以及蜗轮等
ZCuSn10Pb1	硬度高，耐磨性极好，不易产生咬死现象，有较好的铸造性能和切削加工性能，在大气和淡水中有良好的耐腐蚀性	可用于高负荷（20 MPa以下）和高滑动速度（8 m/s）下工作的耐磨零件，如连杆、衬套、轴瓦、齿轮、蜗轮等

表 5-19(续)

合金牌号	主要特性	应用举例
ZCuSn10Pb5	耐腐蚀,特别对稀硫酸、盐酸和脂肪酸	结构材料,耐蚀、耐酸的配件以及破碎机衬套、轴瓦
ZCuSn10Zn2	耐腐蚀性、耐磨性和切削加工性能好,铸造性能好,铸件致密性较高,气密性较好	在中等及较高负荷和小滑动速度下工作的重要管配件,以及阀、旋塞、泵体、齿轮、叶轮和蜗轮等

三、铝青铜

铝青铜常用的部分材料牌号、化学成分、主要特性见表 5-20、表 5-21。

表 5-20　铝青铜的化学成分(GB/T 1176—2013)

合金牌号	合金名称	化学成分/%				
		镍	铝	铁	锰	铜
ZCuAl8Mn13Fe3	8-13-3 铝青铜		7.0~9.0	2.0~4.0	12.0~14.5	其余
ZCuAl8Mn13Fe3Ni2	8-13-3-2 铝青铜	1.8~2.5	7.0~8.5	2.5~4.0	11.5~14.0	其余
ZCuAl9Mn2	9-2 铝青铜		8.0~10.0		1.5~2.5	其余
ZCuAl9Fe4Ni4Mn2	9-4-4-2 铝青铜	4.0~5.0	8.5~10.0	4.0~5.0	0.8~2.5	其余
ZCuAl10Fe3	10-3 铝青铜		8.5~11.0	2.0~4.0		其余
ZCuAl10Fe3Mn2	10-3-2 铝青铜		9.0~11.0	2.0~4.0	1.0~2.0	其余

表 5-21　铝青铜的主要特性和应用举例(GB/T 1176—2013)

合金牌号	主要特性	应用举例
ZCuAl8Mn13Fe3	具有很高的强度和硬度,良好的耐磨性能和铸造性能,合金致密性高,耐蚀好,作为耐磨件工作温度不大于 400 ℃,可以焊接,不易钎焊	适用于制造重型机械用轴套,以及要求强度高、耐磨、耐压零件,如法兰、阀体、泵体等
ZCuAl8Mn13Fe3Ni2	有很强的化学性能,在大气、淡水和海水中均有良好的耐腐蚀性,腐蚀疲劳强度高,铸造性能好,合金组织致密,气密性好,可以焊接,不易钎焊	要求强度高、耐腐蚀的重要铸件,如船舶螺旋桨,高压阀体,泵体,以及耐压、耐磨零件,如蜗轮、齿轮、法兰、衬套等

表 5-21(续)

合金牌号	主要特性	应用举例
ZCuAl9Mn2	有高的力学性能,在大气、淡水和海水中耐腐蚀性好,铸造性能好,组织致密,气密性高,耐磨性好,可以焊接,不易钎焊	耐蚀、耐磨零件,形状简单的大型铸件,如衬套、齿轮、蜗轮,以及在 250 ℃以下工作的管配件和要求气密性高的铸件,如增压器内气封
ZCuAl9Fe4Ni4Mn2	有很高的力学性能,在大气、淡水和海水中耐磨性好,铸造性能好,组织致密,气密性高,耐磨性好,不易钎焊,铸造性能尚好	要求强度高、耐腐蚀性好的重要铸件,是制造船舶螺旋桨的主要材料之一,也可用于耐磨和 400 ℃ 以下工作的零件,如轴承、齿轮、蜗轮、螺帽、法兰、阀体、导向套管
ZCuAl10Fe3	具有高的力学性能,耐磨性和耐腐蚀性能好,可以焊接,不易钎焊,大型铸件自 700 ℃空冷可以防止变脆	要求强度高、耐磨、耐蚀的重要铸件,如轴套、螺母、蜗轮以及 250 ℃以下工作的管配件
ZCuAl10Fe3Mn2	具有高的力学性能和耐磨性,可热处理,高温下耐腐蚀性和抗氧化性能好,在大气、淡水和海水中耐腐蚀性好,可以焊接,不易钎焊,大型铸件自 700 ℃空冷可以防止变脆	要求强度高、耐磨、耐蚀的零件,如齿轮、轴承、衬套、管嘴以及耐热管配件等

第六章　特种阀门的设计

第一节　强腐蚀性介质的种类和性质

在设计耐腐蚀阀门时,必须先了解腐蚀性介质的类型。下面介绍几种强腐蚀性介质及其适用材料。

一、硫酸介质

作为强腐蚀性介质之一,硫酸是用途非常广泛的重要工业原料。不同浓度和温度的硫酸对材料的腐蚀差别较大。对于浓度在 80% 以上、温度小于 80 ℃的浓硫酸,碳钢和铸铁有较好的耐腐蚀性,但它们不适合高速流动的硫酸,不适于作泵阀的材料;普通不锈钢如 304(0Cr18Ni9)、316(0Cr18Ni12Mo2Ti)对硫酸介质也用途有限。因此,输送硫酸的泵阀通常采用高硅铸铁(铸造及加工难度大)、高合金不锈钢(20 号合金)制造。氟塑料具有较好的耐硫酸性能,采用衬氟泵阀(F46)是一种更为经济的选择。

二、盐酸介质

绝大多数金属材料都不耐盐酸腐蚀(包括各种不锈钢材料),含钼高硅铁仅可用于温度 50 ℃、浓度 30% 以下盐酸。和金属材料相反,绝大多数非金属材料对盐酸有良好的耐腐蚀性,所以内衬橡胶泵和塑料泵(如聚丙烯、氟塑料等)是输送盐酸的最好选择。

三、硝酸介质

一般金属大多在硝酸中被迅速腐蚀破坏,不锈钢是应用最广的耐硝酸材料,对常温下一切浓度的硝酸都有良好的耐腐蚀性。值得一提的是,含钼的不锈钢(如 316、316L)对硝酸的耐腐蚀性不仅不优于普通不锈钢(如 304、321),有时甚至不如。对于高温硝酸,通常采用钛及钛合金材料。

四、醋酸介质

醋酸介质是有机酸中腐蚀性最强的物质之一,普通钢铁在一切浓度和温度的醋酸中都会严重腐蚀,而不锈钢是优良的耐醋酸材料,含钼的不锈钢(如316)还适用于高温和稀醋酸蒸汽。对于含有高温、高浓醋酸或其他腐蚀性介质等苛刻环境,可选用高合金不锈钢或氟塑料泵。

五、磷酸介质

磷酸介质有 H_5PO_5 原磷酸、H_3PO_4 正磷酸(磷酸)、H_3PO_3 亚磷酸、H_3PO_2 次磷酸和 HPO_3 偏磷酸。316 型含钼、铬、镍不锈钢具有较好的耐腐蚀性,适用于浓度 50% 以下、沸点温度以下所有磷酸溶液。对浓度 50%~85%、100 ℃的热磷酸也有较好的耐腐蚀性。不含钼的不锈钢耐腐蚀性较差,可作蒸发器及各种设备的材料。

高合金不锈钢耐一切温度和浓度的磷酸,但性价比不高,因此用得很少。钛及钛合金对充气的磷酸具有较好的耐腐蚀性,但实际用得并不多。天然橡胶耐磷酸较好,聚四氟乙烯、氯丁橡胶、丁基橡胶都是用作 65%~85% 浓度磷酸环境下设备的橡胶衬里。

六、碱(氢氧化钠)介质

钢铁广泛应用于 80 ℃以下、30% 浓度以内的氢氧化钠溶液,也有许多石化工厂对 100 ℃、75% 浓度以下的氢氧化钠溶液仍采用普通钢铁,虽然腐蚀增加,但经济性好。普通不锈钢对碱液的耐腐蚀性与铸铁相比没有明显优点,若介质中含有少量铁粉杂质,不推荐采用不锈钢。对于高温碱液,多采用钛及钛合金或者高合金不锈钢。

七、氨(氢氧化氨)介质

大多数金属和非金属在液氨及氨水(氢氧化氨)中的腐蚀都很轻微,只有铜和铜合金不宜使用。

八、盐水(海水)介质

普通钢铁在氯化钠溶液和海水、咸水中腐蚀率不太高,一般采用涂料保护即可;各类不锈钢也有很低的均匀腐蚀率,但可能因氯离子而引起局部性腐蚀,通常采用 316 不锈钢较好。

九、醇类、酮类、酯类、醚类介质

常见的醇类介质有甲醇、乙醇、乙二醇、丙醇等,酮类介质有丙酮、丁酮等,酯类介质有各种甲酯、乙酯等,醚类介质有甲醚、乙醚、丁醚等,它们基本没有腐蚀性,常用材料均可适用,具体选用时还应根据介质的属性和相关要求进行合理选择。另外值得注意的是,酮、酯、醚对多种橡胶有溶解性,在选择密封材料时避免出错。

还有许多其他介质不能在此——介绍,总之在选择材料时切不可随意和盲目,应多查阅相关资料或借鉴成熟经验。

第二节　耐腐蚀金属材料选择

金属腐蚀的原因很多,例如高温腐蚀、电化学腐蚀、晶间腐蚀、应力腐蚀、自然环境的腐蚀以及工业介质的腐蚀等。怎样选择耐腐蚀的金属材料呢?这是一项比较复杂的课题。有关耐腐蚀金属材料的知识,在陆培文主编的《实用阀门设计手册》及《工业用阀门材料　选用导册》(JB/T 5300—2008)等资料中都有比较详细的讲解,这里不再赘述。本书有关阀门材料选择的内容已经比较详细地介绍了阀门常用金属材料的选择规范,下面将金属的耐腐蚀性能列于表 6-1、表 6-2 中,在设计阀门时可参考表中的内容。

表 6-1　阀门金属材料的耐腐蚀性能

腐蚀性介质 (介质的状态)	温度 /℃	铁和钢	青铜	304型不锈钢	316型不锈钢	20号合金	蒙乃尔合金	哈氏合金B	哈氏合金C	铝	其他
醋酸(5%~10%)	20	D	D	A	A	A	B	A	A	A	
醋酸(5%~10%)	沸点	D	D	B	B	A	C	B	A	D	
醋酸(20%)	20	D	D	A	A	A	B	A	A	A	C20:A
醋酸(50%)	20	D	D	A	A	A	B	A	A	A	
醋酸(80%)	20	D	D	A	A	A	B	A	A	A	
醋酸(80%)	沸点	D	D	D	B	B	A	B	A	C	
醋酸(极冷)	20	D	D	A	A	A	A	A	A	A	Zr:A
醋酸(极冷)	沸点	D	D	D	B	B	B	B	A	B	C20:A
醋酸蒸汽(30%)	热	D	D	C	B	B	B	B	A	D	
醋酸蒸汽(100%)	热	D	D	D	C	B	B	B	A	B	
醋酸酐	沸点	C	D	B	B	B	B	B	A	B	
丙酮	沸点	B	A	B	B	A	A	A	A	A	
乙炔	20	A	D	A	A	A	A	A	A	A	
酸矿泉水	20	D	D	B	B	A	D	C	B	D	
乙醇	20	B	B	B	B	A	A	A	A	A	

表 6-1(续)

腐蚀性介质 (介质的状态)	温度 /℃	铁和钢	青铜	304型不锈钢	316型不锈钢	20号合金	蒙乃尔合金	哈氏合金B	哈氏合金C	铝	其他
乙醇	沸点	B	B	B	B	A	B	A	A	B	
乙醇	20	B	B	B	B	A	A	A	A	A	
甲醇	沸点	B	B	C	B	A	B	A	A	C	
硫酸铝(10%)	20	D	D	B	B	A	B	B	B	B	
硫酸铝(10%)	沸点	D	D	B	B	A	B	C	B	C	
硫酸铝(饱和)	沸点	D	D	C	B	B	B	C	B	C	
氯化铝(25%)	20	D	D	D	C	B	B	B	B	D	C20:B
氯化铝(25%)	沸点	D	D	D	D	B	C	B	C	D	
氟化铝(5%)	20	D	D	D	C	C	A	B	B	D	Zr:A
硫化铝(全)	20	D	D	B	B	A	B	B	A	B	
硫化铝(全)	沸点	D	D	C	B	A	B	C	B	C	
胺	20	A	B	A	A	A	A	A	A	B	
氨(全浓缩)	20	B	D	A	A	A	C	B	B	B	
氨气	热	C	D	D	D	B	D			D	
碳化铵	20	B	C	B	B	A	B	B	B	A	
氯化铵(10%)	20	C	D	B	B	A	B	B	B	D	
氯化铵(10%)	沸点	D	D	C	B	A	B	B	C	D	C20:A
氯化铵(25%)	沸点	D	D	D	C	B	B	B	C	D	
氢氧化铵	20	D	B	A	A	A	C	A	A	B	C20:A
氢氧化铵(浓缩)	热	D	C	A	A	A	D	A	A	B	
硝酸铵	20	D	A	B	B	A	C	D	A	B	
硝酸铵(饱和)	沸点	D	D	B	B	A	D	B	B	B	
过磷酸铵(50%)	20	D		B	B	B	D	B	A	D	
单磷酸铵	20	C	D	A	A	A	B	A	A	D	
二磷酸铵	20	D	B	A	A	A	B	A	A	C	
三磷酸铵	20	D	B	B	A	A	A		A	B	
硫酸铵(5%)	20	D	A	C	B	B	A	B	B	C	
硫酸铵(10%)	沸点	D	C	D	C	B	B	D	B	D	C20:B
硫酸铵(饱和)	沸点	D	C	D	C	B	B	D	B	D	C20:B
醋酸戊酯(浓缩)	20	C	A	B	B	A	B	A	A	B	

表 6-1(续)

腐蚀性介质 (介质的状态)	温度 /℃	铁和钢	青铜	304型不锈钢	316型不锈钢	20号合金	蒙乃尔合金	哈氏合金B	哈氏合金C	铝	其他
戊醇(浓缩)	20	B	C	A	A	A	B	A	A	D	
苯胺(3%)	20	B	A	B	B	A	B	B	B	B	
苯胺(浓缩)	20	D	A	D	C	C	B	B	B	B	Cu:B
氢氯苯胺	20			D	D		B	B			
三氯化锑	20		D							D	
王水	20	D	D	D	D	D	D	D	C	D	
王水	93	D	D	D	D	D	D	D	D	D	
氯化沥青(5%)	热	C	B	B	B	A	B	B	B	B	Ti:B
氯化钡(5%)	20	B	D	B	B	A	B	B	B	C	
氯化钡(饱和)	20		D	C			B			C	
氯化钡(溶液)	热	D	D	D	C	B	B	B	C	D	
硫酸钡	20	B		B	B	B	B			B	
硫酸钡(浓缩)	20	D	D	C	B	B	B	B	C		
啤酒		B	A	A	A	A	A	A	A	B	
苯	热	B	A	B	B	A	B	B	B	B	
苯甲酸	20		B	B	B	B	B	A	A	B	
漂白粉	20	D	D	D	B	B	C	D	A	D	
血(肉糜)	20			B	A	A		A	A	D	
硼砂(5%)	20	B	C	A	A	A	A	A	A	B	
硼酸(5%)	热	D	B	B	B	A	B	A	A	D	

注:(1) 表中符号:A——材料完全可以使用;B——材料适合使用,腐蚀率<0.8 mm/a(能够用于阀门的受压零部件);C——材料可使用,腐蚀率<1.6 mm/a(可用于阀门不重要的零部件);D——材料能否使用,有争议和疑问;E——材料不可使用。

(2) 表中资料来源于蔡元兴等编著的《常用金属材料的耐腐蚀性能》。

表 6-2 部分有机酸的腐蚀数据

酸	浓度	温度/℃	铝	铜和青铜	304型不锈钢	316型不锈钢	20号合金	高硅铸铁
醋酸	50%	24	●	●	○	●	●	●
	50%	100	×	○	□	●	●	●
	冰	24	●	●	●	●	●	●
	冰	100	○	×	×	○	○	●
柠檬酸	50%	24	○	□	○	○	●	●
	50%	100	□	□	×	○	○	●

表 6-2（续）

酸	浓度	温度/℃	铝	铜和青铜	304型不锈钢	316型不锈钢	20号合金	高硅铸铁
甲酸	80%	24	○	○	○	●	●	●
		100	×	○	×	○	○	●
乳酸	50%	24	○	○	○	●	●	○
		100	×	○	×	○	○	○
马来酸	50%	24	□	○	○	○	●	○
		100	×	—	○	○	○	○
环烷酸	100%	24	○	○	●	●	●	—
		100	○	×	●	●	●	—
酒石酸	50%	24	○	□	●	●	●	●
		100	×	—	●	●	●	●
脂肪酸	100%	100	●	□	○	●	●	●

注：(1) 表中符号：●——小于 0.05 mm/a，○——0.5～1.0 mm/a，×——大于 1.0 mm/a；

(2) 铝对于环烷酸和脂肪酸，含水量大于 1%；

(3) 充气可使铜和青铜腐蚀速度大增。

通过表 6-1 和表 6-2，设计者应注意：防腐蚀是化工设备最关键之处，如果不能正确地选择化工阀门的金属材料，轻则损坏设备，重则造成事故甚至引发灾难。通常有一种误区，认为不锈钢是"万能材料"，不论什么介质和环境条件都推出不锈钢，这是不正确的，也是很危险的。

第三节　高温阀门材料的选择

一、高温材料的分级

前面已经初步讲解了低温阀门的材料如何选择，以下介绍高温工况下阀门材料应该如何选择。高温阀门主要是指炼油厂用的高温阀门。高温工况主要包括亚高温、高温Ⅰ级、高温Ⅱ级、高温Ⅲ级、高温Ⅳ级、高温Ⅴ级，下面分别加以介绍。

1. 亚高温

亚高温是指阀门的工作温度在 325～425 ℃区域。如果介质是水和蒸汽，主要用 WCB、WCC、A105、WC6 和 WC9；如果介质是含硫油品，主要用具有抗硫化物腐蚀的 C5、CF8、CF3、CF8M 和 CF3M 等。它们多用在炼油厂的常减压装置和延迟焦化装置上，此时 CF8、CF8M、CF3 及 CF3M 材质的阀门不是用于抗酸溶液腐蚀,而是用于含硫油品及油气管路上。在此工况中,CF8、CF8M、CF3 和 CF3M 的最高工作温度上限为 450 ℃。

2. 高温Ⅰ级

阀门的工作温度为 425~550 ℃,定为高温Ⅰ级(简称 PⅠ级)。PⅠ级阀门的主体材料为以 ASTM A351 标准中的 CF8 为基形的"高温Ⅰ级中碳铬镍稀土钛优质耐热钢"。PⅠ级是特定的称呼,在这里包含了高温不锈钢(P)的概念。因此,如果工作介质为水或蒸汽时,虽然也可以用高温钢 WC6(t≤540 ℃)或 WC9(t≤570 ℃),在含硫油品时也可用高温钢 C5(ZG1Cr5Mo),但在这里不能称它们为 PⅠ级。

3. 高温Ⅱ级

阀门的工作温度为 550~650 ℃,定为高温Ⅱ级(简称 PⅡ级)。PⅡ级高温阀门主要用于炼油厂的重油催化裂化装置,它包含用在三旋喷嘴等部位的高温衬里耐磨闸阀。PⅡ级阀门的主体材料为以 ASTM A351 标准中的 CF8 为基形的"高温Ⅱ级中碳铬镍稀土钛钽强化型耐热钢"。

4. 高温Ⅲ级

阀门的工作温度为 650~730 ℃,定为高温Ⅲ级(简称 PⅢ级)。PⅢ级高温阀门主要用在炼油厂的大型重油催化裂化装置上。PⅢ级高温阀门主体材料为以 ASTM A351 标准中的 CF8M 为基形的"高温Ⅲ级中碳铬镍钼稀土钛钽强化型耐热钢"。

5. 高温Ⅳ级

阀门的工作温度为 730~816 ℃,定为高温Ⅳ级(简称 PⅣ级)。将 PⅣ级高温阀门的工作温度上限定为 816 ℃,这是因为阀门设计选用的标准(ASME B16.34)"压力-温度等级"中提供的最高温度为 816 ℃(1 500 ℉)。另外,工作温度超过 816 ℃以后,钢就接近进入锻造温度区域,此时金属处于塑性变形区间,金属的可塑性好,难以承受高的工作压力和冲击力而保持不变形。PⅣ级高温阀门的主体材料为以 ASTM A351 标准中的 CF8M 为基形的"高温Ⅳ级中碳铬镍钼稀土钛钽强化型耐热钢"、CK-20 及 ASTM A182 标准中的 F310、F310H(其中碳含量在 0.03%以下)等不锈耐热钢。

6. 高温Ⅴ级

阀门的工作温度>816 ℃以上,如源丰阀业生产的 6000 系列超高温蝶阀即为高温Ⅴ级(简称 PⅤ级)。PⅤ级高温阀门(作切断用阀门,而非调节型阀门)必须采用特殊的设计手段,如衬隔热衬里或通水或气冷却等,方能保证阀门的正常工作。因此,对 PⅤ级高温阀门的工作温度上限不作规定,这是因为控制阀门的工作温度不是仅靠材料,而是用特殊的设计手段解决的,设计手段的基本原理是一样的。PⅤ级高温阀门可根据其工作介质和工作压力及采用的特殊设计方法等,选用合理的、能满足该阀门要求的材料。在 PV 级高温阀门中,通常烟道插板阀或蝶阀的插板或蝶板常选用 ASTM A297 标准中的 HK-30、HK-40 高温合金,它们能在 1 150 ℃以下抗氧化和还原性气体中耐蚀,但不能承受冲击和高压载荷。

二、高温、高压材料简介

近年来,用于火电、核电、化学工业反应装置等结构的材料使用温度越来越高,为适应高温机械发展的需要,保证机械的高度安全性,在设计、选用材料时要严格按照国家标准操作。高温材料可能使用的温度范围概括归纳如下:

(1) 碳素钢:适用最高温度为 425 ℃,主要用于锅炉。

(2) 低合金钢:适用最高温度为 600 ℃,主要用于锅炉、化工设备、蒸汽汽轮机。

(3) 奥氏体不锈钢(18-8 系):适用最高温度为 700 ℃,主要用于锅炉、化工设备。

(4) 奥氏体不锈钢(铸钢):适用最高温度为 1 000 ℃,主要用于化工设备。

(5) 镍基超合金(Ni 基,Co 基):适用最高温度为 1 000 ℃,主要用于燃气涡轮机、喷气发动机等。

阀门设计人员必须掌握耐高温材料相关标准以及材料的使用温度范围,在设计时切不可随意选择材料,一定严格按照 ASTM A216、ASTM A217 等国际标准和我国《电站阀门铸钢技术条件》(JB/T 5263—2005)、《耐热钢》(GB/T 1221—2007)等国家和行业标准规定选择耐高温材料。

第四节　低温阀门的使用和选择

适用于介质温度 $-40 \sim -196$ ℃的阀门称为低温阀门。低温阀门包括低温球阀、低温闸阀、低温截止阀、低温安全阀、低温止回阀、低温蝶阀、低温针阀、低温节流阀、低温减压阀等,主要用于乙烯、液化天然气装置,天然气 LPG、LNG 储罐,接收基地及卫星站,空分设备,石油化工尾气分离设备,液氧、液氮、液氩、二氧化碳低温贮槽及槽车,变压吸附制氧等方面。输出的液态低温介质,如乙烯、液氧、液氢、液化天然气、液化石油产品等,不但易燃易爆,而且在升温时要气化,气化时体积膨胀数百倍。例如,液化天然气阀门的材料非常重要,材质不合格,会造成壳体及密封面的外漏或内漏;零部件的综合机械性能、强度和刚度满足不了使用要求甚至断裂,会导致液化天然气介质泄漏引起爆炸,因此在开发、设计、研制液化天然气阀门的过程中,材质是首要关键的问题。

阀门行业经过多年实践已积累了丰富的经验,从设计、工艺到制造日趋成熟,已形成了低温阀门的系列产品。

一、低温阀门的设计参数、结构要求

1. 设计参数

(1) 压力等级:150、300、600、900、1 500 Lb。

(2) 阀门通径:15～1 200 mm (1/2″～48″)。

(3) 连接形式:法兰式、焊接式、螺纹。

(4) 阀门材料:LCB、LC3、CF8。

(5) 工作温度:-46、-101、-196、-253 ℃。

(6) 适用介质:液化天然气、乙烯、丙烯等。

(7) 驱动方式:手动、伞齿轮传动、电动。

2. 标准和结构要求

(1) 设计:执行美标 ASME B16.34、API 6D,国标《低温阀门 技术条件》(GB/T 24925—2019)。

(2) 阀门设计、计算书。

(3) 阀门常规检查和试验:执行美标 API 598,国标《工业阀门 压力试验》(GB/T 13927—2008)、《球阀 静压寿命试验规程》(JB/T 8861—2017)等。

(4) 阀门低温检查和试验:执行《阀门的检验和试验》(GB/T 26480—2011)、《工业阀门 压力试验》(GB/T 13927—2008)。

(5) 驱动方式:手动、伞齿轮传动及电动驱动装置。

(6) 阀座形式:阀座采用焊接结构,密封面堆焊钴基硬质合金,保证阀门的密封性能。

(7) 闸板采用弹性结构,在进压端设计卸压孔。

(8) 单向密封的阀门阀体上标有流向标志。

(9) 低温球阀、闸阀、截止阀、蝶阀采用长颈结构,以保护填料。

(10) 超低温球阀执行《球阀 静压寿命试验规程》(JB/T 8861—2017)。

二、低温阀门的制造工艺和主要零件材料选用

低温阀门使用环境特殊,在低温-40～-269 ℃(最低温度)范围工作,工

况条件严格。为此,世界各国制定了相关标准,如 ASTM、API(美国),BS(英国),DIN(德国),NF(法国),COST(苏联),JIS(日本)等。我国也制定了《低温阀门 技术条件》(GB/T 24925—2019)、《阀门的检验和试验》(GB/T 26480—2011),并对低温阀门的制造过程提出了严格的制造工艺和专用设备,要求零件材料经过特殊的低温处理,零件的加工进行严格的质量控制。将粗加工的零件置于冷却介质中数小时(2~6 h)后以释放应力,确保材料的低温性能,保证精加工尺寸,以防阀门在低温工况时因温度变化造成变形而导致的泄漏。阀门的装配与普通阀门也不同,零件需经过严格的清洗,除去任何油污,以保证使用性能。

低温阀门主要零件材料的选用可以结合其各自使用的最低温度,按照表 6-3 和表 6-4 中数据选择。

表 6-3　锻件的最低使用温度

钢　种	标准及牌号	最低使用温度/℃
碳素钢	ASTM A350 CrLF2	−45.6
3.5%Ni 钢	ASTM A350 CrLF3	−101.1
9%Ni 钢	ASTM A522 Type1	−196
奥氏体不锈钢	JIS G3214 SUS F 304,SUS F 316	−253

注:表中数据摘自《高温高压阀门和低温低压阀门的设计、检验及使用》(第 275~276 页)。

表 6-4　铸件最低使用温度

钢　种	标准及牌号	最低使用温度/℃
碳素钢	JIS G5152 SCPL 1	−45
0.5%Mo 钢	JIS G5152 SCPL 11	−60
0.5%Ni 钢	JIS G5152 SCPL 21	−70
3.5%Ni 钢	JIS G5152 SCPL 31	−100
奥氏体不锈钢	JIS G5152 SCS 13, SCS 14	−196

注:表中数据摘自《高温高压阀门和低温低压阀门的设计、检验及使用》(第 275~276 页)。

(1) 阀体、阀盖:LCB(−46 ℃),LC3(−101 ℃),CF8(−196 ℃)等。

（2）闸板：不锈钢堆焊钴基硬质合金（密封面）。

（3）阀座：不锈钢堆焊钴基硬质合金（密封面）。

（4）阀杆：0Cr18Ni9,1Cr17Ni2,1Cr18Ni9Ti。

三、低温阀门试验和检验

按照《阀门的检验与试验》（API 598）、《低温阀门》（BS 6364）、《射线照相检验质量控制的标准方法》（ASME SEC Ⅴ B SE—142）、《阀门的检验和试验》（GB/T 26480—2011）、《低温阀门 技术条件》（GB/T 24925—2019）、《铸件 射线照相检测》（GB/T 5677—2018）、《阀门受压铸钢件射线照相检测》（JB/T 6440—2008）、《钢制阀门 一般要求》（GB/T 12224—2015）等标准的规定执行，对低温阀门的主要零部件作低温处理，每批抽样做低温冲击试验，以保证阀门在低温工况时不脆裂，经得起低温介质冲击。

对每台阀门应进行以下项目的试验与检验。

（1）低温阀门毛坯件的无损探伤检验。

① 阀门为铸件时，根据《石油化工有毒、可燃介质钢制管道工程施工及验收规范》（SH 3501—2011）的规定或技术协议决定是否进行射线探伤检验。射线探伤检验范围应符合 ASME B16.34 标准，检查方法按照《铸件 射线照相检测》（GB/T 5677—2018）或按 ASTM E142 进行检验。

② 阀门为锻件时，所有承压锻件必须按照《钢锻件超声波检测标准实施规程》（ASTM A388/A388M）的规定，100%进行超声波探伤检验。

（2）低温阀门的常温状态试验和检验，执行 API 6D 及 API 598 标准的规定。

（3）低温阀门的低温密封试验。

① 低温阀门应在—196 ℃或技术协议中规定的低温下进行低温密封试验。低温密封试验必须有低温装置及氦检漏专用设备，方可对低温阀门在低温状态下进行密封性能的检测。

② 低温密封试验时，应将低温阀门的主要零部件做低温处理，并每批抽样做低温冲击试验，以保证阀门在低温工况时不脆裂，经得起低温介质冲击。然后将阀门两端的盲板和引出管安装好放在相应的低温试验槽里，并连接好所有接头，保证阀门填料处在容器上部，且温度保持在 0 ℃以上，在常温及 1.0 MPa 压力下，使用氦气做初始检测试验，确保阀门在合适的条件下进行试验。

（4）低温阀门均按照相应材料技术规范进行低温处理（深冷）和冲击试验。

（5）静电防护措施安全可靠,阀体与阀杆或内件与阀体之间导通电阻小于 1 Ω。

四、低温阀门阀座的选用

选择低温阀门的理想阀座非常重要,这也是一个比较复杂的课题。首先要保证低温阀门材料的低温性能,即在低温环境中保证阀座具有良好的弹性和塑性,阀座材料在冷冲击介质作用下能使阀座的强度不降低、抗磨损、耐腐蚀等;再者要精工细作,提高阀座、阀板等零件的加工精度和装配质量。

（1）选择正确的低温材料和合理的加工工艺。

（2）保证阀座与阀板间必须有足够的密封力,防止泄漏。

密封面的间隙 h 为零时,不会发生泄漏现象,可保证阀门的密封性能。因此,把间隙 h 规定为零是计算密封力的必要条件。

如果从阀座处泄漏,在泄漏量少的状态下,其流动可以看作是层流。通常阀座的形状是圆柱形,因此,根据流体力学的理论,其泄漏量可由下式计算:

$$Q = \frac{980\pi h^3 \Delta p}{2.78\eta \log \dfrac{r_2}{r_1}}$$

式中　Q——泄漏量,cm³/s;

Δp——压差,g/cm²;

h——间隙,cm;

η——介质黏度,P(10^{-1} Pa·s);

r_1——阀座密封面内径,cm;

r_2——阀座密封面外径,cm。

由该计算公式可知,如果间隙 h 和压差 Δp 小,则泄漏量小;如果阀座的接触面积和介质黏度大,泄漏量也会小。可见,阀座的加工精度高,间隙小,泄漏量就小,可防止泄漏。

（3）防止阀门的热损失,适当加长阀盖的长度等。

低温阀门阀座的选用知识参见《高温高压阀门和低温低压阀门的设计、检验及使用》(第 280~28 页),这里不再赘述。

五、低温阀门垫片的选用

低温阀门和超低温阀门的垫片材料应对于常温、低温频繁转换以及温度变化具有冷冲击强度不降低、抗磨、耐蚀、不断裂等性能。一般低温控制在—

30～50 ℃范围,常用材料由 3.5％镍钢(－100 ℃)、9％镍钢(－192 ℃)、奥氏体不锈钢、蒙乃尔合金、镍钛合金、哈氏合金等金属加入陶瓷纤维、碳纤维等填充物制成。另外,还有铝合金及青铜合金(可用于超低温－273 ℃,只用于小口径的阀门)。

低温阀门产生泄漏的原因主要有两种情况:一是内漏,二是外漏。

(1) 阀门的内漏。主要原因是密封副在低温状态下产生变形。当介质温度下降到使材料产生相变时就会造成体积变化,从而使原本研磨精度很高的密封面产生翘曲变形,造成低温密封不良发生内漏现象。

(2) 阀门的外漏。一是阀门与管路采用法兰连接方式时,由于连接垫片材料、连接螺栓以及连接件在低温下材料之间收缩不同步产生松弛而导致泄漏,因此可以把阀体与管路的连接方式由法兰连接改为焊接结构,可以避免低温泄漏;二是阀杆与填料处的泄漏。

第五节　化工阀门的选用、种类及使用

化工阀门是石油化工行业管道系统管线上流体控制的重要附件。面对复杂的工业系统、品种繁多的阀门及各种工况,为石油化工行业管道系统选择适合的阀门非常重要。

一、化工阀门的选用

(1) 了解阀门的性能,掌握选择阀门的步骤和依据,遵循选择石油化工行业用阀门的原则。

(2) 化工阀门比普通阀门的要求要高。从简单的氯碱工业到大型的石油化工企业,阀门所使用的环境都存在着高温、高压、腐蚀、磨损、温度和压力差很大等危险。面对这类危险性较高的阀门,在选用和使用过程中应当严格按照相关行业标准执行。

(3) 化工行业一般选用流道为直通式的阀门,这种阀门流阻较小,通常用作截止和开放介质;易于调节流量的阀门作为控制流量用;旋塞阀和球阀较适用于换向分流;关闭件沿密封面的滑动带有擦拭作用的阀门最适用于带有悬浮颗粒的介质。

常见的化工阀门有球阀、闸阀、截止阀、安全阀、旋塞阀、止回阀等。化工阀门适用介质中带有化学物质,含酸碱腐蚀性介质繁多,因此,阀门生产厂家制造化工阀门的材料首选 304L 和 316L,普通介质选择 304 作为主导材料的阀门,多种化学物质结合的腐蚀性流体用合金钢或衬氟阀门。

二、化工阀门种类、作用及使用注意事项

1. 化工阀门种类和作用

(1) 启闭型阀门:切断或接通管道内流体的流动。

(2) 调节型阀门:调节管道内流体的流量、流速。

(3) 节流型阀门:使流体通过阀门后产生很大的压力降。

(4) 其他型阀门:① 自动启闭;② 维持一定压力;③ 阻汽排水。

2. 化工阀门使用注意事项

(1) 阀体内外表面不允许有砂眼、气孔、裂纹等缺陷;

(2) 阀座与阀体接合牢固,阀芯与阀座吻合,密封面无缺陷;

(3) 阀杆与阀芯连接灵活可靠,阀杆无弯曲,螺纹完好无损;

(4) 阀门各填料处不得渗漏;

(5) 阀门操作灵活,启闭迅速,安全可靠。

3. 钢制法兰化工阀门常用标准

工业和信息化部发布的行业标准系列《钢制法兰、垫片、紧固件》(HG/T 20592~20635—2009),主要参照 EN 1092.1、ANSI B16.5 等国外标准,并结合我国实际情况修订而成,包括国际通用的两大管法兰、垫片和紧固件标准系列:PN 系列(欧洲体系)和 Class 系列。相关的中国标准有:《石油、天然气工业用螺柱连接阀盖的钢制闸阀》(GB/T 12234—2007),《石油、石化及相关工业用的钢制球阀》(GB/T 12237—2021),《法兰和对夹连接弹性密封蝶阀》(GB/T 12238—2008)。

第六节　阀门 ENP 镀层工艺介绍[①]

阀门的材料对阀门的质量、密封性能、耐腐蚀性、适用工况以及使用寿命有很大影响,而且不同材质阀门的价格也是天壤之别。如何才能制造出性价比高的阀门产品呢? 工程技术人员设计了镀层、堆焊、衬胶等工艺,使得阀门经过这些工艺处理后,性能大为提高,适用环境更加宽泛,使用寿命更长。这里介绍阀门行业一种特殊的镀层工艺——ENP,此工艺在固定球阀使用环境为腐蚀性介质时代替不锈钢或者纯镍有很好的表现,且兼有优良的抗蚀、耐磨、零件尺寸精确的特点,从而构成了 ENP 工艺的独特优势。

ENP 工艺是一种用非电镀(化学)的方法,在零部件表面沉镀出十分均匀、光亮、坚硬的镍磷硼合金镀层的先进表面处理工艺。它兼有高匀性、高结

---

① 摘选自江苏诚一阀门有限公司网站。

合强度、高耐磨性、高耐腐蚀性和无漏镀缺陷及仿真性极好六大优点,其综合性能优于电镀铬。在很多环境介质中甚至比不锈钢更耐腐蚀,用来代替不锈钢可以降低工件成本。在工艺方面,化学镀镍是靠化学方法形成镀层,不受零件形状和尺寸的限制,任何复杂形状的零件各部位镀层厚度均匀一致,施镀过程中厚度精度为 $\pm 2\,\mu m$,能够满足各种复杂精密部件的尺寸要求,而且镍合金镀层质密光滑,镀后无须任何加工,还可以反复修镀。该技术是目前发达国家重点推广的表面处理新技术。

一、ENP 的基本原理

ENP 的基本原理是以次亚磷酸盐为还原剂,将镍盐还原成镍,同时使金属层中含有一定的磷,沉淀的镍膜具有催化性,可使反应继续进行下去。

二、ENP 工艺特点

(1) ENP 工艺从原料到操作对环境无毒、无污染,属于环保型表面处理工艺。

(2) ENP 工艺属于热化学镀,靠化学反应在零件表面生成镀层。

(3) ENP 工艺独特,对任何复杂形状的零件,只要浸到镀液中,就能获得各个部位完全均匀一致的镀层(彻底弥补了电镀工艺的漏镀缺陷)。

(4) 镀层十分光滑均匀,并且厚度能够得到精确控制,镀后无须任何加工处理。

三、ENP 镀层性能特点

(1) 镀层成分。镀层成分为镀层合金(镍磷硼合金),其中镍 86%～97%,合金成分 3%～14%。

(2) 结合力。镀层合金与基体之间是金属键结合,联结坚固,结合力超强。钢或铝合金 300～400 MPa,铜 140～160 MPa,是电镀的 6～8 倍,能承受很大的剪切应力而不脱皮。

(3) 镀层硬度。镀态 HV300～HV500,热处理(350～400 ℃,1 h)后可达到 HV800～HV1 000,接近电镀硬铬镀层的硬度,但综合性能比硬铬镀层好,是替代硬铬镀层的理想镀层。

(4) 抗腐蚀性。镀层针孔率低,又是非晶态结构,无晶界面,腐蚀性介质无法渗透通过镀层,其化学稳定性高,具有优良的抗腐蚀性能。特别是高磷镀层,可以耐各种介质的腐蚀,在很多行业中可以代替不锈钢。

(5) 耐磨性。非晶态的合金结构能起到固体自润滑效果,适当热处理(350～400 ℃,1 h)后强化了镀层结构的弛豫现象,镀层延展性、韧性大为改善,硬度大大提高,加上表面质密、均匀、光滑,因此具有极好的耐磨性,性能优于硬铬镀层。

另外,ENP 镀层还具有耐高(低)温(−50～890 ℃)、无磁性、钎焊性能好、电阻率低、导电(热)性能好、膨胀系数低、抗变色能力强等特殊的物理化学性能,使该工艺在电子、石油化工、机械制造等各个工业部门得到广泛的应用。

四、ENP 工艺的具体应用

ENP 工艺应用非常广泛,可在钢、铜、铝等基材上沉镀,并以良好的工艺性和优秀的镀层性能,在电子和计算机、航空航天、化学化工、石油天然气、机械制造、汽车摩托车、精密仪器、食品机械、医药、纺织、市政等行业得到应用。

1. 电子、计算机行业

铝镁合金硬盘、线路板、薄膜电阻器、金属元件等,利用 ENP 镀镍合金可提高其耐磨、耐腐蚀性能和特殊的物理化学性能。

2. 机械制造行业

凡需要耐磨、耐蚀的零部件,一般都可以用 ENP 镀镍合金层来提高其寿命,如液压轴、曲轴、传动链带、齿轮、工卡量具等。

3. 模具行业

采用 ENP 工艺处理模具,其镍合金镀层具有耐磨、耐蚀、结合力强、固体自润滑性能以及表面厚度均匀无变形、可控厚度等优势,且模具表面尺寸超差时,可以很精确地修复,起到强化模具的理想效果,大大提高模具的抗磨损、抗擦伤、抗咬伤的能力,且脱模容易,既延长了模具寿命,又提高了模具加工件的表面质量。

4. 石油天然气、化工行业

ENP 镀镍合金对含硫化氢的石油和天然气以及酸、碱、盐等化学腐蚀性介质都具有优良的抗蚀性,所以在采油设备、输油气管道中应用广泛。普通碳素钢、低合金钢上镀一层 50～70 μm 的镍合金,其寿命可提高 3～6 倍。石油天然气、化工行业的容器、阀门、管道、泵等可用这种工艺处理,以代替不锈钢和纯镍。

5. 汽车摩托车行业

汽车摩托车行业主要是利用 ENP 镀镍合金层的耐蚀、耐磨性能,如形状复杂的散热器、齿轮、喷油嘴、制动瓦片、减振器等。

6. 航空航天行业

ENP 工艺还适合处理航空航天业中一些要求耐磨、耐蚀且对称平衡的零件,以及由铝、镁、铍材料制成的航空零部件和电子元器件等。

第七章 阀门的试压检查与修理

第一节 阀门的试压、试漏

无论是使用新阀门，还是使用修复后的阀门，安装前必须进行试压、试漏检验。

试压、试漏指的是阀体强度试验和密封面严密性试验，这两项试验是对阀门主要性能的检查。试验介质一般是常温清水，重要阀门可使用煤油。对于安全阀定压试验，可使用氮气等较稳定气体，也可用蒸汽或空气代替。对于隔膜阀的试验，可使用压缩空气。

阀门的试验要按照《工业阀门 压力试验》(GB/T 13927—2008)的规定进行操作。

一、试验压力

阀门阀体强度试验压力等于公称压力的 1.5 倍。阀门密封试验压力等于公称压力的 1.1 倍。

二、试验方法

在试验台上进行试验。试验台的结构：试验台上面有一压紧部件，下面有一条与试压泵相连通的管路。将阀压紧后，试压泵工作，从试压泵的压力表上可以读出阀门承受压力的数字。试压阀门充水时，要将阀内空气排净。试验台上部压盘有排气孔，用小阀门开闭。空气排净的标志是排气孔中出来的全部是水。关闭排气孔后，开始升压。升压过程要缓慢，不要急剧。达到规定压力后，保持 3 min，压力不变为合格。

阀门试压、试漏程序可以分为以下三个步骤：

(1) 打开阀门通路，用水(或煤油)充满阀腔，并升压至强度试验要求压力，检查阀体、阀盖、垫片、填料有无渗漏。

(2) 关闭阀路，在阀门一侧加压至公称压力的 1.1 倍压力，从另一侧检查有无渗漏。

(3) 将阀门颠倒过来，试验相反一侧，直到达到合格为准。

☞ **资料链接**

阀门最终试验、检验和验收[①]

适应范围：各种软密封和硬密封的阀门，如截止阀、闸阀、硬密封偏心半球阀及软硬密封蝶阀等最终产品的检验和试验。

一、最终检验和试验实行质量检查制度

质量检查制度按照国家标准《工业阀门 压力试验》(GB/T 13927—2008)、《石油化工钢制通用阀门选用、检验及验收》(SH/T 3064—2003)等执行。

二、阀门压力试验、强度试验、上密封试验程序

(1) 启动高压试压泵，先进行强度试验、密封试验。硬密封偏心半球阀应从正反两个方向进行密封性试压，任一方向静态试压合格后，带压启闭2～3次，规定双向密封为合格，否则为单向合格品。Y型料浆截止阀除进行上述试验外，还要进行上密封试验，达到要求为合格品。每台阀门试验都做记录，资料存入产品档案。

(2) 硬密封阀门强度试验时不允许外漏，密封试验时允许内漏，其保压时间及泄漏量按表7-1、表7-2规定实施。验收标准为：正反向密封为一等品，单向密封(泄漏量符合标准)为合格品。

(3) 橡胶、四氟软密封阀门试压时，强度、密封均不允许有任何泄漏。

(4) 电动或气动阀门必须能够带压开启，并且试压启闭2～3次为合格。

(5) 缓闭阀门的试验，首先要试验活塞缸的高压(≥8 MPa)，再试验活塞杆的动作压力(≤0.2 MPa)，然后试验强度、试验密封。密封试验时静态下不允许泄漏，加压时更不允许泄漏。

保持试验压力的持续时间见表7-1。阀门密封试验的最大允许泄漏率见表7-2。

表 7-1　保持试验压力的持续时间

阀门公称尺寸	保持试验压力最短持续时间/s			
	壳体试验	上密封试验	密封试验	
			其他类型阀	止回阀
≤DN50	15	15	60	15
DN65～DN150	60	60	60	60
DN200～DN300	120	60	60	120
≥DN350	300	60	120	120

注："保持试验压力最短持续时间"是指阀门内试验介质压力升至规定值后，保持试验压力的最少时间。

[①] 该资料摘自河南中铝装备有限公司企业标准(QL/ZLJ 02—2013)。

表 7-2 密封试验的最大允许泄漏率

试验	A 级	B 级 /(mm³/s)	C 级 /(mm³/s)	D 级 /(mm³/s)
静水压试验	在相应的阀门产品标准或表 7-1 中给出的试验持续时间内没有目测可见的泄漏	0.01×DN	0.03×DN	0.1×DN
气压试验	在相应的阀门产品标准或表 7-1 中给出的试验持续时间内没有目测可见的泄漏	0.3×DN	3.0×DN	30×DN

注:(1) 此泄漏量只有当向周围环境排放时才适用。

(2) 在 A、B、C 和 D 四级的泄漏量要求中,不应有可见的泄漏。

(3) 硬密封阀门一般按 D 级标准执行,也可根据用户要求制造。

三、阀门的试压、试漏标准及步骤

阀门的泄漏量执行《工业阀门低泄漏率、试验及资格认定程序》(ISO 1584)的要求。

控制阀门的泄漏量执行《控制阀门阀座泄漏》(ANSI B16.104/FCI 70-2)、《燃气阀门的试验与检验》(CJ/T 3055—1995)等的规定。

阀门的试压、试漏是同时进行的。阀门的试压、试漏步骤如下:

(1) 打开阀门通路,用常温水(或煤油)充满阀腔,并升压至阀体强度试验压力,检查阀体、阀盖、填料的部位有无泄漏。

(2) 关闭阀路,在阀门一侧加压至公称压力的 1.1 倍压力,从另一侧检查有无泄漏。

(3) 将阀门颠倒过来试检相反一侧。

四、产品试压合格后的检查项目

(1) 检查阀门通径及压力等级。

(2) 检查法兰外径、螺栓孔中心圆直径、螺栓孔数量及孔径。

(3) 检查结构长度。

(4) 检查阀门与蜗轮箱连接螺栓是否拧紧。

(5) 检查连接座与阀门中法兰之间的连接螺栓是否拧紧。

(6) 检查下阀轴是否转动灵活。

(7) 外观检查,包括表面涂漆及平整度、漆层是否均匀。

(8) 检查蜗轮箱与阀门的相对位置是否正确。

(9) 检查蜗轮箱与连接座、连接座与中法兰之间是否有减荷销,减荷销与外圆固定是否稳固。

（10）检查蜗轮箱与连接座、连接座与中法兰的配合有无间隙（应无间隙）。

（11）检查并清除阀门中的毛刺及内腔铁屑、杂物等。

（12）检查硬密封半球阀阀座平面是否低于法兰平面（允许低 1～3 mm）。

（13）焊接型半球阀应检查焊缝强度及平整度。

（14）检查阀体外表面是否有介质流向的箭头标识（对夹式无此项）。

（15）检查阀体外表面是否有制造厂商标志（对夹式和止回阀除外），阀体应铸出材质、公称尺寸、公称压力等标识。

（16）检查阀门标牌的出厂编号与阀门规格型号是否一致。

（17）蜗轮箱检查以下项目：

① 检查限位螺栓是否拧紧；

② 检查蜗轮箱带动阀门转动是否灵活；

③ 检查指示针、刻度盘是否指示准确；

④ 检查手轮平键长度是否符合设计要求；

⑤ 检查蜗轮箱、气动和电动装置等旋转是否灵活（刻度盘回转显示 0°～90°±5°）；

⑥ 检查蜗轮箱各连接部位螺栓是否拧紧。

以上检查项目如有不合格的应及时调整。

（18）阀门的包装按照《机电产品包装通用技术条件》（GB/T 13384—2008）的规定执行，检查项目如下：

① 入库半年后的阀门在出厂前要重新进行密封性试验，试验合格后包装方可出厂；

② 90°回转的阀门试压合格后应开启 5°～10°，阀门出厂发货前的检查必须做到认真仔细；

③ 截止阀、闸阀等升降杆结构的阀门应测试上密封处的密封情况；

④ 阀门其他项目检查完成后还需检查产品的包装是否完好或按客户要求进行包装，如无特殊要求，应检查包装塑料布是否严密、防雨，包装是否合乎要求；

⑤ 出厂前检查配件、技术资料、合格证是否齐全，合格后准予发货。

第二节　阀门检修的一般程序

阀门检修的一般程序：

（1）阀门在检修之前首先下达任务单，其中包括检修的详细内容，如主修的工作人员，更换零部件清单，材料类型和数量，工期，以及各项技术要求等，充分做好检修的准备工作。

（2）阀门拆除前必须停水、停电，确保检修时的安全，制定相应的安全措施，由专人负责。在拆除阀门前用钢字在阀门上及与阀门相连的法兰上打好检修编号，并记录该阀门的工作介质、工作压力和工作温度，以便修理时选用相应材料。

（3）检修阀门时，要求在干净的环境中进行。首先清理阀门外表面，用压缩空气吹除或用煤油清洗，要记清铭牌及其他标识，检查外表损坏情况，并做记录。接着拆卸阀门各零部件，用煤油清洗（不要用汽油清洗，以免引起火灾），检查零部件损坏情况，并做记录。

（4）对阀体、阀盖进行强度试验。如果为高压阀门，还要进行无损探伤，如超声波探伤、X 光探伤。对密封圈可用红丹粉检验阀座、闸板（阀瓣）的吻合度。检查阀杆是否弯曲、有否腐蚀、螺纹磨损如何，检查阀杆螺母磨损程度。

（5）对检查到的问题进行处理。阀体补焊缺陷；堆焊或更新密封圈；校直或更换阀杆；修理一切应修理的零部件，不能修复者一律更换新件。

（6）重新组装阀门。组装时，垫片、填料要全部更换，重新进行强度试验和密封试验。各项工作完成以后组装阀门。

第三节　阀门常见故障及维修

一、阀门启闭故障

阀门启闭时出现卡阻、不灵活或者不能正常启闭、甚至无法继续启闭，主要是由于阀杆与其他零件卡阻，一般有：

（1）填料压盖偏斜后碰阀杆——处理方法：正确安装。

（2）填料安装不正确或压得过紧——处理方法：填料预紧，适当放松填料。

（3）阀杆与填料压盖咬住——处理方法：更换或返修。

（4）零部件之间咬住或咬伤——处理方法：适当润滑阀杆。

二、阀门部件擦伤、咬伤

阀门密封面擦伤、阀杆光柱部分咬擦伤和阀杆螺纹部分咬伤等。

（1）密封面研磨后有磨粒嵌入密封里未清除干净，造成密封面擦伤；有的阀门使用后，磨粒在介质的冲刷下未排出而粘在密封面上，经阀门开关，造成密封面擦伤——处理方法：合理选用研磨剂，密封面研磨后必须清洗干净。

（2）介质中的脏物或者焊渣未清除干净，造成密封面擦伤——处理方法：

重新清洗干净。

（3）阀杆与填料压套、填料垫碰擦，或者介质中含有硼，介质泄出后会有结晶形成的硬颗粒在填料与阀杆接触表面，阀门开关时拉伤阀杆表面——处理方法：正确安装、调整零部件配合间隙和提高阀杆表面硬度。

（4）梯形螺纹处有沾污脏物，润滑条件差；阀杆和有关零件变形——处理方法：清除脏物，对高温阀门及时涂润滑剂；对变形零件矫正、修理。

三、填料泄漏

1. 填料泄漏原因

（1）填料密封原理。对填料施加的轴向力，使填料产生塑性变形，阀门多个填料安装部位相互交替接触，形成"迷宫效应"，起到阻止压力介质向外泄漏的作用。

（2）填料泄漏除了由于在压力和介质不同的渗透力下填料的接触压力不够外，还有填料本身的老化、阀杆的拉伤等原因。

（3）填料对阀杆产生腐蚀，会出现压力介质沿着填料与阀杆之间的接触间隙向外泄漏，直至从填料处泄漏；另外，操作不当、用力过度会使阀杆弯曲。

（4）填料选用不当，不耐介质腐蚀，不耐高压或真空、高温及低温。

（5）填料超过使用期，老化，失去弹性。

（6）填料安装数量不足。

2. 填料泄漏处理方法

（1）按阀门工况条件选用填料型式和材料。

（2）预紧填料，正确安装和确定填料数量。

（3）阀杆弯曲、表面腐蚀，要进行机械修理或更换。

（4）填料失效，必须及时更换新件。

四、法兰泄漏

（1）阀门的法兰密封连接在接触部位之间，根据设计要求安放密封垫片，连接螺栓所产生的预紧力达到足够的比压，阻止介质向外泄漏。

（2）垫片材料和结构有橡胶垫片、石棉橡胶垫片、石墨垫片、不锈钢和石墨缠绕式垫片、波纹管形金属垫片。垫片密封属于强制密封。

（3）常见的法兰泄漏有以下几种：

① 界面泄漏：密封垫片与法兰端面之间密封不严而发生泄漏，其主要原因为：

a. 密封垫片预紧力不够——处理方法：适当增加预紧力；

b. 法兰密封面粗糙度不符合要求——处理方法：返修；

c. 法兰平面不平整或平面横向有划痕——处理方法：返修；

d. 冷和热变形以及机械振动等——处理方法：改善环境或材料选择；

e. 法兰连接螺栓变形伸长——处理方法：材料选择和不能超过许用扭矩；

f. 密封垫片长期使用发生塑性变形——处理方法：更换；

g. 密封垫片老化、龟裂和变质——处理方法：更换。

② 渗透泄漏：介质在压力的作用下，通过垫片材料缝隙产生泄漏，其主要原因为：

a. 安装密封垫片偏斜，使局部密封比压不足或预紧力过大而失去回弹能力；

b. 法兰连接螺栓松紧不均匀；

c. 两法兰同轴度偏斜（中心线偏移）；

d. 密封垫片选用不对，即没有按工况条件正确选用垫片的材料和型式；

e. 密封垫片材料不合适；

f. 介质的压力不合适；

g. 介质的温度不合适；

h. 密封垫片老化、龟裂和变质。

③ 破坏泄漏：由于安装质量低而产生密封垫片过度压缩或密封比压不足而发生的泄漏，其处理方法：调整安装方法，更换新垫。

五、阀门的使用寿命

由于阀门应用领域广泛，使用介质繁多，腐蚀情况各不相同，因此从国家标准到行业标准均未对阀门的使用寿命作出规定。

从一些资料获悉，国外阀门使用寿命有两种表示方法：一种是使用年限，另一种是开关次数。由于核电站的特殊性，各国对核电用阀门的使用寿命都做了规定：核工业用阀门的使用寿命采用使用年限表示，一般寿命为 30～40 年，美国、德国核电用阀门保证 40 年，英国 30 年，日本 30～40 年。一般阀门使用寿命以开关次数表示，由于使用条件的差别、试验方法不同，开关次数不一定能说明阀门寿命。只有工况条件相同、使用或试验方法也相同，开关次数多或使用时间长才能算使用寿命长。

第八章　阀门流量系数、流阻系数、气蚀系数

第一节　阀门流量系数

在阀门设计工作中经常要进行各式各样的计算,而流量系数、流阻系数是必须要计算的,因为阀门流量系数 C_V 或 K_V 值、流阻系数 ζ 值是衡量阀门流动能力的重要参数。流量系数大小说明了流体通过阀门时其压力损失的大小,流量系数越大,则压力损失越小,阀门的流通能力就越好。国外的阀门制造厂通常把不同类型、不同口径的阀门 C_V 值列入产品样本中。在我国,许多用户要求制造方在样图中说明产品的流量系数 C_V 或 K_V 值。新的 API 6D 规范《管线阀门》中明确规定"制造厂(商)应为买方提供流量系数 K_V 值"。显然,流量系数对管道和阀门设计过程来说是一个非常重要的参数。

阀门的流量系数 C_V 最早是由美国流体控制协会在 1952 年提出的,它的定义是:在通过阀门的压力降为每平方英寸 1 磅力($\mathrm{lbf/in^2}$)的标准条件下,温度为 15.6 ℃的水每分钟流过的美制加仑数(USgal/min)。

阀门的流量系数 C_V 随阀门的尺寸、型式、结构而变化,这些变化最终与阀门前后的压力降有关。

C_V 值的计算公式为:

$$C_V = Q\sqrt{\frac{G}{\Delta p}} \qquad (8-1)$$

式中　Q——流体的体积流量,USgal/min;

　　　Δp——阀门的压力降,$\mathrm{lbf/in^2}$;

　　　G——相对密度(水的密度为 0.036 15 $\mathrm{lb/in^3}$ 时,$G=1$)。

阀门的流量系数 C_V 值取决于阀门的结构,而且必须由阀门自身的实际试验得出的结果来确定。阀门的典型流量系数见表 8-1。

流量系数 C_V 值是英制计量单位,据此人们依据 C_V 值的技术定义制定了公制计量单位的阀门流量系数 K_V 值。K_V 值的定义是:在通过阀门的压力降为 1 巴(bar)的标准条件下,温度为 5~40 ℃的水每小时流过阀门的立方米体积流量($\mathrm{m^3/h}$)。

表 8-1　DN50 阀门的典型流量系数

型　式		C_V
截止阀		40～60
角型截止阀		47
Y 型阀门	阀杆与管道中心线夹角为 45°	72
	阀杆与管道中心线夹角为 60°	65
V 形孔旋塞阀		60～80
蝶阀	蝶板厚度为通道直径的 7%	333
	蝶板厚度为通道直径的 35%	154
常规闸阀		300～310
夹管闸		360
旋启式止回阀		76
隐蔽式止回阀		123
球阀(缩径)		131
球阀(全径)		440

K_V 值的计算公式为：

$$K_V = Q \sqrt{\frac{\rho}{\Delta p \cdot \rho_0}} \tag{8-2}$$

式中　Q——流体的体积流量,$\mathrm{m^3/h}$；

　　　Δp——阀门的压力降,bar；

　　　ρ——水的密度,$\mathrm{kg/m^3}$；

　　　ρ_0——15 ℃时水的密度,$\mathrm{kg/m^3}$。

C_V 与 K_V 的关系实际上就是英制单位与公制单位的换算关系,单位换算如下：

　　　1 美加仑(USgal)＝3.785 41×10^{-3} 立方米(m³)

　　　1 磅力/平方英寸(lbf/in²)＝0.068 947 6 巴(bar)

将上述换算关系对式(8-1)和式(8-2)进行计算后可得出 C_V 和 K_V 的关系式如下：

$$K_V = C_V/1.156$$

第二节　阀门流阻系数

衡量流体经阀门造成压力损失大小的指标就是流阻系数 ζ。ζ 值是表示阀门压力损失的一个无量纲,其值取决于阀门的类型、通径、结构以及体腔形状等因素。

流阻系数可参照《阀门 流量系数和流阻系数试验方法》(GB/T 30832—2014)，对被测试阀门进行试验，依据试验所得数据(主要是压力降 Δp)计算得出。

ζ 的计算公式：

$$\zeta = \frac{2\,000\Delta p}{\rho \cdot v^2} \tag{8-3}$$

式中　Δp——阀门的压力损失，kPa；

　　　ρ——流体密度，kg/m³；

　　　v——流体流速，m/s。

阀门的流阻系数经过制造厂的大量试验和计算分析已成为一个特定的值，可在专业书籍和文献中查到。见表 8-2～表 8-3。

表 8-2　美国 Crane 公司标准阀门流阻系数 ζ 值

阀门	阀门内径表面粗糙度 $Ra/10^{-6}\text{in}$	阀门内径尺寸/in			
		0.5	1	2	4
闸阀	13	0.36	0.3	0.25	0.21
旋启式止回阀	135	3.6	3	2.5	2.1
角阀	145	3.8	3.3	2.7	2.3
截止阀	340	9.5	7.9	6.6	5.7

注：表中的表面粗糙度值可从"中英表面粗糙度对照表"查出。

表 8-3　各类阀门的流阻系数 ζ 值

闸阀		DN	50	80	100	150	200～250	300～400	500～800
		ζ	0.5	0.4	0.2	0.1	0.08	0.07	0.06
截止阀	直通式	DN	15	20	40	80	100	150	200
		ζ	10.8	8	4.9	4	4.1	4.4	4.7
	直角式	DN	25	32	50	65	80	100	150
		ζ	2.8	3	3.3	3.7	3.9	3.8	3.7
	直流式	DN	25	40	50	65	80	100	150
		ζ	1.04	0.85	0.73	0.65	0.6	0.5	0.42
止回阀	升降式	DN	40	50	80	100	150	200	
		ζ	12	10	10	7	6	5.2	
	旋启式	DN	40	100	200	300	500		
		ζ	1.3	1.5	1.9	2.1	2.5		

表 8-3(续)

隔膜阀(堰式)	DN	25	40	50	80	100	150	200
	ζ	2.3	2.4	2.6	2.7	2.8	2.9	2.9
旋塞阀	DN	15	20	25	32	40	65	80
	ζ	0.9	0.4	0.5	1.2	1	1.1	1

注:各类阀门的流阻系数与开度大小、介质流速、管道内壁粗糙度、管道变径及管道的长度等因素都
　　有关系。本表资料只作为参考。

通过对阀门的流量系数(C_V 或 K_V)和流阻系数 ζ 的技术定义进行对比分析,不难得出这样的结论:流量系数和流阻系数是从两个不同的角度(流量和流阻)来描写同一个阀门的流通能力。它们皆是在试验过程中测试阀门的压力降 Δp,然后按不同的公式分别计算得出 C_V 和 ζ 值。

从 C_V 和 ζ 值的计算公式中可以看出阀门的压力降 Δp 是计算 C_V 和 ζ 值必不可少的关键参数。用数值模拟观点分析,压力降 Δp 是 C_V 和 ζ 值计算中相同的"中间参变量",通过 Δp 便可推算出 C_V 和 ζ 值的计算公式。

上面介绍的是比较传统的计算方法,这种方法的计算公式里包含公式,要计算和查找多项参数才能完成运算,工作量相对来说比较大。为了能更方便、快捷地完成计算,笔者在阅读大量的相关文献和资料后得出一个比较简便、易于计算的公式:

$$C_V = \frac{29.9}{\sqrt{\zeta}}D^2 \tag{8-4}$$

式中　C_V——流量系数,USgal/min;

　　　29.9——常数;

　　　ζ——流阻系数;

　　　D——通径,in。

当已知阀门的流阻系数 ζ 值时,就可以通过式(8-4)计算出阀门的流量系数 C_V。这种计算方法是被认可的,计算数据是正确的。

例 8-1　计算通径 4 in 标准闸阀的 C_V 和 K_V 值。

解　查表得出 $\zeta = 0.21$,将 $D = 4$ in 代入式(8-4)得:

$$C_V = 1\ 043\ \text{USgal/min}$$

再代入 $K_V = C_V/1.156$,得:

$$K_V = 903\ \text{m}^3/\text{h}$$

例 8-2　计算 DN200 直通式截止阀的 C_V 和 K_V 值。

解　查表得出 $\zeta=4.7$，将 $D=8$ in 代入式(8-4)得：

$$C_V = 883\ \text{USgal/min}$$

再代入 $K_V=C_V/1.156$，得：

$$K_V = 764\ \text{m}^3/\text{h}$$

由上述公式计算出的结论，其 C_V 值和 K_V 值与标定的专用流量系数试验系统所测数据非常吻合。实践证明这种速算是可行的，而且具有实用价值。这个方法能让我们快速计算出阀门的流量系数。

第三节　阀门气蚀系数

一、气蚀系数的含义和计算

气蚀是指流体在高速流动和压力变化条件下，与流体接触的金属表面上发生洞穴状腐蚀破坏的现象。阀门的气蚀系数是反映阀门气蚀特性的一个指标，不同结构式的阀门有不同的气蚀系数。气蚀系数用 δ 表示，在阀门用作控制流量时用于选择什么样的阀门结构型式。气蚀系数 δ 的计算公式为：

$$\delta = \frac{H_1 + H_2}{\Delta p + v^2/(2g)} \approx \frac{H_1 + 10}{\Delta p} \tag{8-5}$$

式中　H_1——阀后(出口)压力，用 m 标注；

　　　H_2——标准大气压和与其温度相对应的饱和蒸气压力之差，用 m 标注；

　　　Δp——阀门前后的压差，用 m 标注；

　　　v——流体速度，m/s；

　　　g——重力加速度，$g=9.8$ m/s^2。

由于各种阀门构造不同，因此允许的气蚀系数 δ 也不同。如果计算的气蚀系数大于允许的气蚀系数，则说明阀门可用，不会产生气蚀。比如蝶阀允许气蚀系数为 2.5，当 $\delta>2.5$ 时，不会产生气蚀；当 $2.5>\delta>1.5$ 时，会产生轻微气蚀；当 $\delta<1.5$ 时，产生振动；当 $\delta<0.5$ 时，继续使用阀门，则会损伤阀门和下游配管。

从阀门的基本特性曲线和操作特性曲线上看不出阀门在什么时候发生气蚀，更指不出在哪个点上达到操作极限。通过上述计算则一目了然，之所以产生气蚀，是因为液体加速流动过程中通过一段渐缩断面时，部分液体气化，产生的气泡随后在阀后开阔断面炸裂。

二、气蚀产生的原因

(1) 发生噪声。

（2）发生振动（严重时可造成基础和构筑物的破坏，产生疲劳断裂）。

（3）对材料的破坏（对阀体和管道产生侵蚀）。

从上述计算中不难看出，产生气蚀与阀后压力 H_1 有极大关系，加大 H_1 显然会使气蚀情况改变。

三、改善阀门气蚀特性的方法

（1）把阀门安装到管道最低点。

（2）在阀门后管道上加装孔板增大阻力。

（3）阀门出口处开放，直接连蓄水池，使气泡炸裂空间加大，气泡减小。

说明：本章中的阀门流量系数与气蚀系数的计算公式，摘自《美国 ASCO 电磁阀的流量系数与气蚀系数详解》和《力士乐电磁阀阀门的流量系数以及气蚀系数详解》（由上海乾拓贸易有限公司和成都善荣机电设备有限公司提供）。

第九章　阀门执行器

　　阀门执行器是用于开启或关闭阀门的零部件,是切断、节流或调节流量的装置。其类型主要有手动装置(如蜗轮减速机)、气动装置、电动装置、电-液动装置等类型,还有机电组合一体的智能执行器等。气动、电动智能执行器可按程序操作阀门。蜗轮减速机见图 9-1。

图 9-1　蜗轮减速机

第一节　手动执行器

　　手动装置可与气动装置组合使用,有 90°回转和多回转装置两种型式。90°回转装置用于启、闭蝶阀、球阀、偏心半球阀及旋塞阀等,实现手动和气动的组合驱动。多回转手动装置常用于闸阀、截止阀、调节阀等阀门的驱动。

一、主要特点

　　(1) 体积小,重量轻,设计合理,式样新颖。

　　(2) 产品系列化,输出转矩与气动装置、各种阀门匹配。

　　(3) 蜗轮连接内孔有相隔 90°的两个和三个键槽,以便用户根据需要调整装置与阀体的相对位置。

（4）可自由切换手动和气动：提起限位销，旋转偏心装置的规定角度，限位销自动限位，实现气动；反之，实现手动（但不能手、气动同时联动操作）。

（5）产品出厂时，装有专用润滑脂，执行器与阀门装配后，整体密封，防尘、防水。

（6）防护等级为 IP65。

二、技术参数

下面介绍两种产品的技术参数。

产品一：SQDX3 系列减速器是上海禹轩泵阀有限公司的产品，品种多，多级传动大扭矩。SQDX3 型阀门蜗轮减速器技术参数见表 9-1。

表 9-1　SQDX3 型阀门蜗轮减速器技术参数

型号	速比	最大行程	限位调整	输入扭矩 /(N·m)	输出扭矩 /(N·m)	效率 /%
S008	50：1	90°	±5°	110	1 200	21
S0108	71:1	90°	±5°	120	2 000	23.5
S208	68：1	90°	±5°	220	4 475	29.6
S308	275：1	90°	±5°	150	9 800	25
S358	532：1	90°	±5°	145	18 000	25
S408	700：1	90°	±5°	190	32 000	25
S508	1 254：1	90°	±5°	160	60 000	25

使用说明：

（1）SQDX3 系列减速器底面与阀门连接，支架面与气缸连接，阀轴与蜗轮内孔配合穿过，阀轴端四方与气缸方孔配合（工作过程：气动时气缸带动阀轴，离合器脱离，蜗轮同转。手动时蜗杆与蜗轮啮合，带动阀轴转动，气缸活塞亦随动）。

（2）转动手柄（外转规定角度），在合上蜗杆时会出现顶齿现象，需转动手轮至规定角度即可合上。

（3）减速器的支架盖有 3 种，用户可根据需要选用，配置不同型号的气缸。

（4）气动与手动不能同时驱动。

（5）产品配送有使用说明书，防护等级为 IP67。

（6）产品出厂时装有专用润滑脂，与阀装配后，采取整体密封、防尘、防水等保护措施。

产品二:天津二通 MSG/HBC 系列部分回转阀门手动装置，其技术参数见表 9-2。

表 9-2　MSG/HBC 系列部分回转阀门手动装置技术参数

型号	输出扭矩 /(N·m)	速比	允许阀杆直径 /mm	参考质量 /kg	手轮直径 /mm
H0BC	580	71:1	36	35	
MSG-4/H1BC	1 760		47	64	305
MSG-4/H2BC	2 990	280:1	70	80	
MSG-4/H3BC	7 650		95	115	
MSG-6/H4BC	17 300	360:1	105	230	458
MSG-6/H5BC	26 470	390:1	165	380	610

第二节　气动阀门和手动阀门的选型

气动阀门由上下两部分组成:上面是气动执行器,由电磁换向阀控制下面的阀门的气动开关或上下拉动式开关实现关闭或开启阀门。阀门气动执行器分为双作用、单作用。单作用气动执行器属于自动复位型(即弹簧复位型),在失去持续气压后,在弹簧的张力作用下,执行器将带动阀门回复到初设定位置。双作用气动执行器开阀与关阀都需要压缩空气的推力来执行,也就是说,该气动执行器在失气的情况下会保持在某一位置。

气动执行器的电磁阀、限位开关、三联件是气动执行器的附件。电磁阀起换向气源作用,限位开关反馈气动阀门到位信号,三联件起气源过滤减压作用。气动执行器选型还要考虑扭矩,扭矩越大,气缸越大。常用气动执行器有 AT 系列气动执行器(分单、双作用,见图 9-2)、AW 系列气动执行器(分单、双作用,见图 9-3)等,主要用于大扭矩的阀门。另外,还有直行程系列气动执行器等。

选择气动执行器时应考虑输出的扭矩、工况条件(温度、湿度、灰尘)、电压、普通型或防爆型、单控或双控以及操作方式(电脑控制)等多种因素。

AT (GT)系列气动执行器在不同工作压力下输出力矩参数见表 9-3。

图 9-2　AT 系列气动双作用执行器(温州某公司产品)

图 9-3　AW 系列气动双作用执行器(温州某公司产品)

表 9-3　AT(GT)系列气动执行器在不同工作压力下输出力矩参数表

型号	不同气源压力下的输出扭矩/(N·m)					
	0.3 MPa	0.4 MPa	0.5 MPa	0.6 MPa	0.7 MPa	0.8 MPa
AT52	12.7	17	21.2	25.4	29.7	34
AT3	22.5	30	37.5	44.9	52.5	60
AT75	37.1	49.5	61.9	74.2	86.5	99
AT83	48.7	65	81.2	97.4	113	130
AT92	69.8	93	116.3	140	162	186
AT105	104	138.5	173.2	207.8	242	277
AT125	184	245.5	306.8	368	430	490.8
AT140	277	369.5	461.8	554	645	739
AT160	422	563	704	844	985	1 126
AT190	680	907	1 134	1 361	1 587	1 814
AT210	935	1 246	1 558	1 870	2 182	2 493
AT240	1 465	1 954	2 443	2 931	3 420	3 908
AT270	2 061	2 748	3 435	4 122	4 809	5 496

AW 系列气动执行器在不同工作压力下输出力矩参数见表 9-4。

表 9-4　AW 系列气动执行器在不同工作压力下输出力矩参数表

型号	不同气源压力下的输出扭矩/(N·m)				
	0.3 MPa	0.4 MPa	0.5 MPa	0.6 MPa	0.7 MPa
AW13	515	620	770	930	1 080
AW20	2 150	2 870	3 580	4 300	5 020
AW25	3 360	4 480	5 600	6 720	7 850
AW28	5 150	6 860	8 580	10 300	12 020
AW35	10 120	13 500	16 870	20 250	23 620
AW40	13 220	17 630	22 040	26 450	30 860
AW50	22 460	29 950	37 440	44 930	52 420
AW60	47 300	63 070	78 840	94 610	110 380

气动阀门是借助压缩空气驱动的阀门。气动阀门销售商只清楚相关规范、类别、工作压力等数据，在当前市场经济环境中是不完善的。由于气动阀门制造厂家各自均在气动阀统一描绘的构思下进行不一样的创新，构成了各自的企业规范及产品个性，因而用户在购买气动阀门时，要提出详细的技术要求，与厂家取得共识，在气动阀购买合同的附件上必须写清楚各项技术要求。

一、气动阀门的通用要求

气动控制阀是过程控制工业最常用的终端控制元件，如气动阀门中的气动球阀、气动蝶阀等。控制阀是调节流动的流体，以补偿负载波动并使得被控制的过程尽可能地靠近需要的设定点。基于控制阀在工业自动化领域里的重要性，气动阀门的设计及制造工艺必须慎重，必须严格从以下几方面进行控制。

（1）制造的气动阀门规范及类别，应契合管道描绘文件的要求。

（2）气动阀门的型号应注明依据的国标号；若是企业规范，应注明型号的有关说明。

（3）气动阀门的作业压力要求不小于管道的作业压力；气动阀门在封闭状况下的任何一侧应能承受 1.1 倍阀门工作压力值而不渗漏；阀门常开状况下，阀体应能承受 2 倍阀门工作压力的需求，并适应其工矿条件的需求。

二、气动阀门的材料

气动阀门的材料选择要从多方面因素考虑，首先要从安装环境角度选择，大多数气动阀门安装在恶劣环境的工况条件下，如高空、高温、高压差、高流速、有毒有害的气体、磨损、腐蚀性介质等环境中;还要从材料类型、阀的结构、制造工艺等方面进行选择。

1. 阀体、阀盖、阀瓣等的材料

阀体、阀盖、阀瓣等的材料在原则上应与管道材料相同。

(1)金属材料。通常使用的金属材料有以下几种:

① 碳素钢。用于非腐蚀介质,主体材料按照《通用阀门 碳素钢铸件技术条件》(GB/T 12229—2005)的规定,应选用碳素钢 WCA、WCB、WCC。为保证主体材料的化学成分和力学性能,适用温度范围执行《工业用阀门材料 选用导册》(JB/T 5300—2008)规定的 -30～450 ℃;适用工作压力按照《管道部件用碳素钢锻件》(ASTM A105/A105M)标准,PN16～PN32,牌号 35、40 锻钢。

② 不锈钢。用于腐蚀介质(在规定浓度和温度范围内),主体材料按照《通用阀门 不锈钢铸件技术条件》(GB/T 12230—2008)规定,应选用不锈钢铸件 CF3、CF8、CF3M、CF8M 或不锈钢锻件 304、316、304L、316L 等。选用时可参照本书第三章第一节表 3-2～表 3-5、第六章第二节内容的规定。

③ 合金钢。牌号 WC6、WC9 等,适用于 -29～595 ℃的非腐蚀性介质的阀门;牌号 C5、C12,适用于 -29～650 ℃的腐蚀性介质的高压、高温阀门。

(2)非金属材料。常用的有橡胶、塑料、陶瓷等,用于腐蚀介质。适用于压力不大于 1.6 MP、温度小于 60 ℃的耐腐蚀介质阀门的密封面或衬里。

2. 阀杆材料

阀杆材料力求采用不锈钢(20Cr13)、合金钢,大口径阀门可以用不锈钢嵌包的阀杆。阀杆衬套材料的硬度与强度均应不大于阀杆,且在水浸泡状况下与阀杆、阀体不构成电化学腐蚀。

3. 螺母材料

螺母材料选用铸铝黄铜或铸铝青铜,且硬度与强度均大于阀杆。

4. 密封面的材料

气动阀门类别繁多,密封方法及材料需求也比较繁杂。

(1)一般楔式闸阀,常用铜质材料钎焊或固定方法、研磨方法均应说明;

(2)软密封闸阀,阀板衬胶材料的物理、化学性质及卫生检测数据应说明;

(3)阀体上应标明密封面材料及阀板上密封面材料;密封面材料的物理、化学性质检测数据,特别是橡胶的卫生需求、抗老化功用、耐磨性能应说明;通常选用丁腈橡胶及三元乙丙橡胶等,严禁掺用再生胶。

5. 阀轴填料

(1)管网中的气动阀通常是启闭不频繁的,要求阀轴填料在数年内不活动、不老化,长期保持密封作用。

（2）阀轴填料应在承受频繁启闭时，保持密封作用的良好性。

（3）阀轴填料力求终生不换或10多年不更换。

（4）气动阀若需更换填料，应采取在有水压的情况下更换的相应措施。

三、气动阀门变速传动箱（包括气动单用和手-气动一体）

（1）箱体原料及内外防腐需求与阀体原则上共同。

（2）箱体应有密封措施，箱体组装后能接受3 m水柱状况的浸泡。

（3）箱体上的启闭限位装置的调理螺钉应设在箱体内或箱体外，但需专用工具才可作业。

（4）传动布局设计合理，启闭时只能驱动阀轴旋转，不使其上下窜动，传动部件咬合适度，不发生带负荷启闭时分离打滑状况。

（5）变速传动箱体与阀轴密封处的连接不得有泄漏的液体，应设计有可靠的防串漏措施。

（6）箱体内无杂物，齿轮咬合部位应有足够的润滑脂维护。

四、气动阀门的操作组织

（1）气动阀门操作时的启闭方向，一律应顺时针封闭。

（2）气动阀门的操作方法，应严格执行使用说明的规定。

（3）气动阀门操作轴端应做成方樺，且尺寸规范化，面向地面上方，以便人们在地面上直接操作。带轮盘的阀门不适用地下管网。

（4）气动阀门启闭程度的显示盘：

① 气动阀门启闭程度的刻度线，应铸造在变速箱盖上或转换方向后的显示盘的外壳上，一律面向地面上方，刻度线刷上荧光粉，以示醒目；

② 指示盘针的材料在管理较好的情况下可用不锈钢板，否则为刷漆的普通钢板，切勿用铝皮制作；

③ 指示盘针醒目，固定牢靠，启闭开度调整准确后，应以铆钉锁定；

④ 若气动阀埋设较深，操作机构及显示盘离地面上距离大于1.5 m，应设有加长杆设施，且固定稳定牢靠，以便人们从地面上观察和操作。也就是说，管网中的阀门启闭操作不宜井下作业。

五、气动阀门的功能检测

（1）阀门根据某一规范批量制造时，应委托权威性机构进行以下功能检测：

① 阀门在工作压力状况下的启闭力矩；

② 在工作压力状况下能保证阀门封闭严密的连续启闭次数；

③ 阀门在管道输水状况下的流量系数和流阻系数。

（2）阀门在出厂前应进行以下检测：

① 阀门在常开状况下,阀体应能承受阀门工作压力值 2 倍的内压检测；

② 阀门在封闭状况下,两边分别承受 1.1 倍阀门工作压力值,无渗漏；但金属密封的阀门,渗漏量亦不大于有关需求。

六、气动阀门的内外防腐

（1）阀体（包括变速传动箱体）内外,首先应进行清除毛刺、污物、锈蚀及刷防锈漆等处理,力求静电喷涂粉状无毒环氧树脂,厚度达 0.3 mm 以上。特大型阀门静电喷涂无毒环氧树脂有困难时,亦应刷涂、喷涂相似的无毒环氧漆。

（2）阀体内部以及阀板各个部位要求全面防腐。一方面浸泡在水中不会锈蚀,在两种金属之间不发生电化学腐蚀；另一方面表面光滑使过水阻力减少。

（3）阀体内防腐的环氧树脂或油漆的卫生要求,应有相应权威机构的检测报告,其物理、化学功用亦应契合有关需求。

七、气动阀门的包装运输

（1）阀门两边应设轻质堵板固封。

（2）中、小口径阀门应以草绳捆扎,并以集装箱方式运输为宜。

（3）大口径阀门也有简易木条框架固位包装,避免运输过程中碰损。

八、气动阀门的说明书

气动阀门是设备,在出厂说明书中应标明以下有关数据：阀门规范；型号；作业压力；制造规范；阀体原料；阀杆原料；密封原料；阀轴填料原料；阀杆轴套原料；内外防腐原料；操作发动方向；转数；工作压力状况下启闭力矩；制造厂厂名；出厂日期；出厂编号；重量；衔接法兰盘的孔径、孔数、中心孔距；以图示方法标明全体长、宽、高的操控尺度；阀门流阻系数；有效启闭次数；阀门出厂检测的有关数据及装置、维护的注意事项等。

九、气动阀门的类型

（1）气动 V 形调理球阀。

（2）扭矩式气动蝶阀。

（3）气动偏心半球阀。

（4）扭矩式气动球阀。

（5）气动隔膜阀。

（6）气动直行程闸阀。

（7）气动直行程截止阀。

（8）电动阀门。

第三节　电动执行机构的选用

电动执行机构又名电动头，其种类很多，如角行程、直行程、多回转等。电动执行机构的型号，制造厂家各有规定，品种繁多，通常按产品使用说明书选用。电动执行机构见图9-4。

图 9-4　电动执行机构

在管道工程中，当所选阀门确定之后，选配电动执行机构是确保电动阀门安全、正常工作的保证条件之一。如果电动执行机构选择不当，不仅会影响阀门使用，而且还会带来严重的不良后果和经济损失。通常可以从下述几个方面考虑选配电动执行机构。

一、工作环境

SMC系列电动执行机构适用于下列比较典型的工作环境：

（1）户外露天安装，有风、沙、雨、雪、霜、阳光、昼夜温差大、粉尘等环境影响。当然，户内安装使用更能适用。

（2）湿热带、干热带地区环境，相对湿度不大于90%（25 ℃时），环境温度$-30\sim60$ ℃。

（3）盐雾、霉菌、潮湿的工作环境，如船坞码头、远洋或内河船舶等。

（4）含有腐蚀性气体的工作环境，如化工厂等。

（5）具有剧烈振动的场合，如蒸汽管道、船舶等。

（6）防护等级 IP65～IP67 级。

二、行程控制要求

SMC 系列电动执行机构可根据管道工程系统的需要选取适合的控制回路。该产品采用大容量包银触点直接式开关，不采用微动开关控制；分散故障电源，行程复位精度高，集中控制以及远程控制系统安全性、稳定性好。另外，还可根据用户特殊需要按说明定制控制行程系统。

三、输出力矩

由于阀门种类繁多，即使相同规格型号的阀门，由于生产厂家制造水平、结构形式、材质选取等的不同，其扭矩值各有不同。所以当阀门选定后，应与制造厂家确认阀门开启、关闭的最大力矩值。

在实际使用中，往往因为系统的压力波动、介质类型、现场环境、工作特性等因素，导致阀门开启或关闭扭矩有很大变化。为确保执行机构稳定、可靠地工作，必须在选型上留有适当余量。介质为水、油品、空气时，建议在选型时留有 1.1～1.3 倍的余量系数，即：余量系数＝执行机构输出扭矩/阀门带压测试扭矩≥1.1～1.3。介质为泥浆、矿浆、颗粒、粉尘时，选择电动执行机构的力矩约≥1.3～1.5 倍的阀门操作力矩（经验值）。

电动执行机构的输出力矩有如下两个：

（1）启动力矩。根据《工业过程控制系统用普通型及智能型电动执行机构》(JB/T 8219—2016)要求，启动力矩为电动执行机构在－15％额定电压下静态启动的力矩值。通常将启动力矩作为执行机构的铭牌力矩，以确保执行机构在极限情况下能顺利驱动阀门。

（2）最大力矩。执行机构在额定电压下动态工作被旋转时所能产生的最大力矩值。最大力矩实际上反映的是执行机构在工作过程中的短时过载能力。

SMC 系列电动执行机构的铭牌力矩即－15％额定电压下的静态启动力矩值，最大力矩为启动力矩的 1.3～1.8 倍。

☞举例一

JSRA 3000 电动二通阀执行器

中国红峰阀门有限公司小规格的各系列阀门，以交流单相 24 VAC 或 220 VAC 为电源，可接受控制信号为比例三浮点（双开关量）、比例调节模拟量(0～10 VDC，4～20 mADC)及浮点电压反馈等各种控制器的控制。根据调节阀口径及关断压差选择驱动力，同时还可以与其他厂家的调节阀阀体相互匹配。执行器设计有伺服系统（电子定位器），只需直接接入 4～20 mADC、

0～10 VDC 或自行预设的直流控制信号即可工作。

一、JSRA 3000 电动二通阀执行器的特点

(1) 选用合金铸铝支架,强度高、重量轻。

(2) 调整简单,便于操作。

(3) 定位准确。

(4) 同步电机,低功耗。

(5) 高关断输出压力。

(6) 多种输入控制信号选择,可通过状态选择开关选择标准(4～20 mADC、0～10 VDC)或非标准(自行设置)控制信号。

(7) 正反作用可选。

(8) 具备自适应功能,一键设定不同口径、不同行程阀门的零位和满位。

(9) 用状态选择开关可以设定切断信号时,阀芯处于全开、全闭或保持状态。

(10) 分辨率高,并可通过按键设置,最高可达到 0.4% 的控制精度。

(11) 三重保护功能,通过机械、电路及软件均能起到保护作用,避免对执行器本身的伤害。

(12) 具有机械手动和电子手动功能,可使操作更方便。

(13) 过载报警,当发生过载倒转时,定位器指示灯会立即闪烁并发出无源接点信号报警。

二、JSRA 3000 电动二通阀执行器的基本型号及规格

JSRA 3000 电动二通阀执行器基本型号及规格见表 9-5。

表 9-5　JSRA 3000 电动二通阀执行器基本型号及规格(部分数据)

基本型号	推力 /kN	速度 /(mm/s)	最大行程 /mm	输入信号	电源
JSRA 3000	1.8	0.32	52	三浮点	24 VAC/220 VAC
JSRA 3000	1.8	0.32	52	4～20 mADC、0～10 VDC	24 VAC/220 VAC
JSRA 3000	3.0	0.32	52	三浮点	24 VAC/220 VAC
JSRA 3000	3.0	0.32	52	4～20 mADC、0～10 VDC	24 VAC/220 VAC

三、JSRA 3000 电动二通阀执行器的主要技术参数

(1) 电源:24 VAC±10% 或 220 VAC±10%,50 Hz。

(2) 耗电功率(额定负载叫):小于 25 VA。

(3) 输入信号:三浮点或 4～20 mADC,0～10 VDC 或非标准自定义信号。

（4）输出信号：4～20 mADC（负载电阻 500 Ω 以下）、0～10 VDC，位置无源接点可选。

（5）控制精度：基本误差±0.4%；死区可选≤3%。

（6）外部配线：输入、输出信号应采用屏蔽电缆。220 VAC 电源线不得与信号线共用一根电缆。电源电缆：3 芯，$S=1.5$ mm²；信号电缆：3 芯，$S=1.5$ mm²；电缆入口：2-PF(PG9)。

（7）环境条件：−5～50 ℃；90%RH，不结露；无腐蚀性气体；机械振动小于 1 g。

（8）防护等级：IP54。

☞举例二

SMC/HBC 电动执行器

天津百利二通机械有限公司 SMC/HBC 系列部分回转阀门电动装置产品，其技术参数见表 9-6。

表 9-6 SMC/HBC 系列部分回转阀门电动装置技术参数

产品型号	输出转矩/(N·m)	输出转速/(r/min)	电机功率/kW	运行90°时间/s	参考质量/kg
SMC-04/H0BC	330		0.12		74
	560		0.20		
SMC-03/H1BC	1 690	1.00	0.40	15	120
SMC-03/H2BC	2 530		0.60		140
SMC-00/H3BC	4 310		1.10	30	220
	6 890		1.50		
	6 270	0.50	1.10		
SMC-00/H4BC	2 450	1.8	1.10	8.5	350
	3 920		1.50		
	5 710	0.50	1.10	30	
	9 140		1.10		

四、常见故障维修

在现代工业的连续生产中，电动头受工作温度、压力、震动等因素的影响，易出现渗漏、泄漏等问题。传统维修方法是打卡具或焊补等，但具有很大的局限性，且受工作环境安全要求的限制，有的渗漏无法现场解决。当代西方国家针对上述问题多采用高分子复合材料的方法,其中应用最为成熟的是美嘉华技术体系,其材料具有优异的吸油性能及抗腐蚀性能,在治理电动头渗漏的故障中应用十分频繁,不仅可以停车堵漏、密封,而且可以在不影响生产的前提下在线待机治理渗漏部位,达到重新密封的目的,经济效益显著。

五、选用须知

1. 输出力矩

阀门启闭所需的扭矩决定着电动执行器选择多大的输出扭矩,一般由使用者提出或阀门生产厂家自行选配,作为执行器生产厂家只对执行器的输出扭矩负责。阀门正常启闭所需的扭矩由阀门口径大小、工作压力等因素决定,但因不同阀门生产厂家加工精度、装配工艺有所区别,所以其生产的同规格阀门所需扭矩也有所区别,即使是同一阀门生产厂家生产的同规格阀门,其扭矩也有所差别。选型时如果执行器的扭矩选择太小,就会造成无法正常启闭阀门,因此电动执行器必须选择一个合理的扭矩范围。

2. 确定电气参数

由于不同执行器生产厂家的电气参数有所差别,所以设计选型时一般需要确定其电气参数,主要有电机功率、额定电流、二次控制回路电压等。在这方面的疏忽往往会造成控制系统与电动执行器参数不匹配,出现工作时空开跳闸、保险丝熔断、热过载继电器保护起跳等故障现象。

3. 使用环境

使用环境的情况对电动头的功能也将起到决定性作用。例如,是否需要防爆,是否需要远程控制,是否需要信号反馈或液晶显示等多项要求,都将决定电动头的功能类型选择。

六、电动头的安装

电动头可以水平安装也可以垂直安装,电动头所含的电机不可向下,应便于接线、调试和手动操作,同时常开和常闭电不允许施加不同电源。

(1) 与阀门连接的牙嵌轴向间隙不小于 1～2 mm。

(2) 安装时必须经过专业人员指导进行调试,检查无误、合格后才能投入使用,并且要严格遵照产品使用说书操作。

第十章　典型阀门设计、计算范例

第一节　偏心半球阀的创新设计、计算

偏心半球阀的结构与球阀的结构是不同的两种结构型式。采用球阀的计算公式和方法计算偏心半球阀的各项参数显然是不妥当、不完善的。偏心半球阀的结构，就是圆偏心变形楔闸紧机构原理的变种。笔者应用这一原理，历经多年数十次反复探索、论证，利用技术移植的计算方法（即圆偏心变形楔闸紧机构原理的计算公式），对不同口径、压力和多种规格的偏心半球阀的参数进行计算和校核，数据准确无误，实现了快速计算偏心半球阀闸紧力矩等技术参数的目的。在这一点上可以说是取得了创新性的突破。

这一成果是笔者数十年的坚持实践、反复论证、再实践的结晶。创新的快速计算偏心半球阀技术参数的方法，适用于不同口径（大、中、小口径）、不同工作压力（高、中、低压等）的各种规格的偏心半球阀的设计、计算。在十多年里，已经设计制造了 DN40～DN2200、PN6～PN100 偏心半球阀系列产品，市场销售量稳步攀升，其中大型偏心半球阀 DN2000、PN6 多用于污水处理管网，产品的安全性、可靠性及流量系数、流阻系数等参数经过型式试验检测部门检验，各项技术指标均符合《偏心半球阀》(GB/T 26146—2010)的规定。实践证明，创新的快速计算方法简便易行、准确可靠，其中力矩计算公式也适用于多偏心双半球阀，经得起长时间的检验，同时也节约了大量的设计时间。下面将相关计算公式和计算方法加以介绍。

一、偏心半球阀设计的理论依据

偏心半球阀设计的理论依据就是将圆偏心变形楔闸紧机构原理应用于阀门的结构，设计偏心闸紧机构，遵循偏心机构的三项技术要求，同时要满足其使用条件：① 自锁条件；② 闸紧力；③ 适当的闸紧位置。

以下依据《机床夹具设计》中"偏心夹紧机构"部分计算。

1. 自锁条件

如图 10-1 所示，斜面机构的自锁是由螺旋升角 α 小于偏心轮与底面、偏心轴与孔壁间的摩擦角 φ_1、φ_2 之和，即

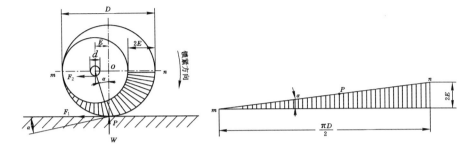

图 10-1

$$\alpha \leqslant \psi_1 + \psi_2$$

在图 10-1 中，自锁条件下的力矩平衡方程：

$$W \cdot E \leqslant F_1 \frac{D}{2} + F_2 \frac{d}{2} = W \left(\mu_1 \frac{D}{2} + \mu_2 \frac{d}{2} \right) \tag{10-1}$$

式中　W——偏心轮受底面反作用力，即闸紧力，N；

F_1，F_2——偏心轮与底面、偏心轴与孔壁间的摩擦力，N；

E——偏心轮中心的偏心量，mm；

D，d——偏心轮与偏心轴的直径，mm；

μ_1，μ_2——摩擦系数。

令摩擦系数 $\mu_1 = 0.1$，且忽略偏心轴与孔壁间的摩擦力矩，取 $\mu_2 = 0$，式（10-1）化简为：

$$E \leqslant \frac{D}{20}$$

实际应用中，考虑到系统中各部位的摩擦及阀座环口的非平面因素，取 $\mu_1 = 0.15$，可以满足：

$$E \leqslant \frac{D}{14}$$

自锁条件为：偏心球体直径 D、偏心量 E 等参数均能满足上述条件，在相关尺寸设计中保证了阀门的自锁功能，在启闭阀门时，不会自行松开，并且安全可靠。

2. 足够的闸紧力

按照偏心机构就是单面楔形的斜面环绕在转轴上，形成阀座与球面相似于螺旋机构的原理，如图 10-2 所示。下面分析其作用力。

回转力矩 M 绕转轴 O 点的作用力传至阻力点 P 处时所产生的力矩，即 P 点的受力 Q 与距离 ρ 形成力矩方程：

$$M = Q \cdot \rho \tag{10-2}$$

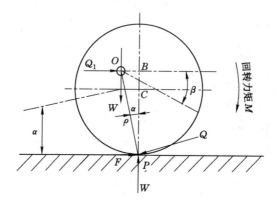

图 10-2

作用力 Q、O 点的反作用力 Q_1 及摩擦力 F 之间形成平衡状态,略去 α 角,Q 视作水平方向力的平衡方程式:

$$Q = Q_1 + F = W \cdot \tan(\alpha + \psi_2) + W \cdot \tan\psi_1 \tag{10-3}$$

将式(10-3)代入式(10-2),化简后得:

$$W = \frac{M}{\rho[\tan(\alpha + \psi_2) + \tan\psi_1]} \tag{10-4}$$

式中,斜角 α、摩擦角 ψ_1、ψ_2 都很小,设摩擦角 $\psi = \psi_1 = \psi_2$,且

$$\tan(\alpha + \psi_2) = \tan\alpha + \tan\psi_2 = \tan\alpha + \tan\psi$$

代入式(10-4)得:

$$W = \frac{M}{\rho(\tan\alpha + 2\tan\psi)}$$

式中　W——闸紧力,N;

　　　α——接触点 P 处螺旋升角,(°);

　　　ψ,ψ_1,ψ_2——摩擦角,(°);

　　　ρ——转轴中心 O 点至阻力点 P(接触点)的距离,mm。

按图 10-2 计算,得到偏心点 P 处的曲率半径方程式:

$$\rho = \frac{D/2 + E\sin\beta}{\cos\alpha}$$

$$\tan\alpha = \frac{E}{D/2 + \sin\beta}$$

按图 10-1 所示,上式近似计算可化简为:

$$\rho = \frac{D/2}{\cos\alpha}$$

$$\tan\alpha = \frac{2E}{D}$$

圆偏心的闸紧力 W,比直接作用的斜面螺旋闸紧力略小,实际计算中,在额定的回转力矩 M 作用下,足以达到中低压阀门的闸紧力和密封比压,乃至高压阀门的闸紧力和密封比压。

3. 适当的闸紧距离

实际上,偏心闸紧机构起闸紧作用的只是图 10-1 中 $\pi D/2$ 展开线段上靠近 P 点的很短一小段距离,展开图是近似于楔形的曲线,其斜面升角 α 也是变化的,在实际设计中将偏心闸紧最合理点 P 左右 $3\sim5$ mm 范围内作为工作线段(距离),就足够补偿了。

偏心距的选择应使偏心球面曲线处于等速螺线——阿基米德螺线的近似曲线,使得当偏心闸紧位置移动时,球面两侧接触点不等的曲率半径 ρ 仍能各自等量前移,与固定的密封阀座保持压紧状态,不会失去阀门的密封性能,即所谓的自行补偿性能。

上述速算方法尚属国内首创,是半球阀设计、计算方法的创新应用,也是新技术与工作实践相结合的新成果。

二、偏心半球阀设计、计算范例

1. 阀门设计参数项目——新型偏心半球阀

(1) 公称直径:NPS 6″(对应 DN150)。

(2) 公称压力:CL150(对应 PN20),为了计算方便,可换算为公制单位。

(3) 最小流道直径:$D_{MN}=112.5$ mm(API Spec 6D;GB/T 26146—2010)。

(4) 工作介质:水、油品、天然气等。

(5) 工作温度:$-299\sim425$ ℃时,阀体材料许用应力 120.69 MPa(参见《阀门设计手册》)。

(6) 引用标准:美国 API 6D,ASME B16.34;中国 GB/T 21385—2008,GB/T 26146—2010,GB/T 12237—2021,GB/T 12234—2007,GB/T 12221—2005。

(7) 驱动方式:手动蜗轮箱驱动。

(8) 结构长度:$L=267$ mm(API Spec 6D;GB/T 12221—2005)。

(9) 法兰:突面整体钢制管法兰(ASME B16.5)。

2. 阀门参数的计算

(1) 径向偏心距 E。

按公式计算:$E\approx D_{MN}/15\sim D_{MN}/20\approx7.5\sim5.625$ mm,选取 $E=6$ mm;

也可根据公式 $\tan\alpha=\dfrac{E}{SR}$ 得:

$$E=\tan\alpha\cdot SR$$

式中　E——阀芯与阀体的偏心量,mm;

　　　SR——阀芯的球面半径,mm;

　　　α——圆偏心的螺旋升角,(°)。

(2) 球台高度 H' 和球冠直径 D_1。

球台高度 H' 根据球冠直径大小、压力高低,按照经验选取,通常设计给定。

$$H' = E + D_{MN}/2 + h = 6 + 112.5/2 + 8 = 70.25(\text{mm})$$

式中,h 为球冠直径补偿量,取 $h = 8$ mm(设计给定)。

球冠直径 $D_1 = D_{MN} + 15 = 127.5$ (mm),取 $D_1 = 127$ mm。

(3) 密封面大直径 D_{MW} 和阀座外径 D_{JH}。

$$D_{MW} = D_{MN} + 2b_m = 112.5 + 2 \times 1.5 = 115.5 \ (\text{mm})$$

式中,设计给定阀座密封面宽度 $b_m = 1.5$ mm。

根据经验公式,阀座外径 $D_{JH} = 127$ mm。

(4) 密封面小直径(即流道直径)$D_{MN} = 112.5$ mm。

(5) 密封面平均直径 $D_{CP} = 113$ mm。

(6) 轴向偏心距 H。

$$H = \sqrt{[SR^2 - (D_{MW}/2)^2]} = \sqrt{[93^2 - (115.5/2)^2]} = 72.9 \ (\text{mm})$$

(7) 阀芯的球面半径 SR。

$$SR = \sqrt{(D_{MW}/2)^2 + H^2} = 93 \ \text{mm}$$

(8) 密封面宽度 b_m。

设计给定 $b_m = 1.5$ mm。

(9) 密封角度 α。

$$\tan \alpha = E/SR = 6/93 = 0.064 \ 5$$

$$\alpha = 3.69° (\text{自锁})$$

(10) 球形阀体内腔直径 D。

$$R = \sqrt{(D_1/2 + E)^2 + H^2} = \sqrt{(127/2 + 6)^2 + 72.9^2} = 101 \ (\text{mm})$$

$$D = 2R = 101 \times 2 = 202 \ (\text{mm})$$

为确保阀芯球体转动有足够的间隙,故取阀体内腔直径 $D = 218$ mm。

(11) 球形阀体的计算壁厚 S_B。

参见《实用阀门设计手册》,对于钢制高压阀体壁厚,一般按厚壁容器公式计算:

$$S_B = \frac{D_N}{2}(K_O - 1) + C$$

式中　D_N——阀体内腔最大直径,mm;

K_O——阀体外径与内径之比,计算公式为:$K_O = \sqrt{[\sigma]/([\sigma] - \sqrt{3}\,p)}$;

p——设计压力,取 $p = 2.0$ MPa;

$[\sigma]$——材料的许用应力,取 σ_b/n_b 和 σ_s/n_s 两者的较小值,MPa。

阀体材料选 WCB(美国标准 ASTM A216M),则

$$\sigma_b = 482.8 \text{ MPa}, \sigma_s = 248.3 \text{ MPa}$$

$$\sigma_b/n_b = 482.8/4.25 = 113.6 \ (\text{MPa})$$

$$\sigma_s/n_s = 248.3/2.3 = 107.96 \ (\text{MPa})$$

式中,σ_b 和 σ_s 分别为常温下 WCB 的强度极限和屈服极限,MPa;n_b 和 n_s 分别为以 σ_b 为强度值指标的安全系数和以 σ_s 为强度值指标的安全系数,取 $n_b = 4.25, n_s = 2.3$。

因为 $\sigma_b/n_b > \sigma_s/n_s$,所以取 $[\sigma] = 107.96$ MPa。K_O 计算如下:

$$K_O = \sqrt{[\sigma]/([\sigma] - \sqrt{3}\,p)} = \sqrt{107.96/(107.96 - \sqrt{3} \times 2.0)} = 1.016\,4$$

$$S_B = \frac{218}{2}(1.016\,4 - 1) + C = 1.788 + C \ (\text{mm})$$

式中,C 为附加裕量,取 $C = 5$ mm。所以

$$S_B = 1.788 + 5 = 6.788 \ (\text{mm})$$

采用美国 API 600 阀体计算最小壁厚方法进行校核(参见《阀门设计手册》第 361 页):

$$t = 1.5k_1 \cdot \text{DN} \cdot \frac{\text{PN}}{10} \Big/ \Big[(2S - 1.2k_1) \cdot \frac{\text{PN}}{10}\Big]$$

式中　t——阀体计算最小壁厚(未考虑附加裕量),mm;

　　　DN——公称尺寸;

　　　PN——公称压力;

　　　k_1——壁厚系数,$k_1 = 1.3$;

　　　S——阀体材料的许用应力,取 $S = 118$ MPa。

$$t = 1.5 \times 1.3 \times 150 \times 2.0/[(2 \times 118 - 1.2 \times 1.3) \times 2.0] = 1.25 \ (\text{mm})$$

API 600 阀体计算最小壁厚表中所列出的尺寸,是按此公式的计算值再增加附加裕量 6.3 mm 列出的。

综合考虑阀体壁厚取 $S_B = 12$ mm。

(12) 计算比压 q 和必需比压 q_{MF}。

密封面的必需比压<计算比压<许用比压,即 $q_{MF} < q < [q]$。

$$q = \frac{Q_{MZ}}{\pi(D_{MN} + b_m)b_m}$$

$$q_{MF} = (3.5 + \frac{\text{PN}}{10}) \Big/ \sqrt{b_m/10}$$

式中 q——密封面的计算比压,MPa;

　　　q_{MF}——密封面的必需比压,MPa;

　　　$[q]$——密封面的许用比压,MPa;

　　　Q_{MZ}——密封面上的总作用力,N。

　3. 阀门总密封力

（1）阀座密封副间摩擦力矩 M_{QF}。

$$M_{QF} = Q_{MZ} \cdot SR \cdot (\tan \alpha + 2\tan \psi)$$

其中:

$$\tan \alpha = E/SR = 0.064\ 5, \alpha = 3.69°$$

$$\tan \psi \approx 0.1, \psi = 5.715°$$

（2）阀门密封副的密封力 Q_{MF}。

$$Q_{MF} = \pi/4 \cdot D_1^2 \cdot p = \pi/4 \times 127^2 \times 2.0 = 25\ 335\ (\text{N})$$

（3）阀轴填料的密封力 Q_T。

$$Q_T = 2\ 111\ \text{N}$$

（4）轴承的密封摩擦力 Q_C。

已知:后轴承尺寸 $\phi 40$ mm、长度 28 mm;阀轴承尺寸 $\phi 42$ mm、长度 50 mm;不锈钢轴衬与钢的摩擦系数 $\mu = 0.15$,可得:

后轴承的摩擦力 $= \pi/4 \times 40 \times 28 \times 2.0 \times 0.15 = 1\ 056(\text{N})$

阀轴承的摩擦力 $= \pi/4 \times 42 \times 50 \times 2.0 \times 0.15 = 1\ 979(\text{N})$

阀芯的重力 $= 3\ 850$ N(由有限元软件计算得到)

则

$$Q_C = 1\ 056 + 1\ 979 + 3\ 850 = 6\ 885(\text{N})$$

（5）阀门总密封力 Q_{MZ}。

$$Q_{MZ} = Q_{MF} + Q_T + Q_C = 25\ 335 + 2\ 111 + 6\ 885 = 34\ 331\ (\text{N})$$

阀座与阀芯球面之间的摩擦力矩(阀门启闭力矩)M_F 计算公式:

$$M_F = Q_{MZ} \cdot SR \cdot (\tan \alpha + 2\tan \psi)/2$$
$$= [34\ 331 \times 93 \times (0.064\ 5 + 2 \times 0.1)/1\ 000]/2$$
$$= 422\ (\text{N} \cdot \text{m})$$

说明:阀门只有一个密封副,所以计算的总摩擦力矩要除以 2,才是偏心半球阀的启闭力矩。

阀门启闭力矩可作为选择手动机构力矩的参数,即

$$M_F = 422 \times 1.3 = 549\ (\text{N} \cdot \text{m})$$

偏心半球阀选择电动机构力矩时,启闭力矩 $\times 1.5$;选择气动机构力矩时,启闭力矩 $\times 1.5 \sim 1.8$(矿浆工况)。

4. 阀轴的扭转剪切应力校核

$$\tau = M_F/\omega \leqslant [\tau_N]$$

式中 ω——断面抗扭系数，$\omega = 0.2d_F^3 = 10\,974.4\ \text{mm}^3$；

d_F——轴径，$d_F = 38\ \text{mm}$。

将数据代入上式得：

$$\tau = 422\,000/10\,974.4 = 38.5\ (\text{MPa})$$

阀杆材料为 20Cr13，温度在 425 ℃时，$[\tau_N] = 110\ \text{MPa}$，即 38.5 MPa≤ 110 MPa，符合设计要求。

5. 阀轴花键的挤压强度校核

参见《机械设计手册》（成大先主编），校核如下：

选用花键规格：8×38×42×7；

阀杆力矩 $M_F \approx 549\ \text{N·m}$；

各齿不均衡系数 $\psi = 0.8$；

花键齿数 $Z = 8$；

倒角尺寸 $C = 0.3$；

齿的工作高度 $h = (D-d)/2 - 2C = 2.6\ \text{mm}$；

齿的工作配合长度 $l = 28\ \text{mm}$；

齿的平均直径 $D_M = (D+d)/2 = 38\ \text{mm}$；

齿面经热处理，许用压强 $[p_{PP}] = 100 \sim 140\ \text{MPa}$。

$$p = 2M_F/(\psi \cdot Z \cdot h \cdot l \cdot D_M) \leqslant [p_{PP}]$$
$$= 2 \times 549\,000/(0.8 \times 8 \times 2.6 \times 28 \times 38) \approx 62\ (\text{MPa})$$
$$p = 62\ \text{MPa} < [p_{PP}] = 100 \sim 140\ \text{MPa}$$

即符合设计要求。

6. 阀轴平键连接的许用压应力校核

平键的材料：20Cr13（ASTM A29/A29M），采用双键连接 2-12×8×75；

阀杆材料：20Cr13，经调质处理。

（1）平键连接的许用压应力验算。

参见《机械设计手册》（成大先主编），计算公式如下：

$$p = 2M_F/(d_F \cdot k \cdot l) \leqslant [\sigma_w]$$

式中 d_F——轴的直径，$d_F = 40\ \text{mm}$；

k——平键与轮毂的接触高度，$k = h/2 = 4\ \text{mm}$；

l——平键的工作长度，$l = L - b = 63\ \text{mm}$；

$[\sigma_w]$——平键连接的许用压应力，$[\sigma_w] - 125 \sim 150\ \text{MPa}$。

将数据代入上式得：

$$p = 2 \times 549\,000/(40 \times 4 \times 63) = 109\ (\text{MPa})$$

$$p = 109 \text{ MPa} \leqslant [\sigma_{\text{w}}] = 125 \sim 150 \text{ MPa}$$

即 1 个平键可满足设计要求。

（2）平键连接的剪切应力校核。

$$\tau = 2M_{\text{F}}/(d_{\text{F}} \cdot b \cdot l) \leqslant [\tau_{\text{P}}]$$

式中　b——平键的宽度，$b = 12$ mm；

　　　$[\tau_{\text{P}}]$——平键连接的许用剪切应力，$[\tau_{\text{P}}] = 120$ MPa。

将数据代入上式得：

$$\tau \approx 2 \times 549\,000/(40 \times 12 \times 63) \approx 36.3 \text{ (MPa)}$$

$$\tau \approx 36.3 \text{ MPa} \leqslant [\tau_{\text{P}}] = 120 \text{ MPa}$$

计算与实践验证说明：阀轴花键规格为 $8 \times 38 \times 42 \times 7$；阀轴平键尺寸 $b = 12$ mm，$l = 63$ mm，$h = 8$ mm。经现场长期使用，安全可靠。

7. 填料压盖及螺栓的计算

需要说明的问题：填料压盖按《阀门零部件 填料压盖、填料压套和填料压板》（JB/T 1708—2010）选用，并经轻量化、优化设计，成为适合蝶阀、球阀的专用件。校核后制定制造厂标准生产系列化的标准件，根据轴径直接选用。填料材料为柔性石墨，压紧应力 $\sigma_{\text{y}} = 3.5$ MPa（可忽略）。

（1）压紧填料所需螺柱技术参数计算。

直接从《机械设计手册》（成大先主编）中查出，选用螺柱材料为 A2-70 钢，在温度 425 ℃条件下，每条螺柱的拉应力 $\sigma_{\text{b}} = 500$ MPa。

螺柱应具有耐剪切应力的性能，参见《机械设计手册》（成大先主编）表5-1-72。

（2）螺柱直径 d_0 的选取。

选用 2 条 M12、性能等级 9.8 级的螺柱，其保证载荷 $2 \times 54\,800$ N 大于填料压盖密封力 6 796 N，符合要求，足够安全可靠。

（3）阀座压紧圈螺纹牙强度的校核。

参考《机械零件》中螺纹连接强度计算及校核。

螺纹规格：M150×2.5-7H/6h

螺纹承受的总轴向力 $F_{\text{Z}} = Q_{\text{MF}} = 25\,335$ N

螺纹承受的预紧力 F_{Y}，由前面已知最大密封直径 $D_{\text{MW}} = 115.5$ mm，$p = 2.0$ MPa 可得：

$$F_{\text{Y}} = \pi/4 \cdot D_{\text{MW}}^2 \cdot p \approx 20\,954 \text{ N}$$

$$F_{\text{O}} = F_{\text{Z}} + F_{\text{Y}} = 46\,289 \text{ N}$$

式中　F_{Y}——螺纹预紧力，N；

F_O——总轴向力,N。

螺纹旋合圈数:$Z=10$(参考《机械零件》中螺纹连接强度计算)

螺纹牙底宽度:$b=1.87$ mm(普通螺纹)

螺纹小径:$d_3=146$ mm

螺纹工作高度:$h=1.35$ mm

螺纹拉应力:$\sigma=4F_O/(\pi d_3^2)$

按第四强度理论可得螺纹部分的强度条件为:

$$\sigma=4\times1.3F_O/(\pi d_3^2)\leqslant[\sigma_P]$$

经计算 $\sigma=3.6$ MPa,所以 $\sigma=3.6$ MPa$\leqslant[\sigma_P]=132$ MPa。

30 号钢螺纹牙的许用剪切应力 $[\tau_P]=0.6[\sigma_P]=0.6\times132=79.2$(MPa),$[\tau_P]>\tau$;

钢材料螺纹牙的许用弯曲应力 $[\sigma_{BP}]=1.2[\sigma_P]=1.2\times132=158$(MPa),$[\sigma_{BP}]>\sigma_b$。

其中,τ 和 σ_b 表示相应钢材料的许用应力。因此所选螺纹规格符合设计要求。

(4) 后轴盖用螺栓的校核。

参见《机械设计手册》(成大先主编)表 5-1-72。螺栓规格:M10 螺栓。

当 $d\leqslant39$ mm 时,$\sigma_b=580$ MPa,拉应力足够安全可靠。

螺栓数量为 4 件,性能等级 8.8 级,保证应力 $S_P=580$ MPa。

每件螺栓保证应力 $S_P=580$ MPa,选用 M10 螺栓 4 件,满足设计要求。

8. 阀门转动装置减速箱与连接套连接螺栓强度的校核

阀门转动装置减速箱与连接套连接螺栓规格 M12×40,数量 4 件,螺柱材料 30 钢;选用手动蜗轮箱,额定输出扭矩 $T_n=1\,200\sim1\,800$ N·m,传动比 $i=50:1$;当 $d\leqslant39$ mm 时,每件螺栓保证应力 $S_P=580$ MPa,性能等级 8.8 级,M12 螺栓的拉应力 $\sigma_b=580$ MPa,拉应力足够安全可靠。

9. 阀门执行机构的选择规范

(1) 手动蜗轮箱操作力矩为阀门启闭力矩再乘以 1.1~1.3 倍。

(2) 电动操作力矩为阀门启闭力矩再乘以 1.3~1.5 倍。

(3) 气动操作力矩为阀门启闭力矩再乘以 1.5~1.8 倍。

选用蜗轮箱及连接螺栓的计算:

① 蜗轮箱型号:型号自选,已知 $i=1:30$,手轮直径为 300 mm,手轮圆周力取 300 N,输出力矩为 1 350 N·m(外购成品)。

$$[M_{蜗轮输出力矩}]>M_F \text{ 即 } 1\,350 \text{ N·m}>549 \text{ N·m}$$

当用手转动手轮时,阀杆带动阀芯开始脱离阀座前一瞬间,各相对运动件是相对静止的,并处于静摩擦状态,摩擦系数达到最大值,作用在手轮上的输入力矩和减速箱的输出力矩都达到额定值。由于蜗轮仍是在静止状态,根据作用力与反作用力相等定律,蜗轮对蜗杆有一个数值等同于额定输出扭矩(T_2)的反作用力矩,这个反作用力矩通过蜗杆刚性定位结构传至减速箱和连接套的 4 个连接螺栓上。

② 查表法:螺柱材料 30 钢,在 425 ℃温度条件下,8.8 级的螺柱,当螺纹直径 $d \leqslant$ 16 mm 时,保证应力 $S_P = 580$ MPa,选用 2 件 M12 螺栓足够安全可靠,参见《机械设计手册》(成大先主编)表 5-1-62。

③ 计算法:计算 4 个连接螺栓承受的剪应力 τ 并校验,4 个连接螺栓对称位置、尺寸及受剪应力方向如图 10-3 所示。螺栓横截面上所受的剪应力形成的 2 条对角线两两连接,螺栓横截面上所受的剪应力

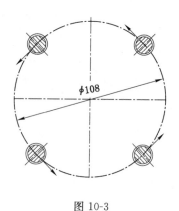

图 10-3

形成的螺栓力矩平衡于额定输出扭矩 M_F,列出力矩平衡方程,求出单个螺栓横截面上所受的剪应力 τ,得出计算公式:

$$\tau = \frac{M_F}{2\pi d_1^2/4 \cdot \phi} = 31.7 \text{ MPa}$$

式中 d_1——螺栓最小直径,$d_1 = 10.106$ mm;

ϕ——中心圆直径,$\phi = 108$ mm。

校验:$[\tau] = 435$ MPa$> \tau = 31.7$ MPa,所以 4 个 M12 的连接螺栓满足工作安全需要。

偏心半球阀主要零件图和装配图见图 10-4,相关尺寸见上面计算。

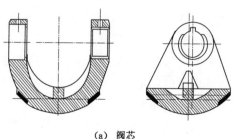

(a) 阀芯

图 10-4　偏心半球阀主要零件图和装配图

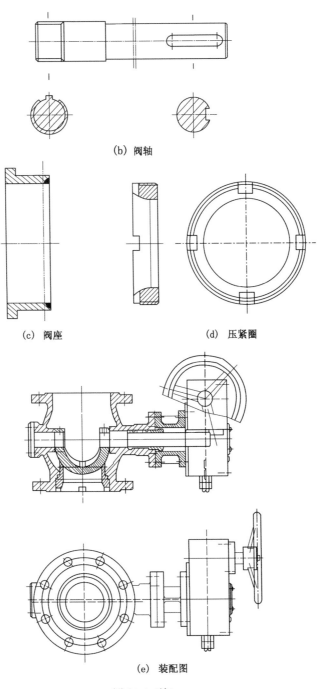

(b) 阀轴

(c) 阀座　　　　　(d) 压紧圈

(e) 装配图

图 10-4（续）

三、阀门流量系数的测试

阀门流量系数的计算是不准确的,只有经过型式试验测得的流量系数才是正确的。

阀门缩径执行《偏心半球阀》(GB/T 26146—2010):全通径 $\phi150$ mm,缩径后 $\phi112.5$ mm,阀门阀座端与管道连接处呈直径突然缩小的形状,送检型式试验 NPS 6″、CL150 偏心半球阀 2 台,型式试验执行系列标准《工业过程控制阀》(GB/T 17213),此标准与 IEC 60534 等同。

型式试验测得结果:

(1) 介质流速: $v=1.45$ m/s;

(2) 体积流量: $Q=47.85$ m³/h;

(3) 阀门的流阻系数 $\zeta=0.205\,5$;

(4) $\Delta p=2.102\,1$ bar $=210.21$ kPa;

型式试验结论:6″-150 Lb 偏心半球阀 2 台,经过 4 项参数测试,符合缩径半球阀设计要求。

四、新型偏心半球阀的创新

我们发现偏心半球阀在实际使用中经常出现冲蚀圆筒形体与球形体相贯部位,有时甚至冲刷出孔洞。针对出现的这种问题,经分析认为:由于阀体是球形内腔,又经由小到大变径,流体介质进入阀体腔后呈紊流状态。为此,设计出如图 10-5 所示的创新型偏心半球阀,从而改变流体介质的状态为层流状态,大大提高了半球阀的性能,延长了其使用寿命 1.5~2 倍。

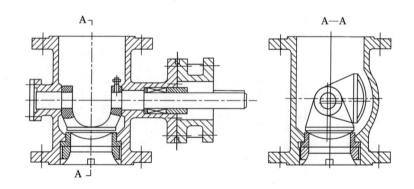

图 10-5　创新型偏心半球阀

图 10-6 所示为实用新型多偏心半球阀实物图。当介质从阀门流道进入多偏心半球阀后,可以直接流出,不会沉积,增强了阀体的流通能力,减小了对阀体的冲击力,使阀门寿命明显延长;并且阀体重量轻,是球形阀体重量的85%~90%,节约制造成本,降低能耗。

(a) 外形　　　　　　　　(b) 关闭状态

(c) 开启状态

图 10-6　实用新型多偏心半球阀实物图

五、结语

新型偏心半球阀的结构采用偏心圆锁紧机构,这在阀门设计理论和实际应用上是一个创新。由此推知:单偏心蝶阀、双偏心蝶阀等阀门的设计原理也是偏心圆锁紧机构的应用实例。因此拓宽了阀门机构的应用范围,开拓了现有阀门启闭件新的驱动方式。其关键的技术指标——闸紧机构的预紧能力、密封比压的承载能力都达到了阀门的设计要求和国家标准。其结构是成功的,试制的产品的密封压力经过多项、多次试验均达到 GB/T 13927—2008 的各项技术要求,产品是合格的。

实践证明,以上理论是成功的,值得大力推广和应用。根据该理论设计和生产的产品必将给社会带来巨大的经济效益。

第二节 Y 型料浆截止阀设计、计算

一、计算项目

(1) 阀体壁厚验算
(2) 密封面上总作用力及计算比压
(3) 阀杆总力矩
(4) 阀杆强度验算
(5) 阀杆稳定性
(6) 阀瓣强度验算
(7) 中法兰螺栓强度验算

二、计算书编写说明

(1) 以公称尺寸、公称压力、工作温度等计算阀门各项数据。
(2) 对壳体壁厚的选取,在满足计算壁厚的前提下,按相关标准选取阀体壁厚值。
(3) 最小壁厚且圆整为正整数以及裕度。
(4) 材料许用应力值按 $-29 \sim 425$ ℃时选取。
(5) 适用介质为水、油、气、料浆、粉尘等。
(6) 不考虑地震载荷、风载荷等自然因素。
(7) 瞬间压力不得超过使用温度下允许压力的 1.1 倍。
(8) 管路中应安装安全装置,以防止压力超过使用下的允许压力。

三、按表格计算方法

表 10-1

型号	300Js545Y-25C	简图	
零件名称	阀体		
材料牌号	WCB		
计算内容	阀体壁厚计算		
依据	《阀门设计手册》（杨源泉主编）		

序号	计算数据名称	符号	公式	数值	单位
1	阀体计算壁厚	$S_B{}'$	$S_B{}' = 1.5\left(\dfrac{k_1 \cdot DN \cdot \dfrac{PN}{10}}{2S - 1.2k_1 \cdot \dfrac{PN}{10}}\right)$	7.63	mm
2	计算压力	p	设计给定	2.5	MPa
3	阀体最小壁厚	$S_{B,min}$	计算值＋腐蚀余量 c	13.9	mm
4	计算流道尺寸	d_{MN}	阀门结构给定（缩径）	255	mm
5	许用拉应力	$[\sigma_L]$	《阀门设计手册》	82.76	MPa
6	腐蚀余量	c	设计给定	6.3	mm
7	阀体实际壁厚	S_B	考虑多种因素设计确定	18	mm

注：(1) S_B' 按《阀门设计手册》（第 361 页）美国 ANSI B16.34 附录 G 中关于阀体壁厚的计算公式计算，公称尺寸为 DN300，$k_1 = 1.1$；

(2) 美国 ASME 标准规定材料的许用应力：碳素钢铸件材料 WCB 在 427 ℃时的许用应力$[\sigma_L] = 82.76$ MPa，见《阀门设计手册》表 3-141（第 254～255 页）；

(3) 以上各项数据经验校核合格。

表 10-2

型　号	300Js545Y-25C	简 图	
零件名称	阀体上密封面		
材料牌号	WCB		
计算内容	密封面上总作用力及 计算比压		
根　据	《阀门设计手册》 （杨源泉主编）		

序号	计算数据名称	符号	公式	数值	单位
1	密封面上总作用力	Q_{MZ}	$Q_{MF}+Q_{MJ}$	143 541.7	N
2	介质密封力	Q_{MF}	$\pi(d_{MN}+b_m)b_m \cdot \sin 45° \cdot$ $\left(1+\dfrac{f_m}{\tan 45°}\right)q_{MF}$	14 359	N
3	密封面上的介质力	Q_{MJ}	$\pi/4(d_{MN}+b_m)^2 \cdot p$	129 182.7	N
4	密封面最小内径	d_{MN}	设计给定	255	mm
5	密封面宽度	b_m	设计给定	1.5	mm
6	计算压力	p	设计给定	2.5	MPa
7	密封面必需比压	q_{MF}	见《阀门设计手册》表 4-65（第 426～427 页）	14	MPa
8	密封面计算比压	q	$\dfrac{Q_{MZ}}{\pi(d_{MN}+b_m)b_m}$	118.75	MPa
9	密封面许用比压	$[q]$	见《阀门设计手册》表 4-66（第 428 页）	250	MPa

结论：14 MPa≤118.75 MPa≤250 MPa 即 $q_{MF}{\leqslant}q{\leqslant}[q]$，以上各项数据经验校核合格。

注：密封阀座为锥面形式（阀座最小流道尺寸 $d_{MN}=255$ mm），密封阀座大径为 258 mm，锥半角 $\alpha=45°$，锥形密封面摩擦系数 $f_m=0.2$，蒸汽介质，见《阀门设计手册》表 4-69（第 429 页）。

表 10-3

型　号	300Js545Y-25C		
零件名称	阀杆	简图	
材料牌号	20Cr13		
计算内容	阀杆总力矩		
根　据	《阀门设计手册》（杨源泉主编）		

序号	计算数据名称	符号	公式	数值	单位
1	关闭时阀杆总轴向力	Q'_{FZ}	$Q_{MZ}+Q_T\sin\alpha_L$	143 665	N
2	开启时阀杆总轴向力	Q''_{FZ}	Q'_{FZ}	143 665	N
3	密封面上总作用力	Q_{MZ}	见表 10-2 中 1 项	143 541.7	N
4	阀杆与填料摩擦力	Q_T	$\psi d_F b_T p$	2 240	N
5	系数	ψ	《实用阀门设计手册》（陆培文主编）	2.24	
6	填料深度	h_T	设计选定	80	mm
7	填料宽度	b_T	设计选定	8	mm
8	阀杆直径	d_F	设计选定	50	mm
9	计算压力	p	设计选定	2.5	MPa
10	螺纹升角	α_L	《实用阀门设计手册》（陆培文主编）	3.16°	(°)
11	关闭时阀杆总力矩	M'_F	$1.3(M'_{FL}+M_{FT}+M'_{FD})$	1 722	N·m
12	开启时阀杆总力矩	M''_F	$1.3(M''_{FL}+M_{FT}+M''_{FD})$	1 650	N·m
13	关闭时阀杆螺纹摩擦力矩	M'_{FL}	$Q'_{FZ}R_{FM}$	1 192	N·m
14	开启时阀杆螺纹摩擦力矩	M''_{FL}	$Q''_{FZ}R'_{FM}$	1 112	N·m
15	螺纹摩擦半径	R_{FM}	《实用阀门设计手册》（陆培文主编）	8.3	mm
16	螺纹摩擦半径	R'_{FM}	《实用阀门设计手册》（陆培文主编）	7.75	mm
17	阀杆与填料摩擦力矩	M_{FT}	$Q_T d_F\cos\alpha_L/2$	57	N·m
18	阀杆头部摩擦力矩	M'_{FD}	$0.25\,d_{FJ}f_D Q_{MZ}$	75.4	N·m
19	阀杆摩擦力矩	M''_{FD}	$4M'_{FD}/3$	100.5	N·m
20	阀杆头部接触面直径	d_{FJ}	$2.2(Q_{MZ}R_O/E)^{1/3}$	7	mm
21	球体半径	R_O	设计选定	35.8	mm
22	材料弹性模量	E	《实用阀门设计手册》（陆培文主编）	189 000	MPa
23	阀杆头部摩擦因数	f_D	《实用阀门设计手册》（陆培文主编）	0.3	查表 3-26(3)

注：按旋转升降杆强度验算，见《实用阀门设计手册》（陆培文主编）表 5-94（第 107 页）。

表 10-4

型号	300Js545Y-25C	简图	
零件名称	阀杆		
材料牌号	20Cr13		
计算内容	阀杆强度验算		
根 据	《阀门设计计算手册》（陆培文，高凤琴主编）		

简图区域尺寸标注：$\phi 44^{0}_{-0.016}$、$\phi 50^{0.018}_{-0.008}$、A、36、28、(10)、487、1 135

序号	计算数据名称	符号	公式	数值	单位
24	I—I 断面合成应力	$\sigma_{\sum I}$	$(\sigma_{YI}^2 + \tau_{NI}^2)^{1/2}$	137	MPa
25	I—I 断面压应力	σ_{YI}	Q'_{FZ}/F_{SI}	114.4	MPa
26	I—I 断面截面积	F_{SI}	$\pi d_F^2/4$	1 256	mm²
27	I—I 断面扭应力	τ_{NI}	$(M_{FT} + M''_{FD})/W_{SI}$	27.3	MPa
28	I—I 断面系数	W_{SI}	$\pi d_F^3/16$	24 543.7	mm³
29	许用拉应力	$[\sigma_L]$	《实用阀门设计手册》（陆培文主编）	170	MPa
30	许用压应力	$[\sigma_Y]$	《实用阀门设计手册》（陆培文主编）	185	MPa
31	许用扭应力	$[\tau_N]$	《实用阀门设计手册》（陆培文主编）	110	MPa
32	许用合成应力	$[\sigma_\sum]$	《实用阀门设计手册》（陆培文主编）	175	MPa
33	阀门操作总力矩	M_F	$1.3(M'_{FL} + M_{FT} + M'_{FD})$	1 722	N·m
34	选用推力型锥齿轮减速器	型号 BA-2	阀杆直径 $d_F = 50$，机构输出转矩 $\geq 1\ 850$ N·m		

结论：$\sigma_{\sum I} < [\sigma_\sum]$，$\sigma_{YI} < [\sigma_Y]$，$\tau_{NI} < [\tau_N]$，以上各项数据经验校核合格。

表 10-5

型号	300Js545Y-25	简图	
零件名称	阀杆		
材料牌号	20Cr13		
计算内容	阀杆稳定性		
根据	《阀门设计计算手册》（陆培文,高凤琴主编）		

序号	计算数据名称	符号	公式	数值	单位
1	常温时细长比的下限	λ_0	根据阀杆不同而异,最小取 30	30	
2	实际细长比	λ	$4u_\lambda l_F/d_F$	40	
3	支撑型式影响系数	u_λ	《实用阀门设计手册》（陆培文主编）	0.439	
4	中间支撑到终点的长度	l	设计给定	500	mm
5	计算长度	l_F	设计给定	1 135	mm
6	阀杆直径	d_F	《实用阀门设计手册》（陆培文主编）	50	mm
7	临界细长比	$[\lambda]$	《实用阀门设计手册》（陆培文主编）	81.5	
8	关闭时阀杆总轴向力	Q'_{FZ}	见表 10-3 中 1 项	143 665	N
9	阀杆截面积	A	《实用阀门设计手册》（陆培文主编）	1 962	mm²
10	压应力	σ_Y	Q'_{FZ}/A	73.2	MPa
11	实际许用压应力	$[\sigma_Y]$	《实用阀门设计手册》（陆培文主编）	240	MPa

结论:当 $\lambda_0 < \lambda < [\lambda]$ 时,$\sigma_Y < [\sigma_Y]$,以上各项数据经验校核合格。

表 10-6

型号	300Js545Y-25	简图	
零件名称	阀瓣		
材料牌号	WCB		
计算内容	阀瓣强度验算		
根据	《阀门设计计算手册》 （陆培文,高凤琴主编）		

序号	计算数据名称	符号	公式	数值	单位
1	I—I 断面剪应力	τ	$(Q'_{FZ} - Q_T \sin \alpha_L)/\pi d(S_B - C)$	13.9	MPa
2	开启时阀杆总轴向力	Q'_{FZ}	见表 10-3 中 2 项	143 665	N
3	阀杆与填料摩擦力	Q_T	见表 10-3 中 4 项	2 240	N
4	螺纹升角	α_L	《实用阀门设手册》（陆培文主编）	3.16°	(°)
5	阀瓣内孔径	d	设计给定	89	mm
6	实际厚度	S_B	设计给定	42	mm
7	腐蚀余量	c	设计给定	5	mm
12	许用剪应力	$[\tau]$	《实用阀门设手册》（陆培文主编）	30.5	MPa
13	许用压应力	$[\sigma_w]$	《实用阀门设手册》（陆培文主编）	61	MPa

结论:13.9 MPa＜30.5 MPa,即 τ＜$[\tau]$,以上各项数据经验校核合格。

表 10-7

型号	300Js545Y-25C	简 图	
零件名称	中法兰连接螺栓		
材料牌号	8.8		
计算内容	中法兰连接螺栓强度验算		
根据	《阀门设计计算手册》(陆培文,高凤琴主编)		

序号	计算数据名称	符号	公式	数值	单位
1	操作下总作用力	Q	$1.3 \times 2 \times Q'_{FZ}$	373 529	N
2	螺栓拉应力	σ_L	Q/S_L	227	MPa
3	螺栓总截面积	S_L	ZS_1	1 960	mm²
4	螺柱数量	Z	设计给定	8	个
5	单个螺栓截面积	S_1	《机械设计手册》(成大先主编)	245	mm²
6	螺栓直径	d_L	设计给定	20	mm
7	许用拉应力	$[\sigma_L]$	《机械设计手册》(成大先主编)	830	MPa

结论:227 MPa<830 MPa,即 σ_L<$[\sigma_L]$,以上各项数据经验校核合格。

总体结论:以上各项数据经验校核全部符合设计要求,合格。

第三节　解析法计算蝶阀力矩实例

一、概述

蝶阀力矩的计算数据一般都是通过查阀门设计手册得到，在阀门设计手册中，有关驱动装置选择内容中有各种阀门的力矩数据。力矩数据是蝶阀设计说明书上必须填写的内容，如蝶阀阀杆总力矩 $\sum M_n$（蝶阀的操作力矩）。然而计算所得数据在选择操作机构中往往偏小，也就是说计算的结果不是太准确。

笔者在多年的阀门设计工作中探索出一套用解析法计算蝶阀力矩的公式。经过多年的反复实践应用和分析比较，解析法计算蝶阀力矩公式准确、可靠，是行之有效的计算方法之一，是知识创新的一种体现和拓展。这个方法简单可行、节约时间，而且适用于不同结构的蝶阀，如中线型、单偏心、双偏心等结构型式蝶阀的设计、计算。

二、计算公式

解析法计算蝶阀力矩的设计、计算公式和例题见表 10-8～表 10-14。

表 10-8 中线型蝶阀设计、计算公式一

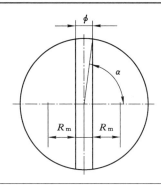

结构一:软密封蝶阀扭矩(对中式)

序号	名称	代号	计算公式	单位	备注
1	启闭扭矩	M	$M_m + M_c + 0.1M_m$	N·m	$M \approx 1.1M_m$
2	密封摩擦扭矩	M_m	$Q_m \cdot 2R_m$	N·m	
3	轴套摩擦扭矩	M_c	$Q_c \cdot r$	N·m	
4	密封摩擦力	Q_m	$p_m \cdot f_m$	N	
5	密封力	p_m	$b_m \cdot L \cdot q_m$	N	$L = 2\alpha \cdot R$
6	密封面宽度	b_m	设计给定	m	
7	一边密封面长度	L	$\pi \cdot 2\alpha \cdot R/180$	m	1 弧度 $= 57.3°$
8	密封弧角度	α	设计给定	(°)	$\alpha = \cos^{-1}\varphi/(2R)$
9	密封弧度	α_0		rad	
10	蝶板半径	R	$2R = D$	m	
11	密封弧重心距	R_m	$R\sin\alpha$(角度)$/\alpha_0$(弧度)	m	
12	密封比压	q_m	橡胶对钢 $(4+0.6p)/\sqrt{b_m}$	MPa	
13	工作压力	p	PN		
14	密封面摩擦系数	f_m	$0.85 \sim 0.90$		
15	轴套摩擦力	Q_c	$Q_r \cdot f_c$	N	
16	轴套径向摩擦力	Q_r	$\pi/4 \cdot D^2 \cdot p$	N	
17	蝶板直径	D	设计给定	m	
18	摩擦系数	f_c	铜对钢 0.16		
19	阀杆半径	r	$d_F/2$	m	
20	$\sum M_{ц}$	$1.3M$		N·m	

注:φ 为阀轴轮毂的外径;填料及端面摩擦力矩约为密封摩擦扭矩的 0.1 倍,即 $0.1M_m$。

表 10-9　中线型蝶阀设计、计算例题一

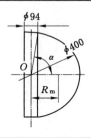

结构一:软密封蝶阀扭矩(中线型) **例题一(DN400/PN10)**

序号	名称	代号	计算公式	单位	备注
1	启闭扭矩	M	$M_m + M_c + 0.1 M_m$	N·m	1 470
2	密封摩擦扭矩	M_m	$Q_m \cdot 2 R_m$	N·m	970
3	轴套摩擦扭矩	M_c	$Q_c \cdot r$	N·m	400
4	密封摩擦力	Q_m	$p_m \cdot f_m$	N	3 330
5	密封力	p_m	$b_m \cdot L \cdot q_m$	N	4 160
6	密封面宽度	b_m	设计给定	m	0.006
7	一边密封面长度	L	$\pi \cdot 2\alpha \cdot R / 180$	m	0.533
8	密封弧度角	α	设计给定	(°)	76.4
9	密封弧度	α_0		rad	1.33
10	蝶板半径	R	$2R = D$	m	0.2
11	密封弧重心距	R_m	$R \sin \alpha$(角度)$/\alpha_0$(弧度)	m	0.146
12	密封比压	q_m	橡胶对钢 $(4 + 0.6 p) / \sqrt{b_m}$	MPa	0.129
13	工作压力	p	PN		PN10
14	密封面摩擦系数	f_m	0.85~0.90		0.80
15	轴套摩擦力	Q_c	$Q_r \cdot f_c$	N	20 000
16	轴套径向摩擦力	Q_r	$\pi/4 \cdot D^2 \cdot p$	N	125 600
17	蝶板直径	D	设计给定	m	0.40
18	摩擦系数	f_c	铜对钢 0.16		0.16
19	阀杆半径	r	$d_F / 2$	m	0.20
20	$\sum M_n$	1.3M		N·m	1 910

注:(1) 操作力矩为 1 910 N·m;

　　(2) 图中标注尺寸单位为 mm。

表 10-10　单偏心蝶阀设计、计算公式二

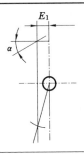

结构二:软密封蝶阀扭矩(单偏心)					$\hat{\alpha}=\dfrac{\alpha\pi}{180}$
序号	名称	代号	计算公式	单位	备注
1	启闭扭矩	M	$1.1M_m+M_c+M_j{}^{(\rightarrow)}_{(\leftarrow)}$	N·m	$1.1M_m(10\%M)$
2	密封摩擦扭矩	M_m	$Q_m \cdot R_m$	N·m	
3	轴套摩擦扭矩	M_c	$Q_c \cdot r{}^{(\rightarrow)}_{(\leftarrow)}$	N·m	
4	径向介质力扭矩 偏心介质力扭矩	M_j	$M_{j1}-M_{j2}+M_{j3}$	N·m	单偏心不计算 此项
5	密封摩擦力	Q_m	$p_m \cdot f_m$	N	
6	密封力	p_m	$\pi \cdot D_{CP} \cdot b_m \cdot K_o \cdot q_m$	N	
7	摩擦半径	R_m	$\left[\left(\dfrac{D_{CP}}{\pi}\right)^2+E_1^2\right]^{\frac{1}{2}}$	m	
8	摩擦系数	f_m	设计给定(橡胶对钢0.85,不锈钢 对钢0.25~0.3)		
9	密封面平均直径	D_{CP}	设计给定	m	
10	密封面轴向偏心	E_1	或 $D_{CP}/2\tan\alpha$	m	
11	偏心角(锥面半角)	α	设计给定	(°)	
12	密封面宽度	b_m	设计给定	m	
13	锥面角度系数	K_o	$\sin\alpha \cdot \left(1+\dfrac{f_m}{\tan\alpha}\right)$		
14	密封比压	q_m	橡胶对钢$(4+0.6p)/\sqrt{b_m}$	MPa	
15	工作压力	p	PN		
16	轴套摩擦力	Q_c	$Q_r \cdot f_c{}^{(\rightarrow)}_{(\leftarrow)}$	N	
17	轴套径向摩擦力	Q_r	$\pi/4 \cdot D_{CP}^2 \cdot p - p_m{}^{(\rightarrow)}_{(\leftarrow)}$	N	
18	摩擦系数	f_c	设计给定(铜对钢0.16)		
19	阀杆半径	r	设计给定($d_F/2$)	m	
20	$\sum M_n$	$1.3M$		N·m	

注:$\sum M_n = 1.3M$;填料及端面摩擦力矩约为密封摩擦扭矩0.1倍,即$0.1M_m$。

表 10-11　单偏心蝶阀设计、计算例题二

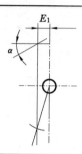

结构二:软密封蝶阀扭矩(单偏心)　　　　　　　　　　　　　　　　　**例题二(DN400/PN10)**

序号	名称	代号	计算公式	单位	备注
1	启闭扭矩	M	$1.1M_m + M_c + M_j {\scriptstyle(\rightarrow) \atop (\leftarrow)}$	N・m	1 460 1 420 1 520 1 482
2	密封摩擦扭矩	M_m	$Q_m \cdot R_m$	N・m	1 020 984
3	轴套摩擦扭矩	M_c	$Q_c \cdot r {\scriptstyle(\rightarrow) \atop (\leftarrow)}$	N・m	339.2 400
4	径向介质力扭矩 偏心介质力扭矩	M_j	$M_{j1} - M_{j2} + M_{j3}$	N・m	
5	密封摩擦力	Q_m	$p_m \cdot f_m$	N	7 700 7 520
6	密封力	p_m	$\pi \cdot D_{CP} \cdot b_m \cdot K_o \cdot q_m$	N	9 610 9 400
7	摩擦半径	R_m	$\left[\left(\dfrac{D_{CP}}{\pi}\right)^2 + E_1^2\right]^{\frac{1}{2}}$	m	0.132 0.131
8	摩擦系数	f_m	设计给定(橡胶对钢0.85,不锈钢 对钢0.25~0.3)		0.8
9	密封面平均直径	D_{CP}	设计给定	m	0.384 0.388
10	密封面轴向偏心	E_1	或 $D_{CP}/2 \cdot \tan\alpha$	m	0.051 5 0.043
11	偏心角(锥面半角)	α	设计给定	(°)	15 12.5
12	密封面宽度	b_m	设计给定	m	0.006
13	锥面角度系数	K_o	$\sin\alpha \cdot \left(1 + \dfrac{f_m}{\tan\alpha}\right)$		1.03 0.997

表 10-11(续)

序号	名称	代号	计算公式	单位	备注
14	密封比压	q_m	橡胶对钢$(4+0.6p)/\sqrt{b_m}$	MPa	1.29
15	工作压力	p	PN		PN10
16	轴套摩擦力	Q_c	$Q_r \cdot f_c \genfrac{}{}{0pt}{}{(\rightarrow)}{(\leftarrow)}$	N	16 950 20 000
17	轴套径向摩擦力	Q_r	$\pi/4 \cdot D_{CP}^2 \cdot p - p_m \genfrac{}{}{0pt}{}{(\rightarrow)}{(\leftarrow)}$	N	106 000 125 400
18	摩擦系数	f_c	设计给定(铜对钢 0.16)		0.16
19	阀杆半径	r	设计给定$(d_F/2)$	m	0.02

注:(1) $\hat{\alpha} = \dfrac{\alpha\pi}{180}$;

　　(2) 钢对铜 $q_m = (35+p)/\sqrt{b_m}$。

表 10-12　双偏心蝶阀设计、计算公式三

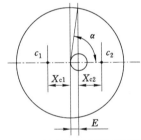

结构三:软密封蝶阀扭矩(双偏心)　　　　　　　　　　　　　　　**另加径向偏心介质力扭矩**

序号	名称	代号	计算公式	单位	备注
1	启闭扭矩	M	$1.1M_m + M_c + M_j \genfrac{}{}{0pt}{}{(\rightarrow)}{(\leftarrow)}$	N·m	$1.1M_m(10\%M)$
2	密封摩擦扭矩	M_m	$Q_m \cdot R_m$	N·m	
3	轴套摩擦扭矩	M_c	$Q_c \cdot r \genfrac{}{}{0pt}{}{(\rightarrow)}{(\leftarrow)}$	N·m	
4	径向介质力扭矩 偏心介质力扭矩	M_j	$M_{j1} - M_{j2} + M_{j3}$	N·m	
5	密封摩擦力	Q_m	$p_m \cdot f_m$	N	
6	密封力	p_m	$\pi \cdot D_{CP} \cdot b_m \cdot K_o \cdot q_m$	N	
7	摩擦半径	R_m	$\left[\left(\dfrac{D_{CP}}{\pi}\right)^2 + E_1^2\right]^{\frac{1}{2}}$	m	
8	摩擦系数	f_m	设计给定(橡胶对钢 0.85,不锈钢 对钢 0.25~0.3)		

表 10-12(续)

序号	名称	代号	计算公式	单位	备注
9	密封面平均直径	D_{CP}	设计给定	m	
10	密封面轴向偏心	E_1	或 $D_{CP}/2\tan\alpha$	m	
11	偏心角(锥面半角)	α	设计给定	(°)	
12	密封面宽度	b_m	设计给定	m	
13	锥面角度系数	K_0	$\sin\alpha\left(1+\dfrac{f_m}{\tan\alpha}\right)$		
14	密封比压	q_m	橡胶对钢$(4+0.6p)/\sqrt{b_m}$	MPa	
15	工作压力	p	PN		
16	轴套摩擦力	Q_c	$Q_r\cdot f_c \begin{matrix}(\rightarrow)\\(\leftarrow)\end{matrix}$	N	
17	轴套径向摩擦力	Q_r	$\pi/4\cdot D_{CP}^2\cdot p - p_m \begin{matrix}(\rightarrow)\\(\leftarrow)\end{matrix}$	N	
18	摩擦系数	f_c	设计给定(铜对钢 0.16)		
19	阀杆半径	r	设计给定$(d_F/2)$	m	
20	大边介质力扭矩	M_{j1}	$\pi/8\cdot D_{CP}^2\cdot p(X_{c1}+E)$	N·m	
21	小边介质力扭矩	M_{j2}	$A\cdot p(X_{c2}-E)$	N·m	
22	中条边介质力扭矩	M_{j3}	$D_{CP}\cdot E^2\cdot p/2$	N·m	
23	大边面积重心距	X_{c1}	$\dfrac{4R}{3\pi}$	m	
24	小边面积重心距	X_{c2}	$2/3R^3\cdot\sin^3\alpha/A$	m	
25	小边面积	A	$R^2/2(2\alpha_0-\sin 2\alpha)$	m²	
26	角度	α	$\cos^{-1}(E/R)$	(°)	
27	弧度	α_0		rad	
28	径向偏心距	E	设计给定	m	
29	蝶板平均半径	R	$D_{CP}/2$	m	

说明:关于三偏心蝶阀力矩经验计算方法:

(1)有资料刊载:三偏心蝶阀力矩计算,先按双偏心蝶阀力矩的计算方法计算出力矩值,将得出的力矩值除以 $\cos\alpha$ 得到启闭力矩,再将该数据乘以 1.3 倍为操作力矩。计算出的操作力矩很接近蝶阀三偏心计算公式的计算结果。

(2)声明:蝶阀三偏心计算公式应用中比较烦琐、费时,用上述计算方法简单,结果接近(为经验计算法)。但是难免有误差,应以设计手册为准,灵活运用,作为参考。

表 10-13 双偏心蝶阀设计、计算例题三

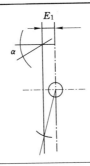

结构三:软密封蝶阀扭矩(双偏心)					例题三(DN400/PN10)
序号	名称	代号	计算公式	单位	备注
1	启闭扭矩	M	$1.1M_{\text{m}}+M_{\text{c}}+M_{\text{j}}\begin{smallmatrix}(\rightarrow)\\(\leftarrow)\end{smallmatrix}$	N·m	2 130(启闭力矩) 1.3×2 130＝2 769
2	密封摩擦扭矩	M_{m}	$Q_{\text{m}} \cdot R_{\text{m}}$	N·m	984
3	轴套摩擦扭矩	M_{c}	$Q_{\text{c}} \cdot r \begin{smallmatrix}(\rightarrow)\\(\leftarrow)\end{smallmatrix}$	N·m	339.2
4	径向介质力扭矩 偏心介质力扭矩	M_{j}	$M_{\text{j1}}-M_{\text{j2}}+M_{\text{j3}}$	N·m	707 75.2
5	密封摩擦力	Q_{m}	$p_{\text{m}} \cdot f_{\text{m}}$	N	7 520 9 400
6	密封力	p_{m}	$\pi \cdot D_{\text{CP}} \cdot b_{\text{m}} \cdot K_{\text{o}} \cdot q_{\text{m}}$	N	9 400
7	摩擦半径	R_{m}	$\left[\left(\dfrac{D_{\text{CP}}}{\pi}\right)^2+E_1^2\right]^{\frac{1}{2}}$	m	0.130 8
8	摩擦系数	f_{m}	设计给定(橡胶对钢0.85, 不锈钢对钢 0.25~0.3)		0.8
9	密封面平均直径	D_{CP}	设计给定	m	0.388
10	密封面轴向偏心	E_1	或 $D_{\text{CP}}/2\tan\alpha$	m	0.043
11	偏心角(锥面半角)	α	设计给定	(°)	12.5
12	密封面宽度	b_{m}	设计给定	m	0.006
13	锥面角度系数	K_{o}	$\sin\alpha\left(1+\dfrac{f_{\text{m}}}{\tan\alpha}\right)$		0.997
14	密封比压	q_{m}	橡胶对钢 $(4+0.6p)/\sqrt{b_{\text{m}}}$	MPa	1.29
15	工作压力	p	PN		PN10
16	轴套摩擦力	Q_{c}	$Q_{\text{r}} \cdot f_{\text{c}} \begin{smallmatrix}(\rightarrow)\\(\leftarrow)\end{smallmatrix}$	N	16 960

表 10-13(续)

序号	名称	代号	计算公式	单位	备注
17	轴套径向摩擦力	Q_r	$\pi/4 \cdot D_{CP}^2 \cdot p - p_m$ (→) (←)	N	106 000
18	摩擦系数	f_c	设计给定(铜对钢 0.16)		0.16
19	阀杆半径	r	设计给定($d_F/2$)	m	0.02
20	大边介质力扭矩	M_{j1}	$\pi/8 \cdot D_{CP}^2 \cdot p(X_{c1} + E)$	N·m	5 220
21	小边介质力扭矩	M_{j2}	$A \cdot p(X_{c2} - E)$	N·m	4 520
22	中条边介质力扭矩	M_{j3}	$D_{CP} \cdot E^2 \cdot p/2$	N·m	7
23	大边面积力重心距	X_{c1}	$\dfrac{4R}{3\pi}$	m	0.082 4
24	小边面积力重心距	X_{c2}	$2/3R^3 \cdot \sin^3\alpha / A$	m	0.087 7
25	小边面积	A	$R^2/2(2\alpha_0 - \sin 2\alpha)$	m²	0.055 3
26	角度	α	$\cos^{-1}(E/R)$	(°)	87
27	弧度	α_0		rad	1.52
28	径向偏心距	E	设计给定	m	0.006
29	蝶板平均半径	R	$D_{CP}/2$	m	0.194

表 10-14　部分口径软密封蝶阀扭矩(双偏心)计算值表

序号	公称尺寸 DN	压力/MPa	启闭扭矩/(N·m)	操作扭矩/(N·m)
1	150	1	160	210
2	200	1	350	460
3	300	1	650	850
4	600	1	3 450	4 500
5	700	1	5 000	6 500
6	800	1	7 500	9 750

注:(1) 选用蜗轮传动装置时输出扭矩必须大于等于计算扭矩,一般乘以 1.3~1.5 倍;

　(2) 蝶阀实际需要扭矩必须以现场测试为准,此表数据也适用于硬密封蝶阀,仅供参考。

三、结语

蝶阀阀杆力矩的计算方法很多,这里介绍的解析计算法比较简捷、省时,是我们实践工作的经验总结,同时也适用于金属密封的蝶阀,供读者参考。

第十一章　阀门在严苛工况下的设计范例

第一节　阀门在严苛工况下设计的注意事项①

　　本节阐述控制阀在严苛工况下设计与制造的重要注意事项,主要针对高温、高压差、高流速及气蚀状况下的阀门设计,在材料的选择、结构的设计和制造的工艺方面需要设计人员考虑几个方面的问题,如热膨胀、塑性变形、蠕变、振动、气蚀、闪蒸等。

　　控制阀是过程控制里最常用的终端控制元件。控制阀调节流动的流体,以补偿负载扰动并使得被控制的过程尽可能地靠近需要的设定点。控制阀在工业自动化领域里的重要性,使得控制阀的设计及制造尤为重要,特别是在某些严苛工况下,如高温、高压差、高流速、气蚀等更需要注意。

一、阀门材料的选择

　　1.金属材料

　　材料是至关重要的因素,如材料的蠕变、热膨胀率、抗氧化性、耐磨性、热擦伤性及热处理温度等,这些是阀门材料选择首先应注意的事项。在高温状况下,蠕变和断裂是材料破坏的主要因素之一。特别是碳素钢,当长期暴露在 427 ℃以上环境时,钢中的碳化相可能转变为石墨。而对于奥氏体不锈钢,只有当含碳量超过 0.4％时,才可以用于 528 ℃以上环境。因此,在高温下使用阀门时,应分别计算阀体材料的抗拉强度、蠕变、高温时效等参数。对于阀内件的设计,还应该附加考虑材料在高温下的硬度、配合部件的热膨胀系数、导向部件的热硬度差、弹性变形、塑性变形等。在阀门设计中,应给予相应的安全系数和可靠系数,以确保避免在多因素工况条件下产生破坏现象;同时要熟悉高温下材料的蠕变率,以选取合适的应力,使材料总的蠕变在正常使用寿命范围内不扩展至断裂或允许其产生微变形而不影响导向零件的正常使用。

　　为避免阀内件表面的磨损、冲蚀及气蚀,高温情况下要考虑材料的热硬度,

---

　　① 本节内容选自孙娜、董纯策《阀门在严苛工况下设计的注意事项》。

防止金属硬度变化。在高压差下,流体的大部分能量集中于阀内件进行释放,使阀内件有超负载的可能。而在高温下,大部分材料的机械性能变差,材料变软,大大影响了阀内件的使用寿命。因此,正确选择合适的材料,可提高阀门的安全可靠性和延长其使用寿命。另外,还要考虑高温时效对材料物理性能的影响,如韧性和晶间腐蚀的变化。当使用温度达到或超过热处理温度时,阀内件会产生退火、硬度降低等问题。为防止材料硬度发生变化,最高温度极限必须选择在一个安全的范围内。在高温情况下,其分子的活动性相对活跃,某些具有一般腐蚀性的介质会以高速的离子状态渗入金属内部,可能对阀体及阀内件金属材料带来严重的腐蚀破坏,使材料的特性发生改变,如热膨胀性、晶间腐蚀等。因此,对材料的选择,除了性价比之外,还应考虑多因素下所产生的失效性。

高压差、高流速情况下,即使温度是常温,也应评估材料的特性,使材料可以满足该工况。一般来说,在常温下,当压差超过 15 bar 时,应将阀芯、阀座的材料由 316S 调整为司太立合金或更高性能的合金。对于弱腐蚀性的介质,可选用 QT420(淬火＋回火)等材料。高压差、高流速会带来严重的冲蚀或气蚀,这对阀内件材料的伤害非常大。因此,对阀体及阀内件的材料要求非常高。对于阀笼应考虑使用不锈钢表面渗氮(HRC70)处理,使之具有较强的耐冲蚀性,提高阀门流量的精度和使用寿命。

高温下材料的抗氧化能力也是一个非常重要的参数。在温度循环变化中,所选用的材料应避免发生材料表面重复氧化产生氧化皮等问题。一般情况下,奥氏体不锈钢系、硬质合金系及特种合金系的材料有较好的高温稳定性,可根据不同的高温工况选用合适的材料。

阀内件常用材料选用参考表 11-1。

表 11-1　阀内件常用材料的最高使用温度和硬度

材料	上限温度/℃(℉)	使用硬度
304、316 型不锈钢	316(600)	最高 HRC14
因科乃尔合金	649(1 200)	HRC35～HRC37(600 ℉)
K-蒙乃尔合金	482(900)	HRC27～HRC35 HRC30～HRC38
蒙乃尔合金		HRC35(1 200 ℉时)
哈氏合金 B	371(700)	HRC14
哈氏合金 C	538(1 000)	HRC33
钛合金	427(800)	HRC28～HRC35(70 ℉时)
司太立合金 6#	649(1 200)	HRC40～HRC45(70 ℉时) HRC38(1 200 ℉时)

表 11-1(续)

材料	上限温度/℃(℉)	使用硬度
铬化硼 6#	649(1 200)	HRC56～HRC61(70 ℉时) HRC44(1 200 ℉时)
416 型不锈钢	427(800)	HRC37～HRC42
440 型不锈钢	427(800)	HRC50～HRC60
17-4PH	427(800)	HRC40～HRC45
化学镀镍	427(800)	HRC16
镀铬	−273(−460)～316(600)	

2. 非金属材料

一般的非金属材料无法承受 300 ℃ 以上高温,但柔性石墨可以承受 700 ℃ 以上的高温。为此,在高温工况下,无论是静密封还是动密封,一般可以选取柔性石墨或复合材料,但应注意摩擦系数会增大。

二、阀门零部件的结构和导热系数的选择

在高温、高压差阀门设计中,必须仔细考虑不同零部件的热膨胀对阀内件动作的影响。当高温介质流过阀门时,由于阀体的线膨胀系数往往小于阀座的线膨胀系数,所以阀体限制了阀座的径向膨胀,阀座只能向内膨胀,使得在高温下,阀芯与阀座的工作间隙小于常温下标准阀门设计的间隙,易造成阀内件卡死。阀芯与导向套也会产生同样的现象。为此,阀门在高温下使用时,常温下标准阀门的设计间隙(包括阀芯与阀座间、导向套与阀杆间)应当适当增加,这样使其在高温下工作也不会发生卡死现象。因此,间隙的设计显得非常重要。目前,可从《ASME 锅炉及压力容器规范 Ⅱ材料 D 篇 性能(公制)》中得到相应的数据。

在对泄漏量要求较高的场合,阀体和阀座尽量采用相同的合金钢制造,并采用单座或笼式结构,尽量避免采用双座阀结构。还要对密封面进行硬化处理,以免高温下阀门泄漏量大幅度增加。另外,还应考虑阀体、阀盖及连接件因承受高温而带来的附加载荷造成的破坏。温度的循环变化会使阀座和导向套松动,因此,必须采用密封焊和搭接焊来防止松动或压紧结构。阀座垫片的密封在密封力大于垫片的屈服应力极限时才能够获得,而在高温、高压及热循环工况下,密封材料发生蠕变而易产生渗漏,因而可采用整体阀座,或在阀体上直接制成阀座并使之硬化;对于大口径阀门,可在阀体上焊接阀座,去除垫片来避免不必要的泄漏。根据介质的温度高低,还要考虑填料函中填料可承受的温度及执行机构可承受的温度。

填料函结构和使用温度之间的关系：250 ℃以上，上阀盖延伸，用较长的阀盖散热片，以保持填料不受高温的影响；450 ℃以上，上阀盖加长，用较长的阀盖散热片，以保持填料不受高温的影响。

三、高温、高压差周期性变化工况下密封结构

用于高温周期性变化的阀座密封面，可采用自动对中楔状结构。该结构用于零件膨胀造成密封线不圆及阀座磨损的情况，有自动对中和补偿作用。在高温、高压差且温度循环变化的情况下，可有良好的密封效果，其密封是依靠柔性阀座密封部位的弹性变形实现的。

高温情况下计算材料的密封比压，应考虑到其密封材料的强度极限、屈服极限在高温情况下都有所下降，从而选用合理的数值。

四、高温情况下材料力学性能和硬度的变化

在高温情况下，各种材料的力学性能和硬度都有不同程度的下降，硬度下降增加了材料塑变和擦伤的可能性。在设计高温阀门选择材料时，要注意金属材料适应的温度范围，以及适应的其他工矿条件。阀门密封面硬化材料采用钨铬硬质合金、铬硼合金及热硬度比较高的材料。

从金属材料手册、金属材料热处理手册、实用阀门设计手册等工具书中可以查出：416（Y12Cr13）、440A（7Cr17）马氏体系列不锈钢在温度大于 700 ℉（371 ℃）时，其力学性能和硬度下降很快，在选择材料时务必重视这方面的因素。

硬质合金 6#、铬硼系合金在温度大于 1 000 ℉（539 ℃）时，其硬度才有所下降。

在选择材料时，要有严格的科学态度，并借鉴他人的先进经验，合理地进行选择。表 11-2 列出了 316 型不锈钢高温下的力学性能。

表 11-2　316 型不锈钢高温下的力学性能（英制换算公制单位）

机械性能	21 ℃（70 ℉）时	659 ℃（1 200 ℉）时
强度极限（klbf/in²）/MPa	85/578.2	56/381
强度极限（klbf/in²）/MPa	38.5/261.9	20/136.1
蠕变（100 000 h）（klbf/in²）/MPa	—	6/40.8
断裂（100 000 h）（klbf/in²）/MPa	—	12～16/81.6～108.8

注：（1）温度低于 800 ℉时，蠕变、断裂无意义。

（2）1 klbf/in²（千磅力/平方英寸）=1 000 lbf/in²（磅力/平方英寸）。

（3）1 MPa=147 lbf/in²。

五、材料的擦伤塑变

材料的擦伤塑变是指一种金属表面被其他材料擦伤而黏结在一起或表面滚成球形。它和温度、材料、表面粗糙度、硬度、载荷有关,会受流体的影响,高温会使金属软化,增加其塑变趋势。塑变会引起卡住阀门、损坏密封面、增加摩擦力、阀芯定位不准等。管线流体中如夹有较大、较硬的颗粒,会使阀内件磨得粗糙不平,产生塑变。冲击振动也会造成零件遭受冲击表面、配合表面的破坏,有时也会引起塑变。有些金属配对具有低塑变趋势,如表 11-3 所列。

表 11-3　具有低塑变趋势的金属配对

阀芯	导向衬套	性能
316 不锈钢	17-4PH 不锈钢	好
	400 系列不锈钢	好
	司太立硬质合金	好
	铬硼系合金	好
	因科乃尔合金	好
304L 不锈钢	因科乃尔合金	好
440 不锈钢	440 不锈钢	好
	17-4PH 不锈钢	好
蒙乃尔合金	K-蒙乃尔合金	好
司太立硬质合金	司太立硬质合金	极好
	因科乃尔合金	极好
因科乃尔合金	铬硼系合金	极好
哈氏合金 B	卡尔彭特尔(Carpenter)20	好
	哈氏合金 B	好

注:(1) 用于推荐的温度极限及合适的负载和硬度。

(2) 在滑动接触时,300 系列不锈钢自身配对使用极易产生蠕变和擦伤,但阀芯、阀座间的密封除外。

几种奥氏体不锈钢的力学性能如表 11-4 所列。

表 11-4　几种奥氏体不锈钢的力学性能

美标 ANSI 牌号	试验温度 /℃	屈服强度 $\sigma_{0.2}$/MPa	抗拉强度 σ_b/MPa	50.8 mm 标距内 的延伸率/%	断面收缩率 /%
304	23.9	231	595	60	70
304	−178.9	400	1 439	43	45
304	−237.2	446	1 712	48	43
304L	23.9	196	595	60	60
304L	−178.9	245	1 362	42	50
304L	−237.2	237	1 540	41	57
310	23.9	315	665	60	65
310	−178.9	588	1 103	54	54
310	−237.2	809	1 243	56	61
347	23.9	245	630	50	60
347	−178.9	288	1 302	40	32
347	−237.2	319	1 474	41	50
316	—	310	620	30	40

六、气蚀和闪蒸

在液体工况下,如果阀门上的压差 Δp($p_1 - p_2$)大于最大允许计算压力降 Δp_{max},那么就会产生气蚀或闪蒸,也会引起阀门或相邻管道的结构上的损坏,并增加阀门的振动,从而产生强烈的噪声。因此,设计阀门应特别注意其气蚀和闪蒸问题,一般应考虑如下方法:

(1) 尽可能在阀后增加多层笼,以使得阀后的压力逐级降压。

(2) 改变阀体及阀内件的材料。

(3) 增加阀门的流通面积,减小流速。

通常在高温、高压差情况下,阀门的设计比较困难,主要因为大多数阀门生产厂没有高温检测设备,缺少大量的研发时间和试验费用,从而无法验证阀门的设计效果。因此,阀门设计人员必须充分了解阀门原理,以设计出合理的结构、选择正确的材料。

第二节 高温高压阀门设计计算[①]

高温阀门(包括电站阀门)一般应用于锅炉、蒸汽管道、石油冶炼、化工、冶金及火力发电等高温工况领域。阀门长期在高温下运行,易产生蠕变、中法兰螺栓松弛、密封面泄漏以及楔形阀瓣卡死等现象。因此,在设计高温阀门时,要求结构合理,必须保证零部件具有足够的强度和刚性,选用的材料要符合介质的要求,还必须全面考虑制造、加工工艺各项技术指标。在本书第六章第三节中已经初步介绍了高温阀门的分级和材料选择,下面就设计高温阀门一些具体问题加以介绍。

一、熟练掌握金属材料在高温条件下性能的变化

1. 蠕变

材料在高温下受外力作用时,随着时间的延长,缓慢而连续地产生塑性变形的现象称为蠕变。材料蠕变特征与温度和应力有很大关系。温度升高或应力增大,蠕变速度就会加快,所以,在高温下长期工作的锅炉、蒸汽管道及压力容器所用材料应具有良好的抗蠕变性能,以防止因蠕变而产生大量变形导致结构破裂及造成爆炸等恶性事故。

2. 球化和石墨化

在高温作用下,材料中的渗碳体由于获得能量将发生迁移和聚集,形成晶粒粗大的渗碳体并夹杂于铁素体中,其渗碳体会从片状逐渐转变成球状,称为球化。由于石墨强度极低,并以片状出现,而使材料强度大大降低,脆性增加,称为石墨化。碳钢长期在 425 ℃以上环境工作就会发生石墨化。

3. 热疲劳性能

材料如果长期在冷热交替中工作,那么材料内部在温差变化引起的热应力作用下,会产生微小裂纹而不断扩展,最后导致破裂。因此,在温度起伏变化工作条件下的阀门,应考虑其材料热疲劳性能的问题。

4. 材料的高温氧化

材料在高温氧化介质环境中基体膨胀,其表面氧化膜容易产生塑性变形而脱落。碳钢在 570 ℃的高温气体中其基体上的氧化膜很容易腐蚀剥落,导致金属变薄。

---

① 本书作者依据付青林《阀体受力与强度计算公式的理论依据》一文,在设计 DN1 600/PN16、温度 350 ℃的蝶阀和 DN800/PN2.5、温度 350 ℃的蝶阀时,按照第三强度理论和第四强度理论的公式计算阀体受力与强度,经校核是安全的、可靠的,符合设计与使用要求。

为了使阀门满足高温下使用要求,高温阀门的设计和材料选用有一些和普通阀门不一样的特点,需要加以特别注意,这样才能保证其安全可靠和正常使用。常用的部分耐高温不锈钢的最高使用温度如表 11-5 所列,供设计时参考选用。

表 11-5　常用不锈耐热钢

工作温度	材料牌号	备　注
427 ℃(800 ℉)	CF8,304,304H, CF8M,316,316H, 321,321H, CK-20,310,310H	
538 ℃(1 000 ℉)	CF8,304, 304H, CF8M,316,316H, 321,321H, CK-20,310,310H	(1) 高温 PI级为 427～538 ℃,高温 PI级和PII级高温阀门的主体材料可选用:ZG0Cr19Ni11Ti, ZG1Cr18Ni9Ti, 321 和 321H;
650 ℃(1 200 ℉)	321*,321H, CK-20*,310*,310H, CF8M*,316*,316H	(2) 由于含 Ti 的不锈钢和不锈耐热钢的铸造性能差,因此,高温 PⅠ和 PⅡ级通常选用 CF8、304 和 304H 型耐热钢
732 ℃(1 350 ℉)	CF8*,304*,304H, CF8M*,316*,316H, CK-20*,310*,310H	
816 ℃(1 500 ℉)	CF8*,304*,304H, CF8M*,316*,316H, 321*,321H, CK-20*,310*,310H	

* 在温度超过 1 000 ℃工况下,仅当碳含量等于高于 0.04% 时才使用。

二、影响材料抗高温氧化性能的主要因素

1. 材料性质
材料性质包括化学成分、组织结构、热膨胀系数、弹性模量和泊松比等。
2. 氧化膜性质
氧化膜性质包括体积比、热力学稳定性、氧化膜金相组织、力学性质和物理性质。
3. 氧化膜/金属界面
氧化膜/金属界面包括氧化膜与材料的延伸生长关系、界面的几何形状、界面的化学变化和界面与界面结合强度等。
4. 气相
气相包括其化学成分、总压力、动态流速以及流动气体是否含有固体颗

粒、受外力状态的影响等。

三、影响材料蠕变性能的主要原因

1. 化学成分

碳含量 C,合金元素如 Mo、Cr、W、V、Nb 和 NI 等。

2. 工艺因素

冶炼工艺、热处理工艺、晶体粒度和预变形等。

3. 工作条件

温度变化、载荷变化和环境变化等。

4. 零件尺寸与形状

尺寸变化、应力集中、表面粗糙度和加工精度等。见表 11-6 和表 11-7。

表 11-6　常用铬钼高温钢的压力-温度额定值

工作温度	钢的牌号	不同磅级的工作压力（表压）/(lbf/in²)							
		150	300	400	600	900	1 500	2 500	4 500
427 ℃ (800 ℉)	WC4,WC5,F2	80	510	675	1 015	1 525	2 540	4 230	7 610
	WC6,F11C1.2,F121.2	80	510	675	1 015	1 525	2 540	4 230	7 610
	WC9,F22C1.3	80	510	675	1 015	1 525	2 540	4 230	7 610
	C5,F5	80	510	675	1 015	1 525	2 540	4 230	7 610
538 ℃ (1 000 ℉)	WC4,WC5,F2	20	200	270	405	605	1 010	1 685	3 035
	WC6,F11C1.2,F121.2	20	215	290	430	650	1 080	1 800	3 240
	WC9,F22C1.3	20	260	345	520	780	1 305	2 170	3 910
	C5,F5	20	200	265	400	595	995	1 655	2 985

注：WC4≤480 ℃,WC5≤500 ℃,WC6≤540 ℃,WC9≤570 ℃时使用。

表 11-7　常用不锈耐热钢在 816 ℃（1 500 ℉）时高温力学性能*

钢号		304	316	321	347	310
屈服强度/MPa		78.6	112.4	94.5	113.1	—
极限抗拉强度/MPa		144.8	172.4	141.3	168.2	—
弹性模量/GPa	E(抗压)	124.8	131.7	131.7	133.8	131.0
	G(剪切)	51.0	51.7	49.0	49.6	47.6
在 10 000 h 内产生 1%伸长的平均应力/MPa		10.3	16.5	10.3	13.8	20.7
在 100 h 产生断裂的平均应力/MPa	816 ℃	48.3	62.1	48.3	62.1	75.8
	871 ℃	27.6	41.4	—	—	48.3
在 1 000 h 产生断裂的平均应力/MPa	816 ℃	27.6	48.3	27.6	27.6	41.4
	871 ℃	20.7	20.7	—	—	27.6

表 11-7(续)

在 10 000 h 产生断裂的平均应力/MPa		22.4	25.5	15.7	20	—
在 100 000 h 产生断裂的平均应力/MPa		15.9	13.4	8.8	13.4	—
在 1 600 ℉(871 ℃)时的断裂特性/MPa	100 h	—	34.5	—	—	(310S)45.5
	1 000 h	—	18.6	—	—	(310S)27.6
	10 000 h	—	9.7	—	—	(310S)17.2
不加大 t ** 的压力容器的最大许用应力(抗拉数值)/MPa		5.2	10.3	6.9	6.9	1.4

* 在阀门设计和生产时要采用 ASTM 217 标准中 WC6 和 WC9 两种低 Cr 钢的 Cr-Mo 铸钢。

** t 在《不锈钢手册》(美国)的原译文中翻译为"受热"。

四、设计与计算项目

1. 阀体壁厚的计算

(1) 公式法。高温阀门的阀体壁厚计算公式如下(采用厚壁容器壁厚计算公式,根据 GB/T 150 系列标准选取;对于圆筒形阀体,当阀体内径与外径比超过 1.2 时):

$$S_B = \frac{pD_i}{2[\sigma]^t\phi - p} + C \tag{11-1}$$

式中　S_B——阀体壁厚,mm;

　　　D_i——阀体中径,mm;

　　　p——工作压力,MPa;

　　　ϕ——焊缝系数,取 $\phi=0.8$;

　　　$[\sigma]^t$——材料在一定温度下的许用应力,MPa;

　　　C——壁厚附加裕量,mm。

其他项目的计算与通用阀门计算方法基本一样,这里不再赘述。

(2) 直接查表法。查阅 ASME B16.34 可知阀体最小壁厚;也可查《高温高压阀门和低温阀门的设计、检验及使用》中表 19、表 20、表 21 所列 API 600 规定的最小壁厚以及表 22 所列规定值;同时适当加长阀盖颈部的长度,加快散热面积和速度。

为了操作安全,当阀门口径≤DN300、PN≥6.4 MPa 时,在介质进口端设置泄压阀;当阀门口径>DN300、PN≥6.4 MPa 时,在介质进口端设置压力平衡阀。

2. 阀轴的设计

阀轴最小直径按 API 600 标准参考选取(或计算选定),《高温高压阀门和低温阀门的设计、检验及使用》中表 23 为 API 600 阀杆最小直径规定。若用于高温耐磨工况，阀轴外径堆焊司太立合金层，并计算热膨胀系数。

3. 密封面的设计

密封面应堆焊司太立合金以提高密封面硬度，增加表面的抗擦伤性能。

4. 填料部位的设计

填料环圆柱面设计成开有 1～2 条沟槽、内锥面角度 26°，材料为不锈耐热钢，填料压盖内锥角 28°，填料为柔性石墨夹不锈钢丝编制，在圆周上面开 1 条缝隙，装配时交错 90°，预紧力要适当。填料箱结构应设计为伍德密封结构形式。填料函和填料宽度按《高温高压阀门和低温阀门的设计、检验及使用》中表 25 所列填料函和填料宽度选定。

5. 上密封结构的设计

上密封结构应设计成分体式，采用螺纹连接，密封面堆焊司太立合金并与压盖焊接多处（阀体、分体式密封座与压盖材料不同，膨胀系数也不同），以防止松动而造成泄漏。

6. 耐高温螺栓连接

螺栓与螺母材料按材料标准及使用温度范围选取，可参考表 11-8 和表 11-9 中数据适当选用。

表 11-8　阀门常用螺栓材料标准及使用温度范围

标准	材料	使用温度/℃	标准	材料	使用温度/℃
GB/T 699-2015	25	−20～350	GB/T 3077-2015	25Cr2MoV	−20～550
HG/T 3847-2006	35	≤425	GB/T 1221-2007	20Cr1Mo1V	−20～540
GB/T 699-2015	40	≤425	GB/T 1221-2007	20Cr1Mo1V	−20～540
GB/T 699-2015	45	≤425	GB/T 1221-2007	20Cr1Mo1VTiB	−20～570
GB/T 3077-2015	40MnB	−20～400	GB/T 1221-2007	20Cr1Mo1VNbB	−20～570
GB/T 3077-2015	40MnB	−20～400	GB/T 1220-2007	1Cr13	0～480
GB/T 3077-2015	40Cr	−20～400	GB/T 1220-2007	1Cr17Ni2	0～480
GB/T 3077-2015	35CrMo	≤480	GB/T 1220-2007	0Cr18Ni9	−250～800
GB/T 3077-2015	35CrMoA	−20～500	GB/T 1220-2007	1Cr18Ni11Nb	−250～800
GB/T 1221-2007	15CrMoV	−50～550	GB/T 1220-2007	1Cr18Ni9Ti	−250～800
GB/T 3077-2015	20CrMo	−20～550	GB/T 1220-2007	12Cr3MoVSiTiB	−200～800
GB/T 1221-2007	1Cr5Mo	0～620	GB/T 1220-2007	Cr18Ni12Mo2Ti	−200～800

表 11-9 高温高压螺栓、螺母材料选用

名称	工作压力 /MPa	工作温度/℃			
		30～350	420～510	≤540	≤570
螺栓	<2.5	25 35	30CrMo 35CrMo	25CrMo1V	20CrMo1VTiB 20Cr1Mo1VNbB
	>2.5		25Cr2MoV 17CrMo1V		
螺母	>2.5		30CrMo 35CrMo	25Cr2MoV 2Cr2Mo1V	

在高温工况下,考虑温度载荷宜采用粗牙螺纹,并适当加大螺纹中径的配合间隙。为防止出现应力松弛,必须使剩余的预紧力始终大于密封比压的状态,并应用锁紧措施,以保证连接紧固和密封。

7. 零部件各个部位的配合间隙

阀杆与上密封座的配合间隙要选择适当,应注意:阀杆材料的热膨胀系数应小于上密封座材料的热膨胀系数,防止热膨胀时发生卡死和过度磨损现象。

8. 填料密封结构的设计

高温高压阀门填料密封常采用两种结构形式:伍德密封(见图 11-1)和锥度密封(见图 11-2)。

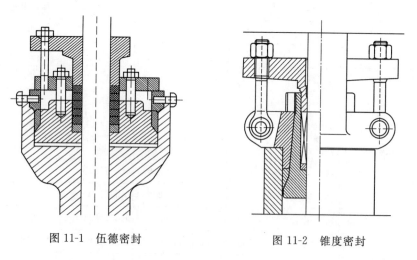

图 11-1 伍德密封　　　　　　　　图 11-2 锥度密封

将伍德密封结构与普通的强制密封结构(见图 11-3)相比较,可以看出:伍德密封结构随着材料的热膨胀可以上下浮动,不至于卡死和损伤零件,是适

合高温工况条件的比较理想的密封结构；伍
德密封结构不适合小口径的阀门，而是适合
DN600～DN800 及以上口径的高温阀门
使用。

　　伍德密封结构是目前高压加氢装置上
使用较为令人满意的一种高压自紧式密封，
其密封是靠密封环壳体锥面与浮动顶盖的
凸面接触来实现的，借预紧螺栓达到预紧作
用。当工作时，介质压力通过浮动顶盖传递
到填料密封环上，从而产生自紧作用。四合
环是可拆卸的，由 4 片组成并用 4 个螺栓调

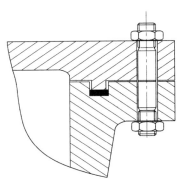

图 11-3　强制密封结构

整，四合环和填料密封环之间做成斜面，这样可越拉越紧。填料密封环（不
锈钢材料）三面做成斜形，给自紧作用建立了先决条件。由于浮动顶盖可以
自由移动，所以温度、压力有波动时密封性能良好，且有自紧作用。密封开
启速度快，适用于快开的场合。该结构虽然没有大螺栓，但密封结构较复
杂，零件多，组装时要求高，加工精度要求高，使用温度 $t < 350\ ℃$，压力 $p \geqslant$
30 MPa。如图 11-4 所示。

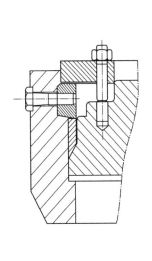

(a)　伍德密封结构

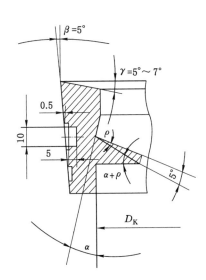

(b)　压垫的结构及受力分析

图 11-4　伍德密封结构受力图

　　伍德密封的主要零件有：顶盖，预紧螺栓，螺母，支撑环，四合环，拉紧螺

栓,填料密封环,阀体端部等。其中,支撑环结构见图 11-5;四合环结构见图 11-6,是由 4 块元件组成的圆环,每块元件均有一个螺孔,计算时是将四合环视为一个圆环进行强度校核的;填料密封环结构见图 11-7;顶盖结构见图 11-8。

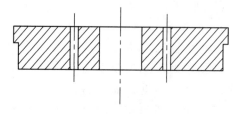

图 11-5 支撑环

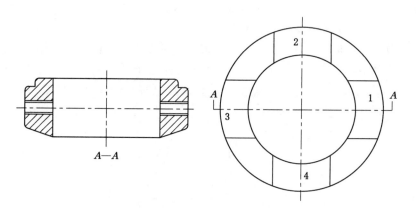

图 11-6 四合环

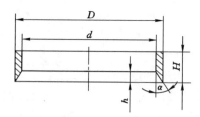

图 11-7 填料密封环

伍德密封结构与顶盖的受力分析如图 11-9 所示。假设预紧螺栓保证顶盖和密封环之间密封性的最低单位长度上的密封力为 q,考虑到摩擦力的作用,预紧螺栓预紧载荷 Q 计算公式为:

$$Q = \pi D_{\mathrm{K}} \frac{\sin(\alpha + \rho)}{\cos \rho} q \qquad (11\text{-}2)$$

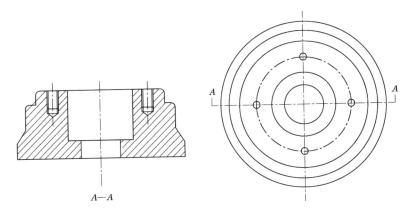

图 11-8　顶盖

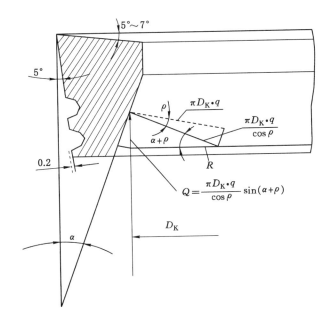

图 11-9　伍德密封结构与顶盖的受力图

式中　D_K——顶盖与密封环接触直径,这里设定 $D_K = 856$ mm;

α——密封圈锥角,取 $\alpha = 30°$;

ρ——摩擦角,取 $\rho = 8°30'$;

q——保证顶盖和密封环之间密封性的最低单位长度密封力,取 $q = 300$ N/mm。

对于伍德密封,预紧螺栓的预紧力一般控制在 5 500 N 左右,就能保证密封的可靠性了。至于密封环与顶盖的接触应力 $\sigma_{\max}$ 的校核,建议以 $0.6\sigma_{\max} \leqslant \sigma_s$ 为限制条件。

以下计算项目在实际设计时,可查阅《阀门设计手册》(杨源泉主编,第 385~388 页)计算公式:

(1) 蠕变的许用应力;

(2) 持久强度的许用应力;

(3) 伍德密封载荷;

(4) 材料的寿命;

(5) 强制密封螺栓载荷;

(6) 高温下连接温度载荷。

9. 根据不同的温度、压力等级和介质选择材料

近年来,用于火电、核电、化学工业反应装置等结构的材料使用温度越来越高,为适应高温机械发展的需要,保证机械设备的高度安全性,在设计、选择时材料要严格按照相关标准操作。

高温材料可使用的温度范围归纳如下:

(1) 碳钢:适用最高温度为 425 ℃,主要用于锅炉。

(2) 低合金钢:适用最高温度为 425 ℃,主要用于锅炉、化工、蒸汽汽轮机。

(3) 奥氏体不锈钢(18-8 系):适用最高温度为 700 ℃,主要用于锅炉、化工。

(4) 奥氏体锈钢(铸钢):适用最高温度为 1 000 ℃,主要用于化工。

(5) 镍、钴基合金(Ni 基,Co 基):适用最高温度为 1 000 ℃,主要用于燃气涡轮机、喷气发动机等。

阀门设计人员必须掌握耐高温材料相关标准以及材料的使用温度范围,在设计阀门时切不可随意选择材料,一定严格按照 ASTM A216 WCB、ASTM A217 WC1、ASTM A217 WC6、ASTM A217 WC9 等标准和《电站阀门铸钢件技术条件》(JB/T 5263—2005)、《耐热钢棒》(GB/T 1221—2007)等标准规定选择高温材料。

10. 腐蚀工况下高温阀门常用材料

(1) 临氢工况

碳钢及合金钢管道材料在临氢工况条件下使用时,易产生氢脆。根据金属中氢的来源不同,常分为内部氢脆、电化学氢脆和环境氢脆。我们平常所说

的氢脆,一般指环境氢脆,也常称为氢蚀。氢蚀与温度、压力和氢在钢中的溶解度大小有关。

临氢工况的材料选择,应根据管道最高操作温度加 20～40 ℃裕量和介质中氢气的分压,依据 Nelson(分压头)曲线选择合适的抗氢钢材,高温段常选用 Cr-Mo 钢。此外,由于奥氏体不锈钢在任何温度条件下或氢分压下不会脱碳,也可选用奥氏体不锈钢,但需考虑材料成本因素。

(2) 硫化氢腐蚀工况

石油化工项目中常存在硫化氢腐蚀工况问题,此时若选择普通阀门将无法满足安全生产的要求。由《高压加氢装置用阀门技术规范》(JB/T 11484—2013)可知,温度 $t \leqslant 120$ ℃且有水存在时,易引起钢产生应力腐蚀开裂;温度 $t \leqslant 240$ ℃且无水时,无腐蚀;温度 $t \geqslant 240$ ℃时腐蚀加剧,能引起钢的快速均匀腐蚀,且当氢气和硫化氢共存时,腐蚀速度加快。因此,在硫化氢腐蚀工况下,阀门材料的选择及要求可参照《高压加氢装置用阀门技术规范》(JB/T 11484—2013)执行。

(3) 其他腐蚀工况

在其他腐蚀工况下,高温阀门材料可根据介质和温度等条件选择不锈钢、镍基合金、钛合金等。如因科乃尔合金用于高浓度的氯化物介质,大化肥厂用 Inconel 600 和 Inconel 625 合金制造高压高浓度氧气阀门等。为了适应阀门在高温下使用要求,需要强调的是:高温阀门的设计和材料选用有一些与普通阀门不一样的特点,需要特别注意方可保证其安全稳定地正常运行。

11. 高温阀门材料的热处理

根据不同材料牌号及使用温度、介质等因素制订出切实可行的、合理的热处理工艺和热处理方案;同时,还必须做好阀门内件的硬化处理,如堆焊司太立合金、喷焊陶瓷材料等以增强密封面硬度和耐磨性。

12. 小结

(1) 高温阀门的设计和材料选用与普通阀门相比有着不同的特点,设计时要着重考虑;选择合适的材料及其许用应力。

(2) 在设计高温阀门时,温度是需要考虑的重中之重。高温阀门的结构必须遵循以下原则:

① >280 ℃时,适当加长阀盖颈部长度,要求采用较长的阀杆,使填料工作处在较低温度的环境。

② >350 ℃时,适当加大运动件间隙,密封副应堆焊司太立合金。

③ >450 ℃时,所有螺纹连接的密封环必须封焊,以防止松动。

④ >500 ℃时,所有导向套、导向段采用硬质合金面,导向套与其支撑件应点焊牢固。

⑤ >600 ℃时,应采用本体堆焊密封面的工艺和方法。

(3) 在高温热交变工况条件下的阀座、阀芯应设计为弹性结构(应采用伍德密封结构)。

五、阀体受力与强度计算

阀体的强度是决定阀门安全性的重要条件,由于阀体的形状各异,因而其受力情况亦各有不同。下面对常用的阀体强度计算公式进行一般性推导,对阀体壁厚计算中采用的强度理论和校核方法提出一点建议。

1. 论证与探讨

阀体壁厚设计除考虑介质对内壁的内压外,还要考虑阀门在关闭的瞬间、阀门在装配、管道连接时所施加的外力以及热效应所引起的一次加二次应力。因为过厚的阀体断面在高温下会产生相当大的热应力,会给铸造、焊接、管道安装、支撑等造成一定的困难,因此,根据实际操作经验,一般的计算公式都是借鉴压力容器或锅炉圆管的计算公式。

$$S = \frac{pD_B}{2.3[\sigma] - p} \tag{11-3}$$

$$S = \frac{pD_B}{2[\sigma] - p} \tag{11-4}$$

式(11-4)符合第三强度理论,即塑性材料的屈服破坏理论,是由厚壁管计算公式推导出来的。按照 Cen.Behan 公式,极限压力 p_{np} 为:

$$p_{np} = \frac{2}{\sqrt{3}}\sigma_s \ln k \quad (第四强度理论) \tag{11-5}$$

$$p_{np} = \sigma_s \ln k \quad (第三强度理论) \tag{11-6}$$

将极限压力 p_{np} 除以安全系数 n,即可得到以下计算公式:

$$p_{np} = \frac{2}{\sqrt{3}}\frac{\sigma_s}{n}\ln k \quad (第四强度理论) \tag{11-7}$$

$$p_{np} = \frac{\sigma_s}{n}\ln k \quad (第三强度理论) \tag{11-8}$$

已知

$$S = \frac{1}{2}(D_H - D_B) \tag{11-9}$$

$$k = \frac{D_H}{D_B} = \frac{D_B + 2S}{D_B} \tag{11-10}$$

经推导计算得：

$$\ln k \approx \frac{2S}{D_B + S} \tag{11-11}$$

将式(11-11)代入式(11-7)和式(11-8)后得出计算阀体壁厚 S 的计算公式：

$$S = \frac{pD_B}{\dfrac{4}{\sqrt{3}} \dfrac{\sigma_s}{n} - p} \tag{11-12}$$

$$S = \frac{pD_B}{2 \dfrac{\sigma_s}{n} - p} \tag{11-13}$$

式中　S——理论计算壁厚，mm；

　　　p——计算压力，MPa；

　　　p_{np}——材料的极限压力，MPa；

　　　$[\sigma]$——材料的许用应力，MPa；

　　　σ_s——材料的极限应力，MPa；

　　　k——系数；

　　　n——安全系数；

　　　D_H——阀体中腔外径，mm；

　　　D_B——阀体中腔或支管内径，mm。

利用式(11-12)和式(11-13)，考虑到工艺系数(如铸造偏差)和腐蚀余量等因素，即可得到式(11-3)和式(11-4)的计算形式。一般在普通阀门行业均可采用第四强度理论推导的公式计算阀体壁厚，当 $k = \dfrac{D_H}{D_B} \leqslant 1.5$ 时，其误差不超过 1.5%，计算结果是令人满意的。

2. 分析

采用第三强度理论推导阀体壁厚计算公式，其原因是要考虑阀体的失效问题。阀体失效主要有三种情况。

(1) 弹性失效：是指阀体内表面受压超过材料的屈服极限时，阀体就产生弹性失效，从而不能再用。

(2) 塑性失效：是指阀体的内外表面材料都发生了永久性变形后失效。

(3) 破坏压力失效：是指阀体壁遭到爆破才是真正失效，因为韧性材料都具有应变硬化现象。但爆破压力并不等于塑性失效。

根据对三种"失效"及四种强度理论的分析,如果按照破坏压力计算壁厚,目前还没有一个成熟、精确的公式。在拟定计算公式时,利用塑性失效计算壁厚,将第三强度理论作为对阀体强度计算的依据比较合理。但是,在阀体承受塑性极限压力时,符合式(11-3)和式(11-4)或式(11-5)和式(11-6),计算时应该以屈服极限代入。当阀体的蠕变符合式(11-3)的计算值时,在计算时应该将蠕变极限代入。

3. 小结

根据失效理论采用的塑性失效准则是比较先进的阀体壁厚计算方法。经过与美国、德国、日本和英国等国家管道或容器强度计算公式的比较,用式(11-4)计算的阀体壁厚处于中间值,经过长期运行考验,满足了阀门安全可靠运行的要求。因此,在目前条件下,使用第三强度理论(即塑性失效准则)计算阀体壁厚是既经济又合理的。在采用式(11-4)计算出壁厚后,对于铸造阀体的中腔和支管的接合处,再采用 ASME 第 Ⅱ 卷 NB-3545 给出的计算方法,计算阀体和支管交叉处的一次薄膜应力 $p_m = \left(\dfrac{A_f}{A_m} + 0.5 \right) p_s$,其中,$p_s$ 为计算压力(MPa),A_f 为流体面积(mm^2),A_m 为金属面积(mm^2)。该方法亦称面积补强法,使阀体强度计算更准确。

第三节　火电(电站)阀门的设计与结构

火电(电站)阀门属于高温高压阀门的一种,规格品种复杂,是在火力发电厂管道系统中使用数量最多的一种通用配套设备。火电厂的管道系统包括主蒸汽管道、高温再热管道、低温再热管道和高压给水管道,这四大管道系统中的阀门,不但可靠性要求高,而且在大机组全程用计算机程控时,必须能满足机组特性,保证打得开、关得严、不泄露、经得起长期冲刷和腐蚀。安装在电站蒸汽、水管道上的各种阀门,首先是密封性要好,不能泄漏;其次是强度和调节性能至关重要,要经得起高压蒸汽、水的冲蚀,尤其是化学水处理系统的阀门耐腐蚀性要好。

鉴于火电厂生产实际情况,设计师需要针对上述多种影响阀门性能的因素,充实和掌握电站阀门设计领域知识并加以分析和总结,希望能够给我国电站阀门的设计与应用提供更多的、成熟的技术理论和可借鉴的工作经验。

电站阀门是一种通用机械产品,产品设计要求设计师具有机械设计的一般知识,同时还应对电站阀门产品的结构特点和设计过程有理性认识。因此,要求设计师既能够熟练掌握通用机械产品设计知识,又具有阀门设计的实际工作经验,这样才能胜任电站阀门的设计工作,制造出优质的产品。

一、电站阀门设计执行的标准

电站阀门设计执行的技术标准,常用的有中国标准和国外标准,中国标准如:《火力发电用钢制通用阀门订货、验收导则》(DL/T 922—2016)、《电站阀门》(NB/T 47044—2014)、《钢制阀门 一般要求》(GB/T 12224—2015)等;美国标准如:ANSI(美国国家标准学会)、ASME(美国机械工程师学会)、ASTM(美国材料与试验协会)、API(美国石油协会)标准等。另外,阀门产品设计的相关标准有不同的适用范围,有些标准是适用于各类阀门产品的,如阀门的公称通径标准系列和公称压力标准系列等;有些标准是针对具体的阀门品种的,如蝶阀阀座最小流道通径标准、法兰连接蝶阀结构长度系列等。

二、电站阀门产品结构与设计

电站阀门产品设计执行标准是《火力发电用钢制通用阀门订货、验收导则》。电站阀门的总体结构设计基于管路系统和介质对阀门提出的使用要求,即阀门设计应满足工况介质的压力、温度、腐蚀、流体特性,以及操作、制造、安装、维修等方面对阀门提出的全部要求。这些要求反映在阀门设计的基础技术数据上,即所谓的"设计输入程序控制",主要包括阀门的用途或种类、介质的工作压力、介质的工作温度、介质的理化性能等。同时,对于电站阀门与管道的连接形式以及阀门的驱动方式也有很高的设计要求。根据使用要求和相关设计标准,可以确定阀门产品的总体设计方案。总体设计数据作为阀门主要结构和性能参数,指导和影响整个产品的详细结构设计过程,决定了产品各结构参数的组成及选择。因此,可将上述参数定义为产品实例的索引属性,作为产品实例检索的重要依据。

三、电站阀门的密封设计

电站阀门的自密封楔形垫组合结构见图 11-10,楔形垫结构见图 11-11。

当管道介质压力由低向高变化时,此类阀门要始终保持密封必须满足两个条件:一是通过预紧螺栓产生一定的初始比压;二是在高压时密封面不被高压压溃。为了满足这两个条件,设计楔形垫时就要考虑其材料既要满足低压时的塑性变形,又要有足够强度避免高压时因密封力过大而压溃密封面。为解决这一矛盾,通常做法是将强度高的材料表面镀一层软质镀层

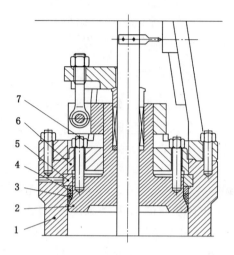

1—阀体；2—阀盖；3—楔形垫；4—压环；5—四合环；6—支撑环；7—预紧螺栓。

图 11-10　楔形垫组合结构

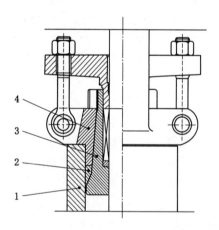

1—阀体；2—阀盖；3—楔形垫；4—支架。

图 11-11　楔形垫结构

或涂覆层。

　　通过分析可以发现,现有的楔形垫密封结构存在以下缺点:零件加工精度高,装配要求高;增加镀层或涂覆层使成本加大,且由于镀层或涂覆层在高温时存在剥落可能,低压时密封不可靠。

　　针对这种自密封结构的不足,设计双密封圈与自紧式密封相结合的双层密封圈,如图 11-12、图 11-13 所示。

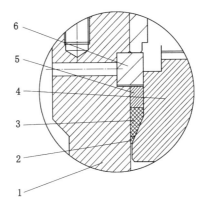

1—阀体;2—软质密封圈;3—硬质密封圈;4—阀盖;5—压环;6—四合环。

图 11-12　双层密封圈结构

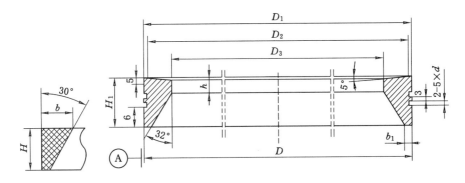

图 11-13　双层密封圈分解图

双层密封圈的设计:

(1)软密封圈用柔性石墨或柔性石墨编织填料压制而成,图 11-13 中所示尺寸为压制后尺寸。考虑到材料的压缩量及回弹量较大,H 尺寸可适当放大。

(2)金属密封圈是弹性设计,在设计过程中尺寸 $D_1 = D - 1.5$。还要注意 H_1 的大小,在密封圈外圆上适当设计槽的数量和大小,以增加弹性。

(3)软密封圈斜角为 30°,金属密封圈斜角为 32°。在金属密封圈开始密封时,保证金属密封圈上口首先密封,从而使金属密封圈具有弹性。

这样的设计不仅具有现有楔形垫密封结构的优点,而且可以成功弥补其缺点,具体分析如下:

(1)因为双密封结构有软密封存在,所以其所需的螺栓预紧力要小许多,初始密封比压小,在低压情况下容易密封。设计时可适当减小预紧螺栓,降低阀门成本。

(2) 由于柔性石墨的压缩率远大于金属材料,而且柔性石墨的线膨胀系数又远小于金属材料,所以当压力和温度逐渐升高时,弹性金属密封圈开始受力密封,而软密封圈受力很小,这样既保证了高温、高压下的密封,又能避免软密封圈被压溃。

(3) 由于初始密封靠柔性石墨密封,所以弹性金属密封圈、浮动阀盖及圆筒端部的加工精度可以降低,而且金属密封圈不用镀层或涂覆层,也可降低成本。

(4) 双密封结构对顶盖安装误差要求不高,使装配难度大大降低。

(5) 由于是软硬双层密封圈密封,所以在温度、压力产生波动的情况下也能实现可靠密封。

自密封结构阀门设计的关键在于把普通楔形垫结构改成双密封圈结构。低压时靠柔性石墨或柔性石墨编织材料压制的软密封圈实现可靠密封,高压时靠弹性金属密封圈实现可靠密封。这样不仅弥补了现有自密封结构的缺陷,而且可以降低成本,特别适用于大口径及高温、高压下的电站阀门,是一种很有应用和推广价值的自密封结构。

四、电站阀门设计技术示例

1. 真空阀

以真空阀为例,其密封是静密封,材料为柔性石墨。气动止回阀开启时间是 0.5 s,旋启式止回阀和液动止回阀开启时间是 2~3 s。

2. 主要材料及使用温度

WCB 使用温度 425 ℃ 以下;WC1 使用温度 450 ℃ 以下;WC6、WC9、CrMoV 使用温度 540 ℃ 以下;12Cr1MuV、WC6 使用温度 565 ℃ 以下;ZG20CrMoV、WC9 使用温度 593 ℃ 以下。

(1) 火电高压缸用阀门的适用温度及压力范围:① 540 ℃ 时,PN100;② 300 ℃ 时,PN25。

(2) 主蒸汽管路用阀门的适用温度及压力范围:① 345 ℃ 时,PN25;② 540 ℃ 时,PN40 和 PN100。

3. 零件常用材料

12CrMoV 适用于温度 540 ℃,压力 14.25 MPa、32 MPa,DN10~DN50 的阀门。注意:若超过 450 ℃,WCB(ZG25-Ⅱ)基本不用,温度在 425~427 ℃ 时选用。温度在 -29 ℃ 时,WCC 必须做冲击试验。

国外 WC1 适用于温度 450 ℃,化学成分要求 0.5Mo;WC6 化学成分要求:1.5Cr、0.5Mo,F11(锻造);WC9 化学成分要求:2.25Cr、1.25Mo,F22(锻造)。

国内 ZG20CrMoV 适用于温度≤540℃,W(焊接);ZG15Cr1Mo1V、1Cr5MoV 适用于温度≤570 ℃,C(铸造);12Cr1MoV 适用于温度≤550 ℃,常用于石油、化工行业,且抗热裂、焊接性能好。

堆焊常用的焊条牌号:D577、D507、D547Mo、TC6、TC12,硬质合金丝111~112,HRC55。

(1)阀杆材料:1C13,20Cr13,σ_b≥60 MPa,压力≤10 MPa;温度、压力增加时,用 1Cr17Ni2、38CrMoAi(氮化处理)、20Cr1Mo1V。阀杆表面硬化处理,耐高温不锈钢用 1Cr18Ni9Ti(σ_b≤80 MPa)。

(2)上密封设计为组合式,并堆焊硬质合金;若为螺纹连接的结构,安装后点焊牢固,不得松动。

(3)阀座材料:采用配对方法,TC4~TC12,材料不同即可。

(4)密封环材料:软密封时,柔性石墨夹不锈钢丝;硬密封时,柔性石墨与奥氏体不锈钢组合密封;软金属密封时,不锈钢退火处理。

(5)支架:不论高低温和介质,不与介质接触,用 WCB、WCC 等。

(6)螺栓材料:260 ～ 350 ℃ 时,使用 45/35 钢;540 ℃ 时,使用 25Cr2MoVA/20Cr1MoVA。

(7)阀杆螺母材料:压力较低的用铜合金 ZQAl9-4,口径大的用双金属外钢内包铜丝,压力高的用 66-6-5-2 黄铜。

4. 根据设计要求选择电装

在实际应用中,操作压力、操作温度、介质密度和黏度往往是波动的,导致实际阀门开启、关闭力和力矩有很大变化。为了确保执行机构能满足稳定工作要求,电动执行机构的输出力矩留有一定的余量。考虑到既能满足操作要求又不构成浪费,一般预留至少 1.2～1.5 倍的安全系数。

五、电站阀门启闭力矩计算

某电站阀门在启闭过程中有卡阻现象,下面对该阀门的启、闭力矩进行计算,以确认现有电动头额定输出力矩是否在设计范围内、能否安全使用等技术问题。

1. 计算方法适用范围

这里介绍的计算方法来自于 EDF(法国电力公司)关于 V、W、C 以及 S 型电动机械化隔断阀定尺寸的意见书及其检验,经和国内阀门设计计算手册对比,原理基本一致。这里需要校核的阀门均是带弹簧的平行双闸板闸阀,即 EDF 计算方法中 V 形平行闸板阀。

2. 操作力矩的确定

操作力矩按下式计算：

$$C = \frac{Q_t}{R} T_F \tag{11-14}$$

式中，Q_t 为关闭阻力；R 为远距离控制效率；T_F 为阀杆系数。

$$Q_t = (Q_1 + Q_2 + Q_3 + Q_4 - Q_5) C_R \tag{11-15}$$

式中　Q_1——压差引起的阀瓣与阀座间的摩擦力，且包括活塞力；

　　　Q_2——阀杆推力；

　　　Q_3——填料在阀杆上引起的摩擦力；

　　　Q_4——保证密封所需的力（对于平行闸板阀，Q_4 为 0）；

　　　Q_5——活动件重量（相对于阀杆推力，可忽略）；

　　　C_R——扭矩反作用系数，C_R 接近 1。

阀杆系数按下式计算：

$$T_F = \frac{\tan\alpha + \dfrac{\mu_2}{\cos\beta}}{1 - \tan\alpha \dfrac{\mu_2}{\cos\beta}} R_m \tag{11-16}$$

式中　R_m——螺纹平均直径，mm；

　　　$\tan\alpha$——螺线斜度，$\tan\alpha = $ 螺距$/(2\pi R_m)$；

　　　$\cos\beta$——螺纹斜度（2β 为梯形螺纹的牙型角，这里 $\beta = 15°$）；

　　　μ_2——阀杆螺纹摩擦系数，$\mu_2 = 0.15$；

　　　α——梯形螺纹升角，(°)。

3. 计算裕度确定

考虑到设计所涉及的不确定性，计算时留有一定的裕量。这些不确定性主要包括：

（1）转矩限制器的调节；

（2）阀瓣、阀座摩擦，控制机构摩擦；

（3）弹性闸板闸阀的定位。

考虑到以上这些因素，计算采用的裕量为：平行双闸板闸阀取 20%。

4. 阀门力矩适用公式

对于 V 形平行闸板阀，如果 $1.5 \times p_{ms} \leqslant 100$ bar，采用公式 1：

$$C_{ma} = \frac{T_F}{R} \left\{ 0.4 \times \left[\frac{\pi D_s^2}{4} (\Delta p + 2S_p) + 2F_R \right] + \right.$$

$$\left. \frac{\pi D_t^2}{4} (p_{fonc} + S_p) + 10\pi D_t h \right\} \times 1.2$$

如果 $1.5 \times p_{ms} > 100$ bar,采用公式2:

$$C_{ma} = \frac{T_F}{R} \left\{ 0.4 \times \left[\frac{\pi D_s^2}{4} (\Delta p + 2S_p) + 2F_R \right] + \right.$$

$$\left. \frac{\pi D_t^2}{4} (p_{fonc} + S_p) + \frac{1.5 p_{ms}}{100} 10\pi D_t h \right\} \times 1.2$$

式中,F_R 为弹簧引起的力,其值依照阀的公称直径而定。F_R 值一般较低,在计算中可忽略不计。

5. 计算结果

阀门力矩计算结果见表 11-10～表 11-14。

表 11-10　阀门力矩计算结果表(1)

几何参数	计算值	定义
D_s	150 mm	底座的平均直径
D_t	40.5 mm	阀杆光滑部分直径
h	60.5 mm	填料的高度
R	6 mm	梯形螺纹的螺距
N_{bf}	1	螺纹的数量
S_p	0	活塞效应,对蒸汽取0
p_{ms}	8.5 bar	最大工作压力
p_{fonc}	8.5 bar	运动压力
Δp	8.5 bar	最大压差

表 11-11　阀门力矩计算结果表(2)

主要的常量	值	定义
裕量	0.2	计算力矩不准确性裕量
μ_1	0.4	阀板与底座的摩擦系数
μ_2	0.15	阀杆螺纹摩擦系数

表 11-12　阀门力矩计算结果(3)

中间结果	值	定义
T_F	3.897 867	阀杆系数
R_m	18.75 mm	阀杆螺纹平均直径

表 11-13　阀门力矩计算结果(4)

阀杆的推力	值	定义
Q_1	60 052.5 N	由压差所产生的力
Q_2	10 944.57 N	阀杆底部的力
Q_3	9 809.58 N	填料作用阀杆上的压紧力
Q_t	80 806.65 N	关闭总推力

表 11-14　阀门力矩计算结果(5)

主要结果	值	定义
C	315 N·m	无裕量的操作力矩
C_{ma}	378 N·m	有裕量的操作力矩

　　从上述计算结果来看,该阀门的计算电装力矩值为 378 N·m,而现场使用的电动头的额定输出力矩为 400 N·m,所以电动机构满足现场使用要求。

第四节　耐腐蚀阀门的设计、制造与试验

一、氟塑料衬里阀门概述

　　耐腐蚀材料有很多,其中氟塑料具有优异的耐腐蚀性。氟塑料衬里阀门制造历史较短,大规模生产也就近十多年,所以现在还没有一个统一、专门的行业产品标准,一般阀门制造厂都是参照钢制阀门标准设计、制造的。现在迫切需要制定氟塑料衬里阀门企业标准和国家标准,以指导氟塑料衬里阀门的设计、制造和试验工作。从氟塑料材料性能来讲,它是优越的热塑性材料,最初用于宇航工业,典型的聚四氟乙烯(PTFE)材料具有优良的耐热性和耐寒性,摩擦系数低和自润滑性好,还具有优良的电绝缘性和优异的化学稳定性,可耐各种强酸、强碱和强氧化剂的腐蚀,甚至可耐王水,有"塑料王"之称的美名。由于氟塑料具有这些优异特性,所以特别适合作耐腐蚀性较强的阀门

材料。

现代石油、化工工业的迅速发展,带动了衬里阀门的发展,较早生产的衬橡胶和搪瓷阀门已不能满足日新月异的工业需要。因此,出现了各种材料的衬里阀门,其中衬氟塑料阀门已成为现代石油和化学工业中应用最广泛的阀门品种之一。因为氟塑料的抗拉强度和硬度相对较低,不适宜单独作阀门壳体材料,所以通常作为衬里材料采用。氟塑料衬里阀门的外壳材料一般采用灰铸铁、球墨铸铁、碳素钢、不锈钢、铜合金和铝合金等金属,其中灰铸铁机械强度低、容易碎裂,现在已经很少使用。

二、氟塑料衬里阀门的技术规范和要求

1. 氟塑料衬里阀门的技术规范

氟塑料衬里阀门的设计压力一般为 PN≤2.0 MPa,其使用温度应根据壳体材料和氟塑料的适用温度综合确定,一般碳钢氟塑料衬里阀门的工作温度为−29～180 ℃。各类氟塑料衬里阀门的公称尺寸可根据阀门的种类不同而各不相同,可以根据企业的技术水平状况及创新能力结合现实生产条件确定。

氟塑料衬里阀门的技术规范可参照相应金属阀门的技术或设计规范。例如:氟塑料衬里阀门的技术要求按照《氟塑料衬里阀门通用技术条件》(HG/T 3704—2003)执行;氟塑料衬里闸阀的技术要求执行《石油、天然气工业用螺柱连接阀盖的钢制闸阀》(GB/T 12234—2019);氟塑料衬里截止阀和升降式止回阀执行《石油、石化及相关工业用钢制截止阀和升降式止回阀》(GB/T 12235—2007);氟塑料衬里旋启式止回阀执行《石油、化工及相关工业用的钢制旋启式止回阀》(GB/T 12236—2008);氟塑料衬里球阀的技术要求按照《石油、石化及相关工业用的钢制球阀》(GB/T 12237—2021)执行;氟塑料衬里蝶阀的技术要求执行《法兰和对夹连接弹性密封蝶阀》(GB/T 12238—2008)执行;氟塑料衬里隔膜阀的技术要求按照《工业阀门 金属隔膜阀》(GB/T 12239—2008)执行;氟塑料衬里旋塞阀的技术要求按照《铁制旋塞阀》(GB/T 12240—2008)执行。

2. 氟塑料衬里阀门的相关技术要求

由于氟塑料衬里阀门有其自身的特点,因此必须满足相关的技术要求。

(1)氟塑料衬里阀门金属壳体最小壁厚按照《钢制阀门 一般要求》(GB/T 12224—2015)中的规定选取,其压力等级按 1.6 MPa 或 2.0 MPa 选取。但阀门金属壳体壁厚不包括衬里层厚度,衬里层厚度推荐采用表 11-15～表 11-17中数据;也可按用户要求确定。

表 11-15 蝶阀公称尺寸、公称压力和氟塑料衬里厚度

公称尺寸 DN		40	50	65	80	100	125	150	200	250	300
氟塑料衬里	最小厚度/mm	3.0		3.5			4.0		4.5		
	公差	0～+0.8		0～+1.0							
公称尺寸 DN		350	400	450	500	600	700	800	900	1 000	1 200
氟塑料衬里	最小厚度/mm	5.0			5.5		6.0				
	公差	0～+1.0									

注:对夹与法兰连接蝶阀结构长度按《金属阀门 结构长度》(GB/T 12221—2005)执行。

表 11-16 球阀氟塑料衬里厚度

公称尺寸 DN		15	20	25	32	40	50	65	80	100	125	150	200
氟塑料衬里	最小壁厚/mm	2.5				3.0		3.5		4.0			4.5
	公差	0～+0.8				0～+1.0		—		—			—

注:球阀结构长度按 GB/T 12221—2005 执行。

表 11-17 旋塞阀、截止阀与隔膜阀氟塑料衬里厚度

公称尺寸 DN		15	20	25	32	40	50	65	80	100	125	150	200	250	300
氟塑料衬里	最小壁厚/mm	2.3				3.0		3.5		4.0			4.5		
	公差	0～+0.8								0～+1.0					

注:旋塞阀、截止阀与隔膜阀结构长度按 GB/T 12221—2005 执行。

(2)氟塑料衬里阀门的结构长度按《金属阀门 结构长度》(GB/T 12221—2005)的规定;也可按用户的要求确定其结构长度。

(3)氟塑料衬里阀门的法兰连接尺寸按《钢制管法兰 第 1 部分:PN 系列》(GB/T 9124.1—2019)或行业标准执行;也可由用户在订货合同中确定。但不得采用焊接连接方式。

(4)氟塑料衬里阀门公称尺寸可按表 11-17 选取;也可根据用户要求确定。对于阀门材料的 X 射线无损探伤检测,按用户要求给予满足。

(5)氟塑料衬里阀门的手轮或扳手上使用脱开力或轴力所需要的最大力应不超过 360 N。扳手应不长于 2 倍的阀门结构长度。

(6)如果用户有要求,阀门应提供锁定机构。锁定机构应设计为在开启或关闭位置锁定阀门。特别是用于有毒有害介质的阀门,应提供锁定机构以保证使用安全。

(7)配有手动或动力驱动装置的阀门应提供一个可见的位置指示器,以

指示关闭件的开启和关闭位置。特别是氟塑料衬里闸阀和截止阀，位置指示器的作用十分明显，因为氟塑料相对较软，用力过大容易损坏密封面，降低使用寿命。对于旋塞阀和球阀，当阀门处在开启位置时，其扳手或位置指示器应与管道在一直线上，当阀门处在关闭位置时，其扳手或位置指示器应横置于管道上。

（8）操作装置和阀杆加长装置应提供一种防止由阀杆或阀盖密封泄漏所引起的在机构中压力聚积的方法。外部的连接应加以密封，如用垫片或 O 形圈密封，以防止外界杂质进入机构。

（9）驱动装置可采用电动、液动、气动和蜗杆传动方式。驱动装置与阀盖或阀杆加长装置的连接面应设计成能防止零件错误或不当的装配。驱动装置的输出应不超过阀门驱动链的最大载荷能力。

（10）阀杆应设计有防喷出机构，以防止在阀杆填料或保护圈卸去后在内压作用下阀杆窜出。

3. 氟塑料衬里阀门的内部结构

（1）常规阀门的设计，只需要考虑阀门铸件的铸造工艺性和结构的合理性。但对于氟塑料衬里阀门，还应考虑衬氟塑料的模压工艺性、生产成本和流道畅通性等问题。

例如，普通截止阀的 S 形壳体流道设计如图 11-14 所示，在铸造工艺上没有问题。但如果是氟塑料衬里截止阀设计成这样的结构，氟塑料衬里模压工艺将无法实现。为了满足氟塑料衬里模压的工艺性要求，同时符合截止阀的一般性能参数规范，氟塑料衬里截止阀应设计成如图 11-15 所示结构。

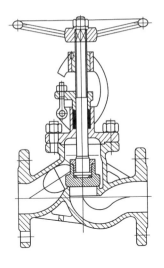

图 11-14　普通截止阀

又如，球阀的球体与阀杆，蝶阀的蝶板与阀杆，其常规设计是分开的（见图 11-16）。如果氟塑料衬里球阀和蝶阀采用这种连接方式，可以达到规定的衬氟工艺要求，但使用过程中常常出现问题：阀杆头部受力部位在反复交变受力过程中，容易损坏衬里层，导致钢质骨架受到腐蚀性介质的腐蚀而失效，从而缩短阀门使用寿命。因此，通常设计成阀杆与阀瓣整体式的结构（见图 11-17），这样使用效果良好。

（2）氟塑料衬里阀门的内部设计形状应尽量简洁，要充分考虑模具制造的难易、模压工艺的合理性、制造成本的高低，并保证介质流动顺畅，要求衬里面平整，所有转角处呈圆弧过渡，圆弧半径 $R \geqslant 2$ mm。

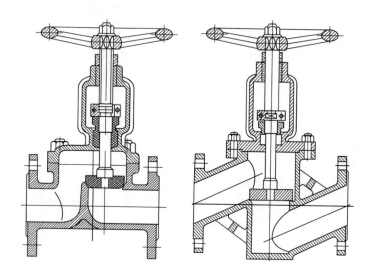

图 11-15 衬氟塑料截止阀

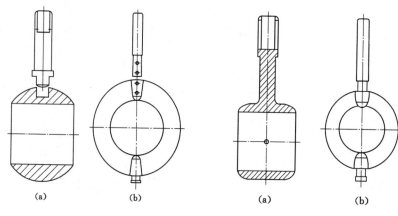

| (a) | (b) | | (a) | (b) |

图 11-16 阀杆与阀瓣分离式结构　　　图 11-17 阀杆与阀瓣整体式结构

（3）氟塑料衬里阀门的壳体内件如采用焊接方式,其焊缝应设计成连续焊,并且为对接焊缝。焊缝应符合《压力容器 第 1 部分:通用要求》(GB/T 150.1—2011)的规定。

（4）法兰面的衬氟塑料应设计成衬满密封面,并且有扣紧基体的设计结构,防止衬里脱壳。防止氟塑料衬里脱壳方法如图 11-18 所示。

（5）氟塑料衬里层厚度不得小于 2.5 mm。氟塑料是高分子材料,具有吸收少量与其接触的气体的特性,随着温度升高,材料体积膨胀,分子之间空隙增大,渗透吸收加剧,只有适当增加厚度才能减少渗透。经过探讨、实践和多

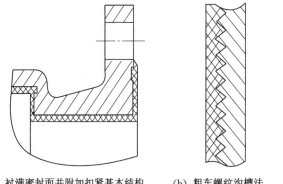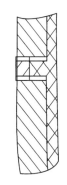

(a) 衬满密封面并附加扣紧基本结构　　(b) 粗车螺纹沟槽法　　(c) 螺纹孔紧固法

图 11-18　防止氟塑料衬里脱壳方法

次反复试验,确定衬里最小厚度 $\delta \geqslant 2.5$ mm 较为合适。

（6）氟塑料衬里层的表面应当光滑平整,无气孔、裂纹、夹杂物等缺陷。法兰的翻边处及其他转角处应色泽均匀,无泛白现象。

三、氟塑料衬里阀门主体材料及氟塑料衬里材料的选择

氟塑料衬里阀门主体包括阀体、阀盖、阀瓣和阀杆等零件,其材料包括灰铸铁、球磨铸铁、碳素钢、不锈钢、铜合金和铝合金等,可根据不同工况条件选用。

氟塑料衬里阀门的衬里材料必须符合相关材料标准的规定,宜选用密度 $\geqslant 2.16$ g/cm^3 的氟塑料,且不允许有杂质存在。目前常用的氟塑料有 FEP（F46）、PFA、PTFE（F4）和 F2 等,见表 11-18。新型塑料工程材料的不断出现,给阀门衬里材料增添了更多的品种。用于食品、医药、卫生级阀门的衬里材料,还应是无毒、无菌、无杂质及清洁卫生的材料,严禁使用再生、回收或无牌号的材料。

表 11-18　氟塑料名称及简称

名　　称	简　　称
聚四氟乙烯	PTFE（俗称 F4）
可溶性聚四氟乙烯	PFA
聚全氟乙丙烯	FEP（俗称 F46）
乙烯-四氟乙烯共聚物	ETFE

表 11-18(续)

中文名称	简　称
聚三氟氯乙烯	PCTFE
乙烯-三氟氯乙烯共聚物	ECTFE
聚偏氟乙烯	PVDF
聚氟乙烯	PVF

四、阀门的壳体试验与阀门的压力试验

1. 壳体试验

阀门的壳体试验按照《工业阀门 压力试验》(GB/T 13927—2008)和《钢制阀门 一般要求》(GB/T 12224—2015)执行。壳体试验是对阀体和阀盖等连接而成的整个阀门壳体进行试验,目的是检查阀门壳体(包括固定连接处在内)的结构强度、耐压能力和致密性。试验时间要求见表 11-19。

表 11-19　阀门壳体试验最小试验时间

美标公称尺寸 NPS	≤2	$2\frac{1}{2}\sim6$	8～12	≥14
公称尺寸 DN	≤50	65～150	200～300	≥350
试验时间/s	15	60	120	300

2. 阀门密封试验

试验介质温度是指用于阀门压力试验加压的液体或气体的温度,除另有特别规定外,温度应在 5～40 ℃ 范围内。阀门密封试验按 GB/T 13927—2008 和 GB/T 12224—2015 执行。试验时间要求见表 11-20。

表 11-20　阀门密封试验最小持续密封时间

美标公称尺寸 NPS	≤2	$2\frac{1}{2}$	10～18	≥20
公称尺寸 DN	≤50	65～200	250～450	≥500
试验时间/s	15	30	60	120

注:(1) 与阀体绝缘的内件,可能是聚静电荷之处,如球阀中不导电材料制造的阀座和密封件等。

(2) 当使用工况要求防止静电时,应设计为接地条件;或按用户要求设计。

第五节　低温阀门的设计、制造与试验

低温阀门是指能够在低温工况下使用的阀门,通常把工作温度低于−40℃的阀门称为低温阀门。低温阀门是石油化工、空气分离、天然气等工业不可缺少的重要设备之一,其阀门质量的优劣决定着能否安全、经济、持续地安全生产。随着现代科技的发展,低温阀门的用途越来越广,需求量也越来越大。

低温阀门属于特殊的阀门,国外有 CF8、LCB、LF1、F304 等 10 多种产品,适用于不同的温度和介质,且都制定了相关标准,不仅规定了铸锻件的尺寸和外观质量要求,还对铸锻件的化学成分、热处理、力学性能、物理性能、焊接、焊补后的热处理、探伤、晶间腐蚀试验(奥氏体钢)、冲击试验(低温阀门)等做了严格的技术要求。而国内的低温阀门生产能力尚低,有关低温阀门标准相对简单,对一些具体技术问题只规定了可靠性、配套能力等方面,与国外产品尚存在一定的差距,因此目前国内使用的低温阀门绝大部分依赖进口。鉴于国内在低温阀门研究开发方面存在的不足,本节对低温阀门的设计、制造与试验加以介绍。

一、低温阀门的一般设计要求

低温阀门工作条件苛刻,其工作介质大部分为易燃、易爆、渗透性强的物质,最低工作温度可达−269℃,最高使用压力达 10 MPa。因此,低温阀门的设计、制造、检验与通用阀门相比有很大的区别,其设计、制造技术要求更高。一般来讲,根据低温阀门的使用工况,对设计工作提出以下几点要求:

(1)阀门及其组合件在低温介质及周围环境温度下应具有长时间工作的能力(一般为 10 年或者是 3 500~5 000 次循环)。

(2)阀门相对于低温介质,不应成为一个显著热源,这是因为热量的流入会降低热效率,而且热量流入过多还可能使阀门内部的低温介质气化,产生异常升压,造成危险。

(3)低温介质不应对手轮的操作性能和填料的密封性能产生有害影响。

(4)直接与低温介质接触的阀门组合件的结构应当符合相关的防爆和防火要求。

(5)在低温状态下工作的阀门组合件不能润滑,所以需要采取措施防止出现摩擦部件被擦伤的现象。

上述要求应当贯穿低温阀门设计过程的始终;另外应当注意,上述要求是对低温阀门特有的要求,在低温阀门设计过程中,还应当同时遵守相关的通用阀门的各项技术要求。

二、低温阀门技术水平评价指标

在低温阀门设计过程中,除了考虑低温阀门的流通能力和流道阻力等要求外,还要考虑一些其他指标,以便更好地对低温阀门的技术水平进行评价。通常通过衡量能量消耗是否合理来对低温阀门技术水平进行评价,其主要评价指标如下。

1. 低温阀门的绝热性能

利用进入阀门的低温介质的热流流量 Q_1 与所通过的低温介质的质量比来衡量低温阀门的绝热性能。但在介质种类不变,仅流速发生变化时,比值就会变化,因此用这种方法作为评价低温阀门的绝热性能的指标显然是不合适的。为此可采用指标 K_T 进行统一比较。

$$K_T = \frac{\alpha_T P}{DN^2 \Delta T} \tag{11-17}$$

式中 P——单位时间内进入低温介质的热量,$P = Q_1/T$,W;

α_T——比例系数,考虑低温阀门一般在液氮中进行试验,所以取 $\alpha_T = 0.021\,6$;

ΔT——周围环境温度(20 ℃)与低温介质温度之间的差值,℃;

DN——阀门的公称直径,m。

K_T 值对于同一种介质近似常数,只和阀门本身性质有关。

2. 低温阀门的冷却性能

低温阀门的冷却性能是指低温阀门从常温冷却到工作温度的能力。冷却性能可以利用阀门在冷却过程中所消耗的能量,即在冷却过程中阀门传给低温介质的热量 Q_2 来衡量。对于周期性工作的低温阀门来说,冷却性能指标有着极其重要的意义。但仅仅用 Q_2 来衡量低温阀门的冷却性能是不够的,还可采用 K_m 指标:

$$K_m = \frac{21.6 Q_2}{DN^2 \Delta T} \tag{11-18}$$

3. 低温阀门启闭密封件的工作性能

在低温条件下,阀门启闭密封件的性能往往遭到破坏。为了实现可靠密封,必须采用合理的密封结构或者加大密封比压,因此需要对密封效果进行评价。通常可采用与泄漏量有关的参数 K_s 来衡量低温阀门密封能力:

$$K_s = \frac{\Delta V}{6DN} \times 10^{-3} \tag{11-19}$$

式中 ΔV——在工作寿命期限内气体的平均渗漏量,m³/s。

4. 低温阀门表面不结冰的条件

低温阀门工作时,其表面不应结露,更不应结冰。阀门外表面是否结露,首先取决于周围空气温度和零部件表面温度之间的差值 ΔT_1，其次取决于空气的露点温度。事实上，在全天候条件下，彻底消除阀门表面结露是很困难的。但是如果 ΔT_1 满足一定条件，阀门表面结冰的可能性会大大降低。实际操作中阀门表面不结冰的条件是 $\Delta T_1 \leqslant 5\ ℃$。

表 11-21 所列为低温阀门的一些技术水平指标，可以看出随着公称直径的增大，阀门的性能有所改善，所以对 K_T、K_m 指标的要求应当根据公称直径的不同而有所变化。另外，K_m 值还取决于阀门的种类、阀门壳体的材料及其组件的结构完善程度等因素。一般来说，蝶阀的 K_m 指标最佳，但是蝶阀的低温密封性能不是很好，因此只用来调节介质流量；截止阀和闸阀的性能次之，且低温密封性能较好，在工业现场常用来切断介质。

表 11-21　气动式真空绝热低温阀门技术水平指标

公称直径	低温氧介质 O_2，氮 N_2		低温氧介质氢（H_2）	
/mm	$K_T/[W/(m^2 \cdot ℃)]$	$K_m/[J/(m^2 \cdot ℃)]$	$K_T/[W/(m^2 \cdot ℃)]$	$K_m/[J/(m^2 \cdot ℃)]$
50	1.0×10^{-4}	3.6	0.60×10^{-4}	3.6
100	0.80×10^{-4}	2.4	0.50×10^{-4}	2.4
200	0.70×10^{-4}	1.9	0.50×10^{-4}	1.9
300	0.67×10^{-4}	1.4	0.47×10^{-4}	1.4

三、低温阀门材料选择

在低温工况条件下，材料的抗拉强度和硬度提高，塑性和韧性降低，并且产生低温脆性，甚至发生体积变化，给阀门的安全使用带来影响。因此，在选择低温材料时必须考虑阀门的工作温度、材料的低温韧性以及组织的稳定性。铁素体类低温钢的韧性在低温下变化比较大，必须做工作温度下 V 型切口夏比冲击试验；奥氏体钢在一定的低温下会发生马氏体相变，引起阀门变形，导致阀门泄漏。所以，低温阀门要按最低工作温度选择材料，同时要根据工况条件对材料做冲击试验和适当的低温处理。低温阀门材料推荐按表 11-22～表 11-24 所列选择。

表 11-22　锻件的最低使用温度

钢种	标准及牌号	最低使用温度/℃
碳素钢	ASTM A350 CrLF2	−45.6
3.5%Ni 钢	ASTM A350 CrLF3	−101.1
9%Ni 钢	ASTM A522 Type1	−196
奥氏体不锈钢	JIS G 3214 SUS F304，SUS F316	−253

表 11-23　铸件的最低使用温度

钢种	标准及牌号	最低使用温度/℃
碳素钢	JIS G 5152 SCPL1	−45
0.5％Mo 钢	JIS G 5152 SCPL11	−60
0.5％Ni 钢	JIS G 5152 SCPL21	−70
3.5％Ni 钢	JIS G 5152 SCPL31	−100
奥氏体不锈钢	JIS G 5152 SCS13，SCS14	−196

表 11-24　低温阀门主要零件材料选择

温度/℃	≥−46	≥−100	<−100	处理
阀体、阀盖	LCB	LC3	CF8 或 CF8M	冲击、低温
阀杆	1Cr17Ni2	1Cr17Ni2	316	硬化
阀瓣	LCB	LC3	CF8 或 CF8M	冲击、低温
阀座	1Cr17Ni2	1Cr17Ni2	316	冲击、低温
密封圈	Co-Cr-W	Co-Cr-W	Co-Cr-W	处理后加工研磨
填料	石棉浸聚四氟	石棉浸聚四氟	石棉浸聚四氟	—
中法兰垫片	聚四氟绕不锈钢	聚四氟绕不锈钢	聚四氟绕不锈钢	—
中法兰螺栓	NiCr 钢	NiCr 钢	316	涂二硫化钼或冷拔
中法兰螺母	NiCr 钢	NiCr 钢	316	硬化

四、低温阀门主要零件的设计

1. 阀体壁厚计算

低温工况下阀体所受的温度应力、连接管道的膨胀和收缩附加应力都很大，要保持阀门密封副不发生变形，壳体的刚度很重要。此外，为了防止低温应力集中的脆性破坏，壳体中应尽量避免设计尖角和凹槽等。为了保证阀体的刚度，壁厚按下式计算或参照 ANSI B16.34 标准选取。

$$S_B = 1.5 \times \frac{pD}{2\sigma - 1.2p} \qquad (11\text{-}20)$$

式中　S_B——阀体计算壁厚，mm；

　　　p——阀体最高工作压力，MPa；

　　　D——阀体最大内径，mm；

　　　σ——材料的许用应力，MPa。

计算结果应满足 $S_B \geqslant t_m$（ANSI B16.34 标准中用 t_m 表示对应的最小壁厚）；若 $S_B < t_m$，取 $S_B = t_m$。

2. 毛坯件的处理

低温阀门的主要毛坯件是阀体、阀盖、阀瓣等。根据温度毛坯件选用两大类低温钢，即铁素体类（ASTM A352/352M）和奥氏体类（ASTM A351/A351M）。铁素体钢在低温下脆性增大。奥氏体钢在一定温度下发生马氏体相变，引起金属组织体积变化。对此，铁素体低温钢（LCB、LC3）除了做普通的力学性能试验外，还要按 ASTM A352/A352M 的要求，在最低温度下做 V型切口夏比冲击试验。奥氏体低温钢（CF8、CF8M）冲击试验可根据用户的要求确定，但必须做低温处理，以消除相变的影响。

3. 阀杆、填料材料选择

阀杆材料：0Cr18Ni9，1Cr17Ni2，1Cr18Ni9Ti，316 等。在精加工之前必须进行低温处理，然后进行表面硬化处理，以减小低温阀门在低温工况下的收缩变形。

填料材料：多使用聚四氟乙烯材料。聚四氟乙烯的线膨胀系数大，低温收缩性也非常明显。

4. 紧固件材料选择

温度高于-100 ℃时，螺栓材料采用 Ni-Cr-Mo 等合金钢，需经适当的热处理，以防止螺纹咬伤；温度低于-100 ℃时，螺栓材料可采用奥氏体不锈钢。螺母材料一般采用 Mo 钢或 Ni 钢，同时螺纹表面涂二硫化钼。

5. 垫片材料选择

使用温度高于-196 ℃，低温最高使用压力为 3 MPa 时，可采用长纤维编织石棉制成的石棉橡胶板；使用温度高于-196 ℃，低温最高使用压力为5 MPa 时，可采用不锈钢带石棉缠绕式垫片、不锈钢带聚四氟乙烯缠绕式垫片或不锈钢带膨胀石墨缠绕式垫片。

这里需要强调：所有低温材料部件在精加工之前必须进行深冷处理，以减小低温阀门在低温工况下的收缩变形。

6. 低温阀门长颈阀盖的设计

低温阀门需要采用长颈阀盖结构，其目的是：减少外界传入装置中的热量；保证填料箱部位的温度在 0 ℃以上，使填料可以正常工作；防止因填料函部分过冷而使处在填料函部位的阀杆以及阀盖上部的零件结霜或冻结。

长颈阀盖的设计主要是颈部长度 L 的设计。L 指的是填料函底部到上密封座上表面的距离（见图 11-19），它和材料的导热系数、导热面积及表面散热系数、散热面积等因素有关，计算比较烦琐，一般由实验法求得。

通常情况下，可以按表 11-25 设计长颈阀盖尺寸。

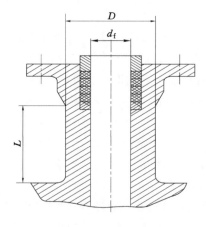

图 11-19 长颈阀盖

表 11-25 低温阀门长颈阀盖颈部长度 L

锻钢	材　料	ASTM A350 LF1		ASTM A350 LF3		ASTM A522 JIS G4303 SUS27 JIS G4303 SUS32
	使用温度	>−45 ℃		>−100 ℃		>−195 ℃
铸钢	材　料	ASTM A352 LCB	ASTM A352 LC1	ASTM A352 LC2	ASTM A352 LC3	9NiSTEEL JIS G5121 SCS13 JIS G5121 SCS14
	使用温度	>−45 ℃	>−59 ℃	>−73 ℃	>−101 ℃	>−195 ℃
DN15/ 1/2″		90		110		130
DN20/ 3/4″		100		110		140
DN25/ 1″		100		120		150
DN40		110		130		160
DN50/ 2″		110		130		170
DN80/ 3″		120		150		190
DN100/ 4″		130		160		200
DN150/ 6″		140		170		220
DN200/ 8″		140		170		220
DN250/ 10″		150		180		240
DN300/ 1″		150		180		240
DN350/ 14″		160		190		250
DN400/ 16″		160		190		250
DN450/ 18″		160		190		250
DN500/ 20″		170		200		260
DN600/ 24″		170		200		260

7. 密封面与上密封装置的设计

低温阀门所有的零部件必须经过低温处理。由于低温介质对密封面很少有润滑作用,在闸阀中,为了防止密封面擦伤和咬死,必须在闸板阀座密封面上堆焊 CoCrW 硬质合金,以提高表面的硬度和耐磨性。焊前加工面粗糙度 Ra 要达到 3.2 左右,堆焊时要去除尖角、棱边,而且为防止变形必须将工件进行低温处理(并保温 2~6 h),然后加工和研磨密封面使粗糙度 Ra 达到 0.2。

上密封装置可在阀盖上堆焊钴铬钨硬质合金后进行精加工、研磨而成(对于奥氏体不锈钢材料的阀盖,可直接在阀盖上加工密封面),也可在专门的上密封座上研磨而成。

五、泄压部件的设计

异常升压的问题一般只存在于低温闸阀中,当闸阀闸板关闭后,残留在阀体中腔的低温介质从周围环境中大量吸收热量而迅速气化,在阀体内产生很高的压强。异常升压的危害很大,它可能将闸板紧紧地压在阀座上,导致闸板卡死,使阀门不能正常工作;也可能会冲坏填料和法兰垫片,甚至引起阀体爆炸。因此,必须对异常升压采取措施加以避免。

常用的措施是设计泄压孔和设置旁路系统。对小口径阀门(≤DN300),可直接在阀板靠近压侧(即进口端)设计一个泄压孔;对于大口径阀门,则需要增加旁路系统。增加了泄压孔和旁路系统的低温阀门必须标明介质流向。

六、低温阀门检验

低温阀门不仅要做常规检验,还要做低温试验。关于材料的试验、无损探伤检测、毛坯件判废等按有关标准和用户要求进行。下面仅就低温阀门整机性能检验进行阐述。

1. 常规检验

如果是标准的长期批量生产的低温阀门,应做壳体水压强度试验、水压和气压密封试验以及启闭扭矩试验,并记录启闭扭矩和具体的试验压力和时间(见表 11-26、表 11-27)。试验时按 ANSI B16.34 或用户提出的标准进行。如果用户提出同时做低温试验,应满足用户要求。

表 11-26　性能试验

压力等级 /lbf	壳体水压试验		低压水密封试验		气密封试验	
	lbf/in²	MPa	lbf/in²	MPa	lbf/in²	MPa
150	450	3.2	314	2.3	80	0.6
300	1 125	8.0	814	5.8	80	0.6
400	1 500	10.6	1 089	7.7	80	0.6
600	2 225	15.7	1 628	11.5	80	0.6

表 11-26(续)

压力等级 /lbf	壳体水压试验		低压水密封试验		气密封试验	
	lbf/in²	MPa	lbf/in²	MPa	lbf/in²	MPa
800	3 000	21.1	2 200	15.5	80	0.6
900	3 350	23.6	2 442	17.2	80	0.6
1 500	5 575	39.2	4 076	28.7	80	0.6
2 500	9 275	65.3	6 787	47.8	80	0.6
4 500	16 675	117.3	12 221	86.0	80	0.6

表 11-27　最小试验时间

阀门尺寸/in	水压强度试验/s	水压密封试验/s
≤2	60	15
$2\frac{1}{2}\sim6$	60	60
8～12	60	120
≥14	120	120

2. 低温试验

如果是试验新产品或用户提出要求，必须做低温试验。低温性能试验的目的是检验低温阀门在低温状态下的操作性能和密封性能。操作性能要求阀门启闭灵活，活动件和密封副不得发生擦伤或咬死；密封性能要求阀门密封面泄漏量小于允许泄漏量 $[q]$。闸阀和截止阀的 $[q]=\dfrac{508}{DN}(\mathrm{cm}^3/\min)$；止回阀和蝶阀的 $[q]=\dfrac{1\,270}{DN}(\mathrm{cm}^3/\min)$。英国 BS 6364 标准对低温阀门试验提出了更高的要求，见表 11-28。

表 11-28　低温阀门泄漏量

阀类	闸阀、 截止阀	止回阀		蝶阀
		升降式	旋转式	
$[q]/(\mathrm{cm}^3/\min)$	$\dfrac{76}{DN}$	$\dfrac{1\,270}{DN}$	$\dfrac{508}{DN}$	$\dfrac{127}{DN}$

低温阀门应在工况温度下进行试验，使用专用试验设备，先将液氮和无水酒精按一定比例混合均匀，达到低温工况后注入阀腔，进行试验。当工况温度＞－196 ℃时，由液氮和无水酒精按一定比例混合来达到低温工况温度；当工

况温度≤－196 ℃时,直接利用工况介质。由于无水酒精易挥发,试验室和试验装置应全部采用防爆电器。

　　检查泄漏时,用氮气还是用氦气由试验温度决定。氮气的临界温度为－137 ℃,临界压力为 3.3 MPa,即在温度为－137 ℃、压力 3.3 MPa 的条件下,氮气将发生变化,由气体变成液体。根据氮的 T-S 图,1.0 MPa 的氮气在－151 ℃左右的条件下发生液化,在这种情况下难以准确测出阀门的密封性能。所以,当试验温度>－150 ℃时用氮气,当试验温度≤－150 ℃时用氦气。

　　低温试验后,应将阀门拆开,检查零部件的质量情况,检查其磨损和毁坏情况,同时完成试验报告。试验报告内容如下:

　　(1)试验后零部件情况。

　　(2)中法兰和填料函紧固件的紧固力值。

　　(3)泄漏率。

　　(4)常规试验与低温试验结果对比。

　　(5)温度测量结果。

　　(6)启闭情况和力矩。

　　(7)阀门的参数、工况温度。

　　(8)试验期间所做的其他测量和观察。

七、结论

　　低温阀门与通用阀门的工作环境有很大的区别,在低温阀门设计、制造与检验等过程中,除了要遵守阀门设计、制造与检验的一般规则外,还应当特别注意以下几点:

　　(1)根据最低工作温度和工作介质选择合理的低温材料。

　　(2)采用合理的结构,特别是防止异常升压的结构和保证良好密封的结构。

　　(3)在精加工前,必须对所有低温材料部件进行深冷处理。

　　(4)按要求进行常温试验和低温试验。

第十二章　典型阀门的制造、加工工艺

第一节　球阀球体的加工方法

球阀球体是球阀的关键部件,下面详细介绍球体球面的加工方法和工装。

一、机械加工球体球面的方法与工装

在机械加工过程中,球阀球体的球面是主要加工表面,其加工顺序遵循加工工艺规范要求:先车出流道孔,再以流道孔为定位基准加工球面;带柄球体除加工球面外,还要加工精度较高的上、下阀轴的外圆柱面,这些表面可采用顶尖中心孔(即上下阀轴孔)为定位基准进行加工。由于这种球体的通孔垂直于两端轴颈,加工球面时有一定困难,所以在加工时须采取必要的工装措施来保证球面质量。常用的球面加工方法有以下几种。

1. 旋风铣削球面

这种方法是在铣头前端装一个带两把车刀的刀盘,刀盘由电动机带动旋转(两刀的刀尖应在同一旋转平面内)。旋转平面必须垂直于铣头的轴线并与工件的旋转轴线平行,刀盘轴线应通过球心,两刀尖之间的距离可根据被加工球体的直径来决定。铣削球面可以在普通车床或立式铣床上进行。铣削球面时,刀盘的转速一般为 $900\sim1\,200$ r/min,工件的转速为 10 r/min 为宜。图 12-1 是铣削球面的示意图。

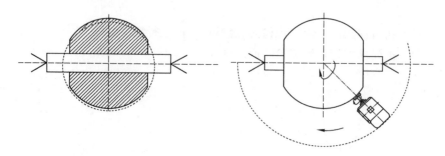

图 12-1　铣削球面装置示意图

　　铣削法效率高,表面粗糙度较好(一般 Ra 能达到3.2),适用于各种直径球体的加工。加工小直径球体时,刀盘只需径向进给就可一次成型。加工大直径球体时,小的刀盘需要沿回转刀架做半回转运动,这样刀盘才能铣出大的球面。注意刀盘的轴线应垂直于球体的回转轴线,并通过球心。如果刀盘轴线高于或低于球体的回转轴线,加工出来的球体就会呈椭圆形。

　　2. 普通车床车削球面

　　普通车床车削球面是应用广泛的一种球面加工方法,它是在普通车床上设计、安装车球装置加工球面的。单件小批生产多在普通车床上加工球面。图12-2(a)所示为车球装置,该装置直接安装在床身导轨上,使转盘做回转运动,安装在小刀架上的车刀就可进行球面的车削。这种车球装置的特点是结构简单,操作方便,刚性较好,工作平稳可靠,且齿条与齿轮的间隙可通过斜块进行调整,因而可避免切削过程中产生振动。为减少工件安装次数,提高加工效率,可在回转盘上安装两个刀架,后刀架安装粗车刀,前刀架安装精车刀。

　　图12-2(b)所示为加工球面用的弹簧心轴。使用时,将球坯孔先加工好,作为定位基准孔,然后将球坯套穿在心轴上,使其一端紧靠定位垫,拧动右端的螺母,把球体撑紧后松开并取下定位垫。将心轴安装在机床两顶尖之间,摇动大溜板,回转盘中心与球心在垂直方向上重合,通过试切后可将大溜板的位置固定。

　　3. 球面专用车床

　　随着工业现代化的迅速发展,已经有球面专用车床用于加工球面,专用车床是带有支承轴的车削大尺寸球体的自动装置。为避免球面加工过程中的断续切削,在轴颈、球面粗加工之后便将球体中部通孔车好,然后用堵盖(选用材料与阀体相同)封堵,把孔封堵后再进行球面的精加工。图12-2(c)所示为球体通孔的堵盖。利用球面专用车床加工球面比较方便,效率高,质量好,适用于大批量生产。

　　4. 数控车床加工球面

　　目前,利用数控车床加工球面也是很普遍的方法。加工前,给数控机床编好程序即可进行加工,其加工方法和工装与球面专用车床大致相同,并且生产效率高,精度高,适用于大批量生产;但是对于操作工人的文化素质要求相对较高。

　　5. 球面的磨削加工

　　球面可在普通车床或专用机床上用平行砂轮的外圆或碗形砂轮的内侧磨

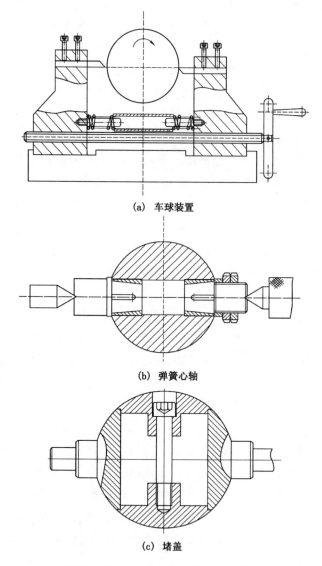

(a) 车球装置

(b) 弹簧心轴

(c) 堵盖

图 12-2　车床加工球面装置示意图

削加工。大批量的球面已经逐步使用专用球面磨床(磨球机床)进行磨削
加工。

(1) 平行砂轮可安装在普通车床上,用砂轮外圆磨削球面。通常需将磨
头安装在回转刀架上,砂轮外圆回转磨削形成球面,砂轮的轴线必须通过球
心,二者转动方向相反。

(2) 用碗形砂轮内侧磨削球面适用于小直径的球面磨削,一般用于球径

小于 100 mm 的球面。磨削时,可将磨头安装在普通车床的中溜板上或安装在专用机床上,砂轮的轴线必须通过球心,如果砂轮轴线不通过球心,磨出的球面将呈椭圆形。图 12-3 所示为用碗形砂轮磨削球面的情形。

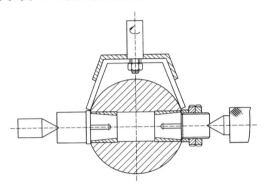

图 12-3　碗形砂轮磨削球面

利用碗形砂轮内侧磨削球面时,砂轮与球面是环形接触。磨削不锈钢球体时,砂轮工作面很容易被切屑堵塞而失去磨削作用,并常常烧伤球面。为避免上述现象,除选用组织疏松的砂轮外,还在碗形砂轮的工作部分开几条沟槽或采用镶砂条的方法做砂轮。为了保证磨削球面质量,磨削时需大量乳化液作润滑冷却用,同时必须及时修整砂轮,每次修整后要用刷子将砂轮表面残留的砂粒刷洗干净,以免残余砂粒划伤球面。球面在磨削完成之后,可用抛光布砂轮进行抛光。

（3）专用的球面磨床（如科浦机床球面磨床）的球面磨削效率很高,并且质量、精度高,适合大批量生产。

二、偏心半球阀阀芯研磨机

偏心半球阀阀芯的研磨加工是比较麻烦的,手工研磨效率很低,质量也差。目前利用数控车床车削加工阀芯的方法比较成熟,精度和效率都比较高,而且产品质量得到保证,但由于工装制造精度要求较高,成本增加较大。因此,设计阀芯研磨机成为设计人员的迫切任务。

在生产实践中,经过不断创新改进和试验,终于设计成功了半自动球面研磨机。该研磨机一人操作,方便灵活,效率提高 4～5 倍,研磨质量符合设计要求;其磨头分为三个头,两个自动磨头,一个手动磨头;可研磨规格为 DN40～DN500 的偏心半球阀阀芯,规格为 DN600～DN800 的阀芯可用手动磨头研磨,基本解决了阀芯的研磨问题。如图 12-4 所示。

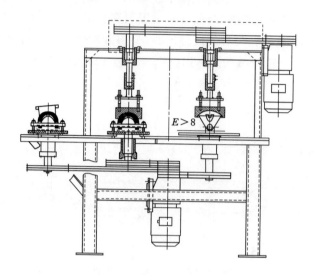

$E > 8$

图 12-4　半自动球面研磨机

第二节　阀门密封面堆焊常用材料、焊接及补焊工艺

为了控制阀门在制造、加工过程中的质量,阀门密封面堆焊常用材料及焊接和补焊作业工艺、处理方法非常重要。

一、密封面的堆焊常用材料牌号、使用范围及焊接工艺

1. D502 高铬钢堆焊焊条(牌号:EDCr-A1-03)

说明:高铬钢堆焊焊条,堆焊金属为 1Cr13 高铬马氏体钢,堆焊具有空淬性,一般不需要进行热处理,硬度均匀,也可在 750～850 ℃退火软化,当加热至 900～1 000 ℃空冷或油淬后,可重新硬化。采用交直流两用焊接工艺性较好,属于通用表面堆焊焊条。

用途:用于堆焊工作温度在 450 ℃以下的碳钢或合金钢的阀门及闸门等。

2. D507 高铬钢堆焊焊条(牌号:EDCr-A1-15)

说明:高铬钢堆焊焊条,堆焊金属为 1Cr13 高铬马氏体钢,堆焊具有空淬性,一般不需进行热处理,硬度均匀,也可在 750～850 ℃退火软化,当加热至 900～1 000 ℃空冷或油淬后,可重新硬化。采用直流反接焊接方法,属于通用表面堆焊焊条。

用途:用于堆焊工作温度在 450 ℃以下的碳钢或合金钢的轴及阀门等。

3. D507Mo 阀门堆焊焊条(牌号:EDCr-A2-15)

说明:高铬钢阀门堆焊焊条,堆焊金属为 1Cr13 高铬马氏体钢,堆焊具有空淬性,堆焊金属具有较高的中温硬度、良好的热稳定性和抗冲蚀性。与 D577 焊条配合使用能获得很好的抗擦伤性,焊前不预热,焊后不热处理。采用直流反接焊接方法。

用途:用于堆焊工作温度在 510 ℃以下的中温高压截止阀的密封面和闸阀密封面等。堆焊闸阀密封面应与 D577 配合使用。堆焊硬度≥HRC37(焊后需空冷,耐软化至 510 ℃)。

4. D507MoNb 阀门堆焊焊条(牌号:EDCr-A1-15)

说明:高铬钢阀门堆焊焊条,堆焊金属为 1Cr13 高铬马氏体钢。采用直流反接焊接方法,药皮中加入适量的钼、铌等强度元素,故堆焊金属具有较好的抗高温氧化和抗裂性。

用途:用于工作温度在 450 ℃以下的中低压阀门密封面的堆焊。堆焊层硬度≥HRC37(焊后需空冷)。

5. D512 高铬钢堆焊焊条(牌号:EDCr-B-03)

说明:高铬钢堆焊焊条,堆焊金属为 20Cr13 高铬马氏体钢,堆焊具有空淬性,一般不需要进行热处理,硬度均匀,也可在 750~800 ℃退火软化,当加热至 950~1 000 ℃空冷或油淬后,可重新硬化。采用交直流两用焊接方法,焊接工艺性好,属于通用表面堆焊焊条,堆焊层比采用 D502 更硬、更耐磨,但加工比较困难。

用途:用于碳钢和低合金的轴、过热蒸汽阀件、搅拌机、螺旋输送机叶片等。堆焊硬度≥HRC45(焊后需空冷,耐软化至 500 ℃)。

6. D516M 高铬钢堆焊焊条(牌号:EDCrMn-A-16)

说明:高铬钢堆焊焊条,具有良好的耐磨、耐热、耐蚀以及抗热裂性能,焊前不需预热,焊后不热处理,堆焊层可切削加工。D516M 为 H08 焊芯。

用途:用于工作在 450 ℃以下的水、蒸汽、石油等工况介质中的部件,如 25 号铸钢、高中压阀门密封面等。堆焊硬度为 HRC38~HRC48。

7. D517 阀门堆焊焊条(牌号:EDCr-B-15)

说明:高铬钢阀门堆焊焊条,堆焊金属为 20Cr13 高铬马氏体钢,堆焊具有空淬性,一般不需要进行热处理,硬度均匀,也可在 750~800 ℃退火软化,当加热至 950~1 000 ℃空冷或油淬后,可重新硬化。采用直流反接焊接方法,属于通用表面堆焊焊条,堆焊层比采用 D507 更硬、更耐磨,但加工比较困难(堆焊后将工件埋在石灰里慢慢自然冷却后,解决了加工困难的问题)。

用途:用于碳钢和低合金的轴、过热蒸汽阀件、搅拌机、螺旋输送机叶片等。堆焊硬度≥HRC45(焊后空冷,耐软化至500 ℃)。

8. D547 阀门堆焊焊条(牌号:EDCrNi-A-15)

说明:铬镍合金钢阀门堆焊焊条,采用直流反接堆焊工艺,堆焊金属依靠硅进行强化,得到含有适量铁素体的奥氏体,具有良好的抗擦伤、耐蚀及抗氧化性能。

用途:用于堆焊在570 ℃以下工作的电站高层锅炉装置中的阀门及其他密封零件。堆焊硬度为 HRC270～HRC320。

9. D547Mo 阀门堆焊焊条(牌号:EDCrNi-B-15)

说明:铬镍合金钢阀门堆焊焊条,采用直流反接焊接工艺,具有良好的高温抗擦伤、抗冲蚀等性能,有较高的高温硬度、良好的热稳定性和抗热疲劳性,堆焊金属时效强化效果显著,时效时间增加,硬度和抗擦伤性能进一步提高。

用途:用于 600 ℃以下工作的高压阀门密封面的堆焊。堆焊硬度≥HRC37。

10. D557 阀门堆焊焊条(牌号:EDCrNi-C-15)

说明:铬镍合金钢阀门堆焊焊条,采用直流反接焊接工艺,堆焊金属依靠硅进行强化,得到铁素体加奥氏体组织,时效时间增加,硬度和抗擦伤性能进一步提高,具有良好的抗侵蚀、耐蚀及抗氧化性能。

用途:用于 600 ℃以下工作的高压阀门密封面的堆焊。堆焊硬度≥HRC37。

11. D567 铸铁阀门堆焊焊条(牌号:EDCrMn-D-15)

说明:高铬锰钢球墨铸铁阀门堆焊焊条,采用直流反接焊接工艺,堆焊金属为高铬锰型奥氏体,冷作硬化效果明显,具有优良的抗擦伤性,堆焊层有一定的硬度,可机械加工,抗裂性好,焊接工艺性好,不需预热和缓冷。

用途:用于 350 ℃以下工作的中温中压球墨铸铁阀门密封面。堆焊硬度≥HB210。

12. 堆 D802(牌号:EDCoCr-A-03)

说明:钛钙型 AC、DC+,堆焊层金属在 850 ℃仍保持良好的耐磨性和耐腐蚀性能。分别适用于高温、高压阀门及热剪切刃具、高压泵的轴套筒、粉碎机的刃口、锅炉的旋转叶轮等。

13. 堆 D812(牌号:EDCoCr-B-03)

说明:钛钙型 AC、DC+,堆焊层金属在 850 ℃仍保持良好的耐磨性和耐腐蚀性能。分别适用于高温、高压阀门及热剪切刃具、高压泵的轴套筒、粉碎机的刃口、锅炉的旋转叶轮等。

14. 热喷涂和化学涂镀等方法

除堆焊外还有热喷涂和化学涂镀等方法。等离子热喷涂耐磨合金是经常采用的方法之一,它是用等离子喷涂设备将镍基合金和钴基合金,即氧化铬、镍60、碳化物、司太立硬质合金、陶瓷等材料在高温、高速作用下喷涂在阀门密封面上,以增加密封面的硬度和耐磨性能。目前等离子热喷涂技术已经成熟,并得到广泛应用。

15. 烧结法

烧结法是将硬质合金、陶瓷等材料在真空烧结炉、真空钎焊炉内烧结在阀门的密封面上的方法。采用这种方法烧结的密封面,硬度高,耐磨及耐腐性能好,常用于磨损、腐蚀性工况的场合。

16. 其他工艺

除以上堆焊方法外,还有化学涂镀铬、镍等工艺(该工艺有毒,且污染环境,已很少使用)。

二、密封面堆焊及补焊的注意事项

(1) 堆焊是在阀门密封面(即工作面)部位焊敷一层特殊的合金,其目的是提高工作面的耐磨损、耐腐蚀和耐热等性能,以降低成本、提高综合性能和延长使用寿命。用于堆焊用途的焊条就是堆焊焊条,堆焊也常用于修旧利废。堆焊时一般根据工况条件要求选用不同合金系列和不同硬度等级的焊条。堆焊时事先在堆焊面上挖出堆焊槽,然后堆焊一层合金材料,一般要分层堆焊,焊层至少要3～5层,层高为 5.5～6.5 mm,并留有足够的加工余量,保证加工后留有 1.5～5 mm 左右的堆焊层(根据工作经验;按阀门口径大小、工作压力高低和工况条件确定堆焊层厚度)。

(2) 焊件的坡口加工采用机械加工的方法,密封面补焊坡口按 GB/T 985 系列标准加工,也可以使用砂轮加工坡口,加工坡口前应清除坡口附近 10 mm 范围内的油、漆、垢、锈、毛刺等。堆焊时采用直流反接焊接工艺堆焊,堆焊前、后将工件进行热处理,见表 12-1。

表 12-1　工件堆焊前、后热处理参数

母材种类	堆焊前预热温度/℃	堆焊后热处理温度/℃
低碳钢	300～350	620～650
低合金耐热钢	300～400	680～720
奥氏体不锈钢	250～300	525～575

注:钴基合金手工堆焊用焊条牌号为 D802、D812、D807、D817 等,应根据焊条供应厂家要求或焊接工艺规范选用。

（3）堆焊密封面或补焊坡口的形式和尺寸应符合 GB/T 985 系列标准和《电焊工作业安全技术规范》的规定。焊接的环境温度应保证焊接所需的足够温度,凡焊接工艺要求预热的工件,焊前应用表面温度计测量其表面温度,达到焊接工艺要求的预热温度之后方可进行施焊或补焊。

（4）密封面进行 PT 无损探伤检查或用 X 射线进行无损探伤检查,密封面上裂纹小于 3 处(裂纹间距不超过 10 mm 为 1 处)、气孔小于 4 处(气孔间距不超过 10 mm 为 1 处),可以通过补焊进行修复;超过上述标准,应将有缺陷的密封面全部清理,重新进行堆焊。同一位置补焊次数不得超过 2 次,同一位置补焊 2 次后仍出现缺陷,应全部清除,重新堆焊。

（5）凡焊接材料为钴基(镍基)合金用等离子或氩弧焊进行堆焊的密封面缺陷,一律用氩弧焊进行补焊,无镍基焊丝可以用钴基焊丝代替。

（6）凡采用手工电弧焊、氧乙炔堆焊的钴基合金密封面缺陷,可以用原堆焊材料和方法进行补焊,也可以用氩弧焊进行补焊。

（7）采用钴基材料之外的其他焊接材料堆焊或喷焊的密封面缺陷,一律用手工电弧焊进行补焊。

第三节　偏心半球阀密封副研磨工艺规范

本节以偏心半球阀芯与阀座的研磨、装配调整为例进行阐述。阀芯的研磨设备可用前面介绍的三头半自动研磨机。

一、密封副研磨

1. 研磨剂

研磨剂有氧化物磨料(主要用于工具钢、合金钢、高速钢与铸铁等)、碳化物磨料(用于硬铬合金、硬质合金和陶瓷等)、金刚石磨料(用于硬铬合金、硬质合金、宝石、玛瑙和陶瓷等)。粗研时选 $100^{\#} \sim 280^{\#}$、W40～W20,半精加工时选 W14～W7,精研时选 W5(或用微粉粒度 F400～F600)为宜。润滑剂用煤油或煤油与适量的电容器油混合油等调和。研具材料及其用途见表 12-2。

表 12-2　常用的研具材料

材料	性能与要求	用　途
灰铸铁	HBS120～HBS160,金相组织以铁素体为主,可适当增加珠光体比例,用石墨球化及磷共晶等办法提高使用性能	用于湿式研磨平板

表 12-2(续)

材料	性能与要求	用　途
高磷铸铁	HBS120～HBS160,以均匀细小的珠光体(75％～85％)为基体,可提高平板的使用性能	用于干式研磨平板及嵌砂平板
10 低碳钢 20 低碳钢	强度较高	用于铸铁研磨具强度不足时,如 M5 以下螺纹孔直径 $d<8$ mm 小孔及窄槽研磨
黄铜,紫铜	磨粒易嵌入,研磨效率高,但强度低不能承受较大的压力,耐磨性差,加工可获得良好的表面粗糙度	用于余量大的工件粗研及青铜件和小孔研磨
木材	要求木材紧密、细致,纹理平直无结疤、虫伤	用于研磨铜或软质材料
沥青	磨粒易嵌入,不能承受大的压力	用于研磨玻璃、水晶电子元件等精细研磨与镜面研磨
玻璃	脆性大,一般要求 10 mm 厚,并经 450 ℃退火处理	用于精研磨,并配氧化铬研磨膏,可获得良好的效果

2. 研磨速度

粗研磨速度一般为线速度 $v \geqslant 100$ m/min,精研磨速度一般为线速度 $\leqslant 20 \sim 30$ m/min。

3. 研磨施加在工件上的压力

(1) 粗研磨以 $1 \sim 2$ kg/cm^2 为宜,但最大施加压力应 $\leqslant 4$ kg/cm^2。

(2) 精研磨以 $0.1 \sim 1$ kg/cm^2 为宜。

研磨时施加在零件上面的压力不得太大,以免擦伤零件表面造成退火而失去硬化层。经过热处理后的零件研磨时一定要小心,保护好硬化层。

4. 研磨余量

(1) 机械研磨:平面研磨余量为 $5 \sim 10$ μm;直径研磨余量为 $8 \sim 15$ μm。

(2) 人工研磨:上述两种方式的余量适当取最小值。

5. 研磨后的质量要求

半球阀芯和阀座的密封带表面粗糙度 Ra 应为 $0.2 \sim 0.4$ μm。

6. 不同口径阀门研磨后的阀座密封带宽度值(实践经验总结)

(1) 公称尺寸 DN40～DN500 的阀门(不分压力高低),阀座密封带宽度(垂直方向) $b = 0.2 \sim 0.6$ mm。

（2）公称尺寸 DN600～DN1000 的阀门（不分压力高低），阀座密封带宽度（垂直方向）b＝0.6～1.0 mm。

（3）公称尺寸 DN1100 ～DN2000 的阀门（不分压力高低），阀座密封带宽度（垂直方向）b＝1.0.1～1.6 mm。

7. 研磨后阀座密封面质量要求

（1）中低压阀门：配对精研好后，将阀座倒扣在阀芯球面上，然后倒上煤油或气煤油的混合油试漏，时间 5 min，不渗漏为合格。

（2）高压阀门：配对精研好后，用上述方法试漏，试漏时间 8～15 min，不渗漏为合格。

说明：此研磨方法适用于偏心半球阀，同时也适用于其他类型的阀门密封面研磨。

二、偏心半球阀装配与调整

1. 偏心半球阀装配前准备事项

（1）制订装配工艺守则：装配工艺守则是通用的工艺文件，它规定了各装配工序的零件装配次序、操作方法、技术要求、检验方法以及需用的设备和工具等。多品种、小批量、轮番生产的阀门厂，由于同类阀门的装配方法基本相同，技术要求亦较近似，一般只用工艺守则把装配要求等规定下来，作为同类阀门装配过程的通用性指导文件。这样不但简化了技术准备的工作量，也便于工人掌握和操作。

（2）将零件备齐以后，打磨毛刺、清洗油污。

（3）按尺寸和技术要求检查零件是否符合设计要求，是否达到图纸精度要求。

2. 试装

（1）把阀轴与阀芯配好试装，将阀芯装入阀体，同时装入轴衬。

（2）装入半轴，同时装入轴衬 2 和阀轴。

（3）用螺栓固定，用手转动阀轴，应转动灵活、无阻卡现象。

（4）装入填料环、填料、填料压盖及压紧螺栓、螺母并适当上紧。

3. 安装执行机构等零部件并定位（略）

4. 装配调整

（1）将研磨好的阀芯与阀座配对，把阀体小孔端（即进水端）向上，将阀芯的几何中心线调整至－3°～－5°（此方法也适合双偏心蝶阀的装配）的位置，然后将研磨好的阀座倒扣在阀芯球面上压紧，将铅丝放到阀座和阀体台阶之间，加足够的预紧力，测出铅丝的厚度（即为压铅法）。检查铅丝压紧后的平均厚度（即为调整垫的实际厚度）。

（2）为了便于调整，调整垫的厚度 δ（mm）应为 0.5、0.75、1.0、1.5、2.0 等规格，按铅丝的平均厚度选择适当厚度的调整垫（压紧后调整垫的实际厚度）。

（3）把调整垫装好并拧紧阀座螺钉压紧阀座，达到足够的预紧力（达到密封比压），初步调整好。

5. 试压

（1）将装好的阀门一端固定在试压机的卡盘上，阀门的另一端用法兰闷盖封堵严密，进行初步试压。在试压过程中，应缓慢上压，防止突然冲击损坏阀件，直至额定压力值为止。阀门初次开启或关闭时应将黄油涂于密封副上（禁油阀门例外），以减小摩擦系数。试压（常温水）按照国家标准 GB/T 13927—2008 执行，由低到高试压，先反向后正向（主要是为了避免重复调整）。

（2）装配或试压时，必须执行相关阀门清洁度和测定方法的标准。

6. 产品装配合格后检查入库

（1）产品装配合格后，将防锈油涂在密封副上（禁油阀门例外），贴上防锈纸，阀门两端的通道堵上塑料闷盖，放入成品区入库。

（2）产品入库前应开启 3°～5°为宜，以释放零件的残余应力。

（3）产品应放在干燥通风处，防止暴晒，禁止放在露天或潮湿处。

7. 可能出现的问题及处理方法

如果在阀门装配中出现下列问题，应进行重新调整。

（1）阀芯与阀座不能同步密封，应先检查阀芯和阀体的偏心距是否一致，如不一致重新修理、调整（检查工装的精度是否合格）。

（2）阀轴与半轴中心不同轴度时，应调整或修理阀体半轴孔与阀轴孔的同轴度的公差范围。

（3）压紧阀座以后，如果调整垫与阀座之间有泄漏，说明调整垫薄了，应适当增加调整垫的厚度，直至完全密封、无泄漏。

（4）如果压紧阀座以后，阀芯与阀座两密封面之间有泄漏，说明调整垫厚了，应适当减薄调整垫的厚度，直至达到密封比压要求为止。

（5）按照 GB/T 13927—2008 规定的程序逐项试压，由低到高试压，先反向后正向试压，达到正反向无泄漏，开关 4～5 次以上完全密封为合格品。对于不要求反密封的阀门，可按 GB/T 26146—2010 的规定执行。

（6）按照《阀门的标志和涂漆》（JB/T 106—2004）规定做刷漆处理。

（7）选配执行机构的参数：手动按启闭力矩的 1.1～1.3 倍，电动按启闭力矩的 1.5～1.6 倍，气动按启闭力矩的 1.8 倍（料浆或粉尘介质，气动按启闭力矩的 1.8 倍左右）配置执行器（属于经验值，仅供参考）。

（8）发货前，应遵照企业标准规定试压 2 次，合格后准许出厂（连同产品合格证及使用说明书一起装箱）。

附　　录

附录一　阀门扭矩的计算

阀门扭矩(力矩)是指操作阀门所需的旋转作用力,这个旋转作用力的最大值是执行机构的选择要素,这个数值的计算通常是来自操作机构制造厂速比的大小、一级阀门的轴承摩擦力和阀座(阀瓣)干扰摩擦力所产生的扭矩的总和。由于摩擦力存在不确定因素,扭矩的计算较为复杂,数值存在差异性。附录表 1-1 所列是××阀门有限公司的蝶阀部分力矩数据,可供参考对照使用。

阀门的操作方式分为手动、气动、电动、电液动和智能控制等,在实际使用中手动、气动和电动的较多。气动阀门和电动阀门的主要区别在于执行器的不同,电动执行器比气动执行器更为复杂。关于气动和电动执行器的选型,阀门扭矩是关键,在选择执行机构时必须参考执行器使用说明书的技术参数。

附录表 1-1　蝶阀力矩表(PN10 力矩表)

DN	压力/MPa	摩擦系数	力矩/(N·m)
200	1.0	0.15	232
200	1.0	0.25	279
250	1.0	0.10	350
250	1.0	0.15	399
250	1.0	0.25	498
300	1.0	0.10	595
300	1.0	0.15	675
300	1.0	0.25	834

DN	压力/MPa	摩擦系数	力矩/(N·m)
350	1.0	0.10	812
350	1.0	0.15	920
350	1.0	0.25	1 137
400	1.0	0.10	1 095
400	1.0	0.15	1 205
400	1.0	0.25	1 567
450	1.0	0.10	1 498
450	1.0	0.15	1 708
450	1.0	0.25	2 186
500	1.0	0.15	2 662
500	1.0	0.25	3 350
550	1.0	0.10	2 872
550	1.0	0.15	3 318
550	1.0	0.25	4 210
600	1.0	0.10	3 551
600	1.0	0.15	4 065
600	1.0	0.25	5 197
650	1.0	0.10	4 493
650	1.0	0.15	5 040
650	1.0	0.25	6 320
700	1.0	0.10	5 867
700	1.0	0.15	6 782
700	1.0	0.25	8 611
800	1.0	0.10	8 195

附录表 1-1(续)

DN	压力/MPa	摩擦系数	力矩/(N·m)
800	1.0	0.15	9 407
800	1.0	0.25	11 923
900	1.0	0.10	11 861
900	1.0	0.15	13 278
900	1.0	0.25	16 112
1 000	0.6	0.10	9 963
1 000	0.6	0.15	10 958
1 000	1.0	0.10	16 034
1 000	1.0	0.15	17 631
1 000	1.0	0.25	21 509
1 100	0.6	0.10	13 964
1 100	0.6	0.15	15 747
1 100	0.6	0.25	19 312
1 100	1.0	0.10	21 268
1 100	1.0	0.15	23 660
1 100	1.0	0.25	28 756
1 200	0.6	0.10	17 039
1 200	0.6	0.15	19 157
1 200	0.6	0.25	23 572
1 200	1.0	0.10	27 532
1 200	1.0	0.15	30 598
1 200	1.0	0.25	36 730
1 300	0.6	0.10	21 512
1 300	0.6	0.15	23 263

附录表 1-1(续)

DN	压力/MPa	摩擦系数	力矩/(N·m)
1 300	0.6	0.25	28 369
1 300	1.0	0.10	35 433
1 300	1.0	0.15	39 545
1 300	1.0	0.25	47 770
1 400	0.6	0.10	26 706
1 400	0.6	0.15	28 811
1 400	0.6	0.25	33 738
1 400	1.0	0.10	44 415
1 400	1.0	0.15	49 632
1 400	1.0	0.25	60 065
1 500	0.6	0.10	33 839
1 500	0.6	0.15	37 818
1 500	0.6	0.25	45 776
1 500	1.0	0.10	55 484
1 500	1.0	0.15	62 328
1 500	1.0	0.25	76 893
1 600	0.6	0.10	39 865
1 600	0.6	0.15	44 323
1 600	1.0	0.10	67 856
1 600	1.0	0.15	76 422
1 600	1.0	0.25	93 797
1 800	0.6	0.10	56 761
1 800	0.6	0.15	61 235
1 800	0.6	0.25	73 219

DN	压力/MPa	摩擦系数	力矩/(N·m)
1 800	1.0	0.10	95 877
1 800	1.0	0.15	107 703
1 800	1.0	0.25	131 403
2 000	0.6	0.10	81 390
2 000	0.6	0.15	91 766
2 000	0.6	0.25	112 516
2 000	1.0	0.10	130 707
2 000	1.0	0.15	146 524
2 000	1.0	0.25	178 159
2 200	0.6	0.10	104 376
2 200	0.6	0.15	114 740
2 200	0.6	0.25	140 990
2 200	1.0	0.10	173 088
2 200	1.0	0.25	234 922
2 400	0.6	0.10	134 544
2 400	0.6	0.15	145 149
2 400	0.6	0.25	173 782
2 400	1.0	0.10	223 760
2 400	1.0	0.15	250 040
2 400	1.0	0.25	302 603
2 600	0.6	0.10	170 402
2 600	0.6	0.15	190 327
2 600	0.6	0.25	230 177
2 600	1.0	0.10	283 465
2 600	1.0	0.15	316 362

DN	压力/MPa	摩擦系数	力矩/(N·m)
2 600	1.0	0.25	382 163
2 800	0.6	0.10	211 246
2 800	0.6	0.15	227 656
2 800	0.6	0.25	275 722
2 800	1.0	0.10	352 936
2 800	1.0	0.15	393 478
2 800	1.0	0.25	474 560
3000	0.6	0.10	258 640
3000	0.6	0.15	277 281
3000	0.6	0.25	326 939
3000	1.0	0.10	432 923
3000	1.0	0.15	482 200
3000	1.0	0.25	580 755

注:同口径、同压力等级的偏心蝶阀的密封副材料不同,其摩擦系数不同,则力矩也不同。使用时注意查看密封副材料摩擦系数。

附录二　阀门连接总汇

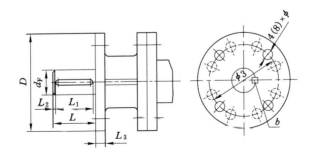

附录表 2-1 阀门连接尺寸总汇（PN10） mm

序号	规格	L	L_1	L_2	D	d_F	$\phi3$	$4(8)\times\phi$	b	L_3	手轮直径
1	DN50	35	25	5	$\phi75$	$\phi12$	$\phi60$	$4\times\phi9$	$4\times4\times25$	12	100
2	DN65	35	25	5	$\phi75$	$\phi12$	$\phi60$	$4\times\phi9$	$4\times4\times25$	12	125
3	DN80	35	25	5	$\phi90$	$\phi13$	$\phi70$	$4\times\phi9$	$5\times5\times25$	12	125
4	DN100	40	30	5	$\phi90$	$\phi16$	$\phi70$	$4\times\phi9$	$5\times5\times30$	15	125
5	DN125	50	40	5	$\phi90$	$\phi20$	$\phi70$	$4\times\phi9$	$6\times6\times40$	15	160
6	DN150	50	40	5	$\phi90$	$\phi20$	$\phi70$	$4\times\phi9$	$6\times6\times40$	15	160
7	DN200	50	40	5	$\phi125$	$\phi24$	$\phi102$	$4\times\phi11$	$8\times7\times40$	15	260
8	DN250	50	40	5	$\phi125$	$\phi24$	$\phi102$	$4\times\phi11$	$8\times7\times40$	18	320
9	DN300	65	55	5	$\phi150$	$\phi32$	$\phi125$	$4\times\phi13$	$10\times8\times45$	18	320
10	DN350	65	55	5	$\phi150$	$\phi32$	$\phi125$	$4\times\phi13$	$10\times8\times45$	18	320
11	DN400	65	55	5	$\phi175$	$\phi38$	$\phi140$	$4\times\phi17$	$10\times8\times50$	22	320
12	DN450	65	55	5	$\phi200$	$\phi45$	$\phi140$	$4\times\phi17$	$14\times9\times55$	22	320
13	DN500	110	100	5	$\phi210$	$\phi50$	$\phi165$	$4\times\phi17$	$14\times9\times100$	24	320
14	DN600	110	100	5	$\phi275$	$\phi60$	$\phi235$	$4\times\phi22$	$18\times11\times100$	25	400
15	DN700	120	110	5	$\phi275$	$\phi70$	$\phi235$	$4\times\phi22$	$20\times12\times110$	25	400
16	DN800	130	120	5	$\phi300$	$\phi80$	$\phi254$	$8\times\phi20$	$22\times14\times120$	25	500
17	DN900	130	120	5	$\phi300$	$\phi90$	$\phi254$	$8\times\phi20$	$25\times14\times120$	30	500
18	DN1000	165	155	5	$\phi350$	$\phi100$	$\phi298$	$8\times\phi22$	$28\times16\times155$	30	500～630
19	DN1200	180	170	5	$\phi350$	$\phi120$	$\phi298$	$8\times\phi22$	$32\times18\times170$	35	630
20	DN1400	200	190	5	$\phi415$	$\phi140$	$\phi356$	$8\times\phi33$	$36\times20\times190$	35	680

注：L 指轴伸的长度，参照《旋转电机 圆柱形轴伸》（GB/T 756—2010）。

附录三　阀门常用技术标准

国家标准：

GB/T 1047—2019《管道元件 公称尺寸的定义和选用》

GB/T 1048—2019《管道元件 公称压力的定义和选用》

GB/T 3323.1—2019《焊缝无损检测 射线检测 第1部分：X和伽玛射线的胶片技术》

GB/T 3323.2—2019《焊缝无损检测 射线检测 第2部分：使用数字化探测器的X和伽玛射线技术》

GB/T 3985—2008《石棉橡胶板》

GB/T 4213—2008《气动调节阀》

GB/T 4622.1—2009《缠绕式垫片 分类》

GB/T 4622.2—2008《缠绕式垫片 管法兰用垫片尺寸》

GB/T 4622.3—2007《缠绕式垫片 技术条件》

GB/T 5613—2014《铸钢牌号表示方法》

GB/T 5677—20018《铸件 射线照相检测》

GB/T 6414—2017《铸件 尺寸公差、几何公差与机械加工余量》

GB/T 6567.4—2008《技术制图 管路系统的图形符号 阀门和控制元件》

GB/T 7512—2017《液化石油气瓶阀》

GB/T 8464—2008《铁制和铜制螺纹连接阀门》

GB/T 9124.1—2019《钢制管法兰 第1部分：PN系列》

GB/T 9124.2—2019《钢制管法兰 第2部分：Class系列》

GB/T 9443—2019《铸钢铸铁件 渗透检测》

GB/T 9444—2019《铸钢铸铁件 磁粉检测》GB/T 10868—2018《电站减温减压阀》

GB/T 10869—2008《电站调节阀》

GB/T 10879—2009《溶解乙炔气瓶阀》

GB/T 12220—2015《工业阀门 标志》

GB/T 12221—2005《金属阀门 结构长度》

GB/T 12222—2005《多回转阀门驱动装置的连接》

GB/T 12223—2005《部分回转阀门驱动装置的连接》

GB/T 12224—2015《钢制阀门 一般要求》

GB/T 12225—2018《通用阀门 铜合金铸件技术条件》

GB/T 12226—2005《通用阀门 灰铸铁件技术条件》

GB/T 12227—2005《通用阀门 球墨铸铁件技术条件》

GB/T 12228—2006《通用阀门 碳素钢锻件技术条件》

GB/T 12229—2005《通用阀门 碳素钢铸件技术条件》

GB/T 12230—2005《通用阀门 不锈钢铸件技术条件》

GB/T 12232—2005《通用阀门 法兰连接铁制闸阀资料》

GB/T 12233—2006《通用阀门 铁制截止阀与升降式止回阀》

GB/T 12234—2019《石油、天然气工业用螺柱连接阀盖的钢制闸阀》

GB/T 12235—2007《石油、石化及相关工业用钢制截止阀和升降式止回阀》

GB/T 12236—2008《石油、化工及相关工业用的钢制旋启式止回阀》

GB/T 12237—2021《石油、石化及相关工业用的钢制球阀》

GB/T 12238—2008《法兰和对夹连接弹性密封蝶阀》

GB/T 12239—2008《工业阀门 金属隔膜阀》

GB/T 12240—2008《铁制旋塞阀》

GB/T 12241—2021《安全阀一般要求》

GB/T 12242—2021《压力释放装置 性能试验方法》

GB/T 12243—2005《弹簧直接载荷式安全阀》

GB/T 12244—2006《减压阀 一般要求》

GB/T 12245—2006《减压阀 性能试验方法》

GB/T 12246—2006《先导式减压阀》

GB/T 12247—2015《蒸汽疏水阀 分类》

GB/T 12250—2005《蒸汽疏水阀 术语、标志、结构长度》

GB/T 12712—1991《蒸汽供热系统凝结水回收及蒸汽疏水阀技术管理要求》

GB/T 13927—2008《工业阀门 压力试验》

GB/T 13932—2016《铁制旋启式止回阀》

GB/T 14478—2012《大中型水轮机进水阀门基本技术条件》

GB/T 15382—2009《气瓶阀通用技术要求》

GB/T 17213《工业过程控制阀》

GB/T 19672—2021《管线阀门 技术条件》

GB/T 20081.1—2006《气动减压阀和过滤减压阀 第1部分:商务文件中

应包含的主要特性和产品标识要求》

　　GB/T 20081.2—2006《气动减压阀和过滤减压阀 第2部分:评定商务文件中应包含的主要特性的测试方法》

　　GB/T 20173—2013《石油天然气工业 管道输送系统 管道阀门》

　　GB/T 20910—2007《热水系统用温度压力安全阀》

　　GB/T 21384—2016《电热水器用安全阀》

　　GB/T 21385—2008《金属密封球阀》

　　GB/T 21386—2008《比例式减压阀》

　　GB/T 21387—2008《轴流式止回阀》

　　GB/T 21465—2008《阀门 术语》

　　GB/T 22130—2008《钢制旋塞阀》

　　GB/T 22652—2019《阀门密封面堆焊工艺评定》

　　GB/T 22653—2008《设备用紧急切断阀》

　　GB/T 22654—2008《蒸汽疏水阀技术条件》

　　GB/T 23300—2009《平板闸阀》

　　GB/T 24917—2010《眼镜阀》

　　GB/T 24918—2010《低温介质用紧急切断阀》

　　GB/T 24919—2010《工业阀门 安装使用维护 一般要求》

　　GB/T 24920—2010《石化工业用钢制压力释放阀》

　　GB/T 24921.1—2010《石化工业用压力释放阀的尺寸确定、选型和安装 第1部分:尺寸的确定和选型》

　　GB/T 24921.2—2010《石化工业用压力释放阀的尺寸确定、选型和安装 第2部分:安装》

　　GB/T 24922—2010《隔爆型阀门电动装置技术条件》

　　GB/T 24923—2010《普通型阀门电动装置技术条件》

　　GB/T 24924—2010《供水系统用弹性密封闸阀》

　　GB/T 24925—2019《低温阀门 技术条件》

　　GB/T 25739—2010《核电厂阀门调试技术导则》

　　GB/T 26144—2010《法兰和对夹连接钢制衬氟塑料蝶阀》

　　GB/T 26145—2010《排污阀》

　　GB/T 26146—2010《偏心半球阀》

　　GB/T 26147—2010《球阀球体 技术条件》

　　GB/T 26478—2010《高压水射流清洗作业安全规范》

GB/T 26479—2017《乘用车轮胎气压监测系统的性能要求和试验方法》

GB/T 26480—2011《阀门的检验和试验》

GB/T 26481—2011《阀门的逸散性试验》

GB/T 26482—2011《止回阀 耐火试验》

GB 26640—2011《阀门壳体最小壁厚尺寸要求规范》

GB/T 28259—2012《石油天然气工业 井下设备 井下安全阀》

GB/T 28270—2012《智能型阀门电动装置》

GB/T 28572—2012《大中型水轮机进水阀门系列》

GB/T 28776—2012《石油和天然气工业用钢制闸阀、截止阀和止回阀（≤DN100）》

GB/T 28777—2012《石化工业用阀门的评定》

GB/T 28778—2012《先导式安全阀》

GB/T 29026—2012《低温介质用弹簧直接载荷式安全阀》

GB/T 29528—2013《阀门用铜合金锻件技术条件》

GB/T 30818—2014《石油和天然气工业管线输送系统用全焊接球阀》

GB/T 30832—2014《阀门 流量系数和流阻系数试验方法》

GB/T 32290—2015《供水系统用弹性密封轻型闸阀》

GB/T 32291—2015《高压超高压安全阀离线校验与评定》

机械行业标准：

JB/T 93—2008《阀门零部件扳手、手柄和手轮》

JB/T 106—2004《阀门的标志和涂漆》

JB/T 308—2004《阀门 型号编制方法》

JB/T 450—2008《锻造角式高压阀门 技术条件》

JB/T 1308.1—2011《PN2500 超高压阀门和管件 第 1 部分：阀门型式和基本参数》

JB/T 1308.2—2011《PN2500 超高压阀门和管件 第 2 部分：阀门、管件和紧固件》

JB/T 1308.3—2011《PN2500 超高压阀门和管件 第 3 部分：管子端部》

JB/T 1308.4—2011《PN2500 超高压阀门和管件 第 4 部分：带颈接头》

JB/T 1308.5—2011《PN2500 超高压阀门和管件 第 5 部分：凹穴接头》

JB/T 1308.6—2011《PN2500 超高压阀门和管件 第 6 部分：锥面垫、锥面盲垫》

JB/T 1308.7—2011《PN2500 超高压阀门和管件 第 7 部分:螺套》

JB/T 1308.8—2011《PN2500 超高压阀门和管件 第 8 部分:内外螺母》

JB/T 1308.9—2011《PN2500 超高压阀门和管件 第 9 部分:接头螺母》

JB/T 1308.10—2011《PN2500 超高压阀门和管件 第 10 部分:外螺母》

JB/T 1308.11—2011《PN2500 超高压阀门和管件 第 11 部分:内外螺套》

JB/T 1308.12—2011《PN2500 超高压阀门和管件 第 12 部分:定位环》

JB/T 1308.13—2011《PN2500 超高压阀门和管件 第 13 部分:法兰》

JB/T 1308.14—2011《PN2500 超高压阀门和管件 第 14 部分:双头螺柱》

JB/T 1308.15—2011《PN2500 超高压阀门和管件 第 15 部分:阶端双头螺柱》

JB/T 1308.16—2011《PN2500 超高压阀门和管件 第 16 部分:螺母》

JB/T 1308.17—2011《PN2500 超高压阀门和管件 第 17 部分:异径管》

JB/T 1308.18—2011《PN2500 超高压阀门和管件 第 18 部分:异径接头》

JB/T 1308.19—2011《PN2500 超高压阀门和管件 第 19 部分:等径三通、等径四通》

JB/T 1308.20—2011《PN2500 超高压阀门和管件 第 20 部分:异径三通、异径四通》

JB/T 1308.21—2011《PN2500 超高压阀门和管件 第 21 部分:弯管》

JB/T 1700—2008《阀门零部件 螺母、螺栓和螺塞》

JB/T 1701—2010《阀门零部件 阀杆螺母》

JB/T 1702—2008《阀门零部件 轴承压盖》

JB/T 1703—2008《阀门零部件 衬套》

JB/T 1708—2010《阀门零部件 填料压盖、填料压套和填料压板》

JB/T 1712—2008《阀门零部件 填料和填料垫》

JB/T 1718—2008《阀门零部件 垫片和止动垫圈》

JB/T 1726—2008《阀门零部件 阀瓣盖和对开圆环》

JB/T 1741—2008《阀门零部件 顶心》

JB/T 1749—2008《阀门零部件 氨阀阀瓣》

JB/T 1754—2008《阀门零部件 接头组件》

JB/T 1757—2008《阀门零部件 卡套、卡套螺母》

JB/T 1759—2010《阀门零部件 轴套》

JB/T 2195—2011《YDF2 系列阀门电动装置用三相异步电动机技术条件》

JB/T 2203—2013《弹簧直接载荷式安全阀 结构长度》

JB/T 2205—2013《减压阀 结构长度》

JB/T 2768—2010《阀门零部件 高压管子、管件和阀门端部尺寸》

JB/T 2769—2008《阀门零部件 高压螺纹法兰》

JB/T 2772—2008《阀门零部件 高压盲板》

JB/T 2776—2010《阀门零部件 高压透镜垫》

JB/T 2778—2008《阀门零部件 高压管件和紧固件温度标记》

JB/T 5208—2008《阀门零部件 隔环》

JB/T 5210—2010《阀门零部件 上密封座》

JB/T 5211—2008《阀门零部件 闸阀阀座》

JB/T 5263—2005《电站阀门铸钢件技术条件》

JB/T 5296—1991《通用阀门 流量系数和流阻系数的试验方法》

JB/T 5298—2016《管线用钢制平板闸阀》

JB/T 5299—2013《液控止回蝶阀》

JB/T 5300—2008《工业用阀门材料 选用导则》

JB/T 5345—2016《变压器用蝶阀》

JB/T 6378—2008《气动换向阀技术条件》

JB/T 6438—2011《阀门密封面等离子弧堆焊技术要求》

JB/T 6439—2008《阀门受压件磁粉探伤检测》

JB/T 6440—2008《阀门受压铸钢件射线照相检测》

JB/T 6441—2008《压缩机用安全阀》

JB/T 6446—2004《真空阀门》

JB/T 6617—2016《柔性石墨填料环技术条件》

JB/T 6902—2008《阀门液体渗透检测》

JB/T 6903—2008《阀门锻钢件超声波检查方法》

JB/T 7065—2015《变压器用压力释放阀》

JB/T 7245—2017《制冷系统用钢制、铁制制冷剂截止阀和升降式止回阀》

JB/T 7248—2008《阀门用低温钢铸件技术条件》

JB/T 7310—2014《装载机用减压式先导阀》

JB/T 7352—2010《工业过程控制系统用电磁阀》

JB/T 7387—2014《工业过程控制系统用电动控制阀》

JB/T 7550—2007《空气分离设备用切换蝶阀》

JB/T 7744—2011《阀门密封面等离子弧堆焊用合金粉末》

JB/T 7746—2020《紧凑型钢制阀门》

JB/T 7747—2010《针形截止阀》

JB/T 7760—2008《阀门填料密封 试验规范》

JB/T 7927—2014《阀门铸钢件外观质量要求》

JB/T 7928—2014《工业阀门 供货要求》

JB/T 8473—2014《仪表阀组》

JB/T 8527—2015《金属密封蝶阀》

JB/T 8530—2014《阀门电动装置型号编制方法》

JB/T 8531—2013《阀门手动装置 技术条件》

JB/T 8670—1997《YBDF2 系列阀门电动装置用隔爆型三相异步电动机技术条件》

JB/T 8691—2013《无阀盖刀形闸阀》

JB/T 8692—2013《烟道蝶阀》

JB/T 8729—2013《液压多路换向阀》

JB/T 8858—2017《闸阀 静压寿命试验规程》

JB/T 8859—2017《截止阀 静压寿命试验规程》

JB/T 8860—2017《旋塞阀 静压寿命试验规程》

JB/T 8861—2017《球阀 静压寿命试验规程》

JB/T 8862—2014《阀门电动装置寿命试验规程》

JB/T 8863—2017《蝶阀 静压寿命试验规程》

JB/T 8864—2018《阀门气动装置 技术条件》

JB/T 8937—2010《对夹式止回阀》

JB/T 9081—2016《空气分离设备用低温截止阀和节流阀 技术条件》

JB/T 9142—1999《阀门用缓蚀石棉填料技术条件》

JB/T 10364—2014《液压单向阀》

JB/T 10365—2014《液压电磁换向阀》

JB/T 10366—2014《液压调速阀》

JB/T 10367—2014《液压减压阀》

JB/T 10368—2014《液压节流阀》

JB/T 10369—2014《液压手动及滚轮换向阀》

JB/T 10370—2013《液压顺序阀》

JB/T 10371—2013《液压卸荷溢流阀》

JB/T 10373—2014《液压电液动换向阀和液动换向阀》

JB/T 10374—2013《液压溢流阀》

JB/T 10507—2005《阀门用金属波纹管》

JB/T 10529—2020《陶瓷密封阀门 技术条件》

JB/T 10530—2018《氧气用截止阀》

JB/T 10606—2006《气动流量控制阀》

JB/T 10648—2017《空调用铜制制冷剂截止阀》

JB/T 10673—2006《撑开式金属密封阀门》

JB/T 10674—2006《水力控制阀》

JB/T 10675—2006《水用套筒阀》

JB/T 10768—2007 空调水系统用电动阀门

JB/T 11057—2010《旋转阀 技术条件》

JB/T 11150—2011《波纹管密封钢制截止阀》

JB/T 11151—2011《低阻力倒流防止器》

JB/T 11152—2011《金属密封提升式旋塞阀》

JB/T 11175—2011《石油、天然气工业用清管阀》

JB/T 11483—2013《高温掺合阀》

JB/T 11484—2013《高压加氢装置用阀门 技术规范》

JB/T 11487—2013《高压加氢装置用阀门 技术规范》

JB/T 11488—2013《钢制衬氟塑料闸阀》

JB/T 11490—2013《汽轮机用快速关闭蝶阀》

JB/T 11491—2013《撬装式燃气减压装置》

JB/T 11492—2013《燃气管道用铜制球阀和截止阀》

JB/T 11494—2013《氧化铝疏水专用阀》

JB/T 11496—2013《冶金除鳞系统用喷射阀》

JB/T 12000—2014《火电超临界及超超临界参数阀门用承压锻钢件技术条件》

JB/T 12001—2014《火电超临界及超超临界参数阀门 一般要求》

JB/T 12002—2014《汽轮机用抽汽止回阀》

JB/T 12003—2014《阀门低温试验装置规范》

JB/T 12004—2014《低真空蝶阀 技术条件》

JB/T 12005—2014《阀门用短牙梯形螺纹》

JB/T 12006—2014《钢管焊接球阀》

JB/T 12007—2014《高炉 TRT 系统用快速切断蝶阀》

能源行业标准：

NB/T 47037—2013《电站阀门型号编制方法》

NB/T 47044—2014《电站阀门》

附录四　长度、温度和常用压力单位换算

一、国际单位制长度单位换算

国际单位制中，长度的标准单位是"米"，用符号"m"表示。1960年第十一届国际计量大会（CGPM）对"米"作出定义："米的长度等于氪-86原子的2P10和5d1能级之间跃迁的辐射在真空中波长的1 650 763.73倍"。1983年10月在巴黎召开的第十七届国际计量大会上通过了"米"的新定义："米是1/299 792 458秒的时间间隔内光在真空中行程的长度"。

其他的长度单位还有：光年、拍米（Pm）、兆米（Mm）、千米（km）、分米（dm）、厘米（cm）、毫米（mm）、丝米（dmm）、忽米（cmm）、微米（μm）、纳米（nm）、皮米（pm）、飞米（fm）、阿米（am）等。这些单位与米的换算关系如下：

1光年 $=9.46\times10^{15}$ m

1 Pm $=1\times10^{15}$ m

1 Mm $=1\times10^{6}$ m

1 km $=1\times10^{3}$ m

1 m $=10$ dm

1 dm $=1\times10^{-1}$ m

1 cm $=1\times10^{-2}$ m

1 mm $=1\times10^{-3}$ m

1 dmm $=1\times10^{-4}$ m

1 cmm $=1\times10^{-5}$ m

1 μm $=1\times10^{-6}$ m

1 nm $=1\times10^{-9}$ m

1 pm $=1\times10^{-12}$ m

1 fm $=1\times10^{-15}$ m

1 am $=1\times10^{-18}$ m

其他（公制与英制换算）：

1 mm(毫米)＝0.039 37 in（英寸）

1 cm(厘米)＝10 mm（毫米）＝0.393 7 in（英寸）

1 dm(分米)＝10 cm（厘米）＝3.937 in（英寸）

1 m（米）＝10 dm(分米)＝1.093 6 yd（码）＝3.280 8 ft（英尺）

1 dam(十米)＝10 m（米）＝10.936 yd（码）

1 hm（百米）＝100 m（米）＝109.36 yd（码）

1 km（千米）＝1 000 m（米）＝0.621 4 mile（英里）

1 nmile（海里）＝1 852 m（米）＝1.150 8 mile（英里）

中国传统的长度单位有里、丈、尺、寸等,换算如下:

1 里＝150 丈＝500 米(m)

2 里＝1 千米(1 000 m)

1 丈＝10 尺

1 尺＝10 寸

1 丈＝3.33 米(m)

1 尺＝3.33 分米(dm)

1 寸＝3.33 厘米(cm)

二、温度转换计算公式

附录表 4-1 温度转换计算公式

转换	到	公 式 $9/5＝1.8 \quad 9/4＝2.25 \quad 10/8＝1.25$
华氏温度	摄氏温度	$℃＝(℉－32)/1.8$
华氏温度	绝对温度	$K＝(℉＋459.67)/1.8$
华氏温度	兰氏度 Rankine	$°Ra＝℉＋459.67$
华氏温度	列氏度 Réaumur	$°R＝(℉－32)/2.25$
摄氏温度	华氏温度	$℉＝℃×1.8＋32$
摄氏温度	绝对温度	$K＝℃＋273.15$
摄氏温度	兰氏度 Rankine	$°Ra＝℃×1.8＋32＋459.67$
摄氏温度	列氏度 Réaumur	$°R＝℃×0.8$
绝对温度	摄氏温度	$℃＝K－273.15$
绝对温度	华氏温度	$℉＝K×1.8－459.67$
绝对温度	兰氏度 Rankine	$°Ra＝K×1.8$

附录表 4-1　温度转换计算公式

转换	到	公　式 9/5＝1.8　9/4＝2.25　10/8＝1.25
绝对温度	列氏度 Réaumur	$°R＝(K－273.15)×0.8$
兰氏度 Rankie	摄氏温度	$℃＝(°Ra－32－459.67)/1.8$
兰氏度 Rankie	华氏温度	$°F＝°Ra－459.67$
兰氏度 Rankie	绝对温度	$K＝°Ra/1.8$
兰氏度 Rankie	列氏度 Réaumur	$°R＝(°Ra－459.67－32)/2.25$
列氏度 Réaumur	摄氏温度	$℃＝°R×1.25$
列氏度 Réaumur	华氏温度	$°F＝°R×2.25＋32$
列氏度 Réaumur	绝对温度	$K＝°R×1.25＋273.15$
列氏度 Réaumur	兰氏度 Rankine	$°Ra＝°R×2.25＋32＋459.67$

附录表 4-2　不同温标换算表

摄氏温度/℃	绝对温度/K	华氏温度/°F	兰氏度/°Ra	列氏度/°R
－273.15	0	－459.67	0	－218.52
－17.78	255.37	0	459.67	－14.22
－10	263.15	14	473.67	－8
0	273.15	32	491.67	0
5	278.15	41	500.67	4
10	283.15	50	509.67	8
15	288.15	59	518.67	12
20	293.15	68	527.67	16
25	298.15	77	536.67	20
30	303.15	86	545.67	24
37	310.15	98,6	558.67	29.6
37.78	310,93	100	559.67	30.22
100	373.15	212	671,67	80
125	398.15	257	716.67	100

三、常用压力单位换算

附录表 4-3　常用压力单位换算表

kgf/cm² (at) 千克力/厘米² 工程大气压	MPa 兆帕	bar 巴	kPa 千帕	mbar 毫巴	psi lbf/in² 磅力/英寸²	mmH₂O mmAq 毫米水柱	mmHg Torr 毫米汞柱	atm 标准大气压	Pa (N/m²) 帕斯卡 牛顿/米²	μbar 微巴 巴利	inHg 英寸汞柱
1	0.098 066	0.980 665	98.067	980.67	14.223	10 000	735.559	0.967 84	98 063.891	980 638.91	28.964 181 9
10.197 2	1	10	1 000	10 000	145.04	101 971.6	7 500.61	9.869 2	999 977.10	9 999 771.0	295.353 555
1.019 72	0.1	1	100	1 000	14.504	10 197.16	750.062	0.986 92	99 997.710	999 977.10	29.535 355 5
0.010 2	0.001	0.01	1	10	0.145	101.971 6	7.500 62	0.009 869	1 000.251 6	10 002.516	0.295 434 65
0.001 02	0.000 1	0.001	0.1	1	0.014 5	10.197 16	0.750 062	0.000 987	100.025 16	1 000	0.029 543 46
0.070 31	0.006 895	0.068 95	6.895	68.95	1	703.08	51.715 7	0.068 05	6 891.156 4	68 950	2.035 3741 4
0.000 1	0.000 009	0.000 098	0.009 8	0.098	0.001 4	1	0.073 556	0.000 096	9.806 389 1	98.063 891	0.002 893 61
0.001 36	0.000 133	0.001 333	0.133 3	1.333 2	0.019 3	13.595 1	1	0.001 316	133.289 47	1 332.894 7	0.039 368 42
1.033 23	0.101 325	1.013 250	101.33	1 013.3	14.696	10 332.28	760	1	101 300	1 013 000	29.92
1.01×10^{-5}	0.000 001	0.000 01	0.001	0.01	1.45×10^{-4}	0.101 972	0.007 50	9.87×10^{-6}	1	10	0.000 295 36
1.01×10^{-6}	0.000 000 1	0.000 001	0.000 1	0.001	1.45×10^{-5}	0.010 197 2	7.5×10^{-4}	9.87×10^{-7}	0.1	1	0.000 029 53
0.034 525 4	0.003 40	0.034 0	3.375	33.75	0.491 310	345.254 01	25.401 06	0.033 422 45	3 385.695 18	33 856.951	11

附录五　常用扭力单位换算

附录表 5-1　常用扭力单位换算表

单位 数值	英制单位			公制单位			ISO 单位		
	ozf·in	lbf·in	lbf·ft	gf·cm	kgf·cm	kgf·m	mN·m	cN·m	N·m
1 ozf·in	1	0.062 5	0.005	72	0.072	0.000 72	7.062	0.706	0.007
1 lbf·in	16	1	0.083	1 152.1	1.152	0.011 52	113	11.3	0.113
1 lbf·ft	192	12	1	13 826	13.826	0.138 26	1 356	135.6	1.356
1 gf·cm	0.014	0.000 9	0.000 07	1	0.001	0.000 01	0.009 8	0.009 8	0.000 098
1 kgf·cm	13.89	0.868	0.072	1 000	1	0.01	98.07	9.807	0.098
1 kgf·m	1 389	86.8	7.233	100 000	100	1	9 807	980.7	9.807
1 mN·m	0.142	0.009	0.000 7	10.2	0.01	0.000 1	1	0.1	0.001
1 cN·m	1.416	0.089	0.007	102	0.102	0.001	10	1	0.01
1 N·m	141.6	8.851	0.783	10 197	10.20	0.102	1 000	100	1

附录六　常用物质的摩擦系数

附录表 6-1　常用物质的摩擦系数表

材料名称	摩擦系数 f			
	静摩擦		滑动摩擦	
	无润滑	有润滑	无润滑	有润滑
钢—钢	0.15	0.1～0.12	0.15	0.05～0.1
钢—低碳钢			0.2	0.1～0.2
钢—铸铁	0.3		0.18	0.05～0.15
钢—青铜	0.15	0.1～0.15	0.15	0.1～0.15
低碳钢—铸铁	0.2		0.18	0.05～0.15
低碳钢—青铜	0.2		0.18	0.07～0.15
铸铁—青铜			0.15～0.2	0.07～0.15
皮革—铸铁	0.3～0.5	0.15	0.6	0.15
橡胶—铸铁			0.8	0.5
钢—夹布胶木			0.22	
青铜—夹布胶木			0.23	
纯铝—钢			0.17	0.02
青铜—酚醛塑料			0.24	
淬火钢—尼龙 9			0.43	0.023
淬火钢—尼龙 1010				0.039 5
淬火钢—聚碳酸酯			0.30	0.031
淬火钢—聚甲醛			0.46	0.016
粉末冶金—钢			0.4	0.1
粉末冶金—铸铁			0.4	0.1

附录七　阀门术语

附录表 7-1　阀门常用术语缩写与专用术语

符号	表示意义	符号	表示意义
C_V	阀门流量系数	p_1	上游取压口测得的入口绝对静压力(Pa,bar,psi)
d	阀门公称尺寸(DN)	p_2	下游取压口测得的出口绝对静压力(Pa,bar,psi)
D	管道内径(mm)	p_c	绝对热力学临界压力(Pa,bar,psi)
F_d	阀门类型修正系数,无量纲	P_v	入口温度下液体的蒸汽绝对压力(Pa,bar,psi)
F_F	液体临界压力比系数,无量纲	Δp	上、下游取压口压力降(p_1-p_2)(Pa,bar,psi)
F_γ	比热比系数,无量纲	$\Delta p_{max(L)}$	无附接管件的最大有效压力降(Pa,bar,psi)
F_L	无附接管件控制阀的液体压力恢复系数,无量纲	$\Delta p_{max(LP)}$	带附接管件的最大有效压力降(Pa,bar,psi)
F_{LP}	带附接管件控制阀的液体压力恢复系数和管道几何形状系数的复合系数(当连接管时 $F_{LP}=F_L$),无量纲	Q	体积流量(m^3/h)
F_P	管道几何形状系数,无量纲	Q_{max}	最大体积流量(阻塞流条件下)(m^3/h)
G_f	液体比重(工作温度下液体密度与 60 ℉下水的密度的比值),无量纲	T_1	入口绝对温度(K 或℉)
G_g	气体比重(在标准条件下),工作气体的密度与空气密度的比值,即工作气体分子量与空气分子量的比值,无量纲	W	质量流量(kg/h,lb/h)

符号	表示意义	符号	表示意义
k	级互作用系数,无量纲	X	压力降与入口绝对静压力之比 $(\Delta p/p_1)$,无量纲
K	设备的热损失系数,无量纲	X_T	额定压力降比例系数,无量纲
M	分子量(kg/kmol)	Y	膨胀系数,无量纲
N	数字常数	Z	压缩系数,无量纲
		γ	比热比,无量纲
		ν	动力黏度(m²/s,cP)

注:(1) 标准条件定义为 60 ℉(15.5 ℃)和 14.7 psi(101.3 kPa);

　　(2) ANSI 标准:D 和 d 的计量单位为 in;

　　(3) ANSI 标准:p_1、p_2、p_c、p_v、Δp 的计量单位为 psi;

　　(4) 1 psi＝0.006 89 MPa,1 MPa＝145 psi,1 bar＝10^5 Pa＝0.1 MPa。

附录八　　阀门词语缩写代号

附录表 8-1　常用阀门缩写代号

代号、材质及缩写字母表示的含义		
代号	材质	含义
C.S	铸造碳钢	铸造碳钢
C.I	铸铁	铸铁
SS	不锈钢	不锈钢

阀门结构特征字母缩写代号及表示的含义			
代号	含义	代号	含义
BB	螺栓连接阀盖	TC	蝶板可调,三偏心,球面密封
TB	螺纹连接阀盖	PSB	压力自紧密封阀盖
BC	螺栓连接阀盖	DS	圆盘式
OS&Y	明杆支架外螺纹型	WB	焊接阀盖
BG	栓联压盖	FB	全通径
LF	升降式阀瓣	RB	缩径
SW	旋启式阀瓣	LB	加长阀盖
SP	弹簧推拉式阀瓣	BB-BG-OS&Y	螺栓连接阀盖,螺栓连接压盖,明杆支架型
TA	蝶板可调,双偏心,球面密封	PS-COVER SWING	压力密封阀盖,旋启式

附录表 8-2　常用阀门零件词语缩写代号

序号	代号	缩写含义（含英文）	表示的含义
1	BB	Bolted Bonnet	栓接阀帽（圆弧顶）
2	BC	Bolted Cap	栓接阀帽（平顶）
3	FB	Full Bore	通孔
4	FF	Flat Face	全平面
5	FMF	Female Face	凹面
6	FLG	Flange	法兰
7	ISNS	Inside Screw and Non-rising Stem	内螺纹暗杆
8	ISRS	Inside Screw and Rising Stem	内螺纹明杆
9	OS&Y	Outside Screw and Yoke	外螺纹共轭式
10	PB	Pressure Self-seal Bonnet	压力自紧密封压盖
11	RB	Reducing Bore	缩孔
12	RF	Raise Face	凸面
13	RF(A)	法兰密封面：密纹水线 $Ra = 6.3 \sim 12.5\mu m$，用于非金属平垫片	
14	RJ	Ring Joint	环连接面
15	RS	Rising Stem	明杆
16	STL	Stellite Alloy	司太立合金
17	SW	Socket-welding	承插焊
18	SB	Screwed Bonnet	螺纹阀帽（圆弧顶）
19	SC	Screwed Cap	螺纹阀帽（平顶）
20	Th	Thread	螺纹
21	Rc 55°		圆锥内螺纹
22	FM	Female Flange Face	凹面法兰
23	M	Male Flange Face	凸面法兰
24	RF		凸台光滑面
25	FE		凹面
26	RJ		环连接面
27	FM		凹凸面
28	FF		全平面

附录表 8-2(续)

序号	代号	缩写含义(含英文)	表示的含义
29	BW		对焊连接
30	SW		承插焊连接
31	THR		内螺纹连接
32	SW/THR		端承插焊连接/另一端内螺纹连接
33	WPL		一端焊接,另一端丝堵
34	TE		螺纹端
35	SCh		管级号
36	XXS		加厚管

附录表 8-3　阀门垫片及材料

序号	代号	垫片名称	垫片材料	备注
1	COAG	柔性石墨复合垫	低碳钢芯片	
2	COKG	柔性石墨复合垫	不锈钢芯片	
3	SWKG	柔性石墨缠绕垫	不锈钢芯片	
4	OVK9	椭圆垫	304	
5	OVA2	椭圆垫	10#	
6	OCA2	八角形垫	10#	
7	OCK9	八角形垫	304	
8	GRAF	石墨垫	柔性石墨	

注:ANSI/API 6D—2008 版标准中的缩写:

BM 本体金属	NPS 公称管道尺寸	DBB 双截断和排放
PQR 焊接程序鉴定记录	DN 公称尺寸	PWHT 焊后热处理
HBW 布氏硬度	SYMS 规定的最小屈服强度	HV 维氏硬度
UT 超声波试验	MT 磁粉试验	WPS 焊接程序规范
CE 碳当量	PN 公称压力	DIB 双隔离和排放
PT 渗透试验	HAZ 热影响区	RT 射线试验
HRC 洛氏硬度	USC 美国惯例(单位)	MPD 最大压差
WM 焊接金属	NDE 无损检验	WPQ 焊接性能鉴定

附表九　金属材料线膨胀系数表

附录表 9-1　金属材料线膨胀系数　　　　　　　　$/10^{-6}\,^{\circ}\!C^{-1}$

材料	温度范围/℃								
	20	20～100	20～200	20～300	20～400	20～600	20～700	20～900	20～1 000
工程钢		16.6～17.1	17.1～17.2	17.6	18～18.1	18.6			
紫铜		17.2	17.5	17.9					
黄铜		17.8	16.8	20.9					
锡青铜		17.6	17.9	18.2					
铝青铜		17.6	17.9	19.2					
铝合金		22～24	23.4～24.8	24～25.9					
碳钢		10.6～12.2	11.3～13	12.1～13.5	13.5～14.3	13.5～14.3	14.7～15		
铬钢		11.2	11.8	12.4	13	13.6			
40CrSi		11.7							
30CrMnSiA		11							
3Cr13		10.2	11.1	11.6	11.9	12.3	12.8		
1Cr18Ni9Ti		16.6	17	17.2	17.5	17.9	18.6	19.3	
铸铁		8.7～11.1	8.5～11.6	10.1～12.2	11.5～12.7	12.9～13.2			17.6
镍基合金		14.5							
砖	9.5								
水泥混凝土	10～14								
胶木硬橡胶	64～77								

材料	温度 范 围/℃								
	20	20～100	20～200	20～300	20～400	20～600	20～700	20～900	20～1 000
玻璃		4～11.5							
赛璐珞		100							
有机玻璃		180							
yG6、yG8				4.5					
YG15				5.3					
YT5				6.06					
YT15				6.51					
YT14				6.21					
σ-Al_2O_3 工业陶瓷							平均 7.8		

注:摘自《机械设计手册》。

附录十　司太立耐热耐磨硬质合金主要物理-力学性能

附录表 10-1　常用司特立耐热耐磨硬质合金主要物理-力学性能[①]

名称	物理性能		力学性能			
	相对密度	热膨胀系数 (50～600 ℃) /[μm/(m·℃)]	弹性模量 /MPa	抗拉强度 /MPa	抗压强度 /MPa	硬度[②] (常温)
No 1	8.48	13.6	253500	780	1610	HRC54(G)
No 6	8.42	14.9	210000	940	1730	HRC44(G)
No 12	8.47	14.4	204000	990	1810	HRC47(G)
No 21	8.30	14.9		820		HRC33(D) [HRC41]

名称	物理性能			力学性能			
	相对密度	热膨胀系数 (50～600 ℃) /[μm/(m·℃)]	弹性模量 /MPa	抗拉强度 /MPa	抗压强度 /MPa	硬度② (常温)	
No25	9.13	14.8	240000	1030		HRC20	
No32	8.68	14.1		790	2040	HRC42(G)	
No40	7.80			210		HRC57(G)	
No40	8.14			380		HRC51(G)	
No90	7.35	14.9		630		HRC56(G) HRC57(D)	
No93	7.77	12.8		630		HRC62(G)	

注:(1) 力学性能是试验的结果。

(2) G 表示气焊;D 表示由包覆电弧焊接造成的余量厚度;[ ]内的数值表示加工后的硬度。

附录十一　大口径非标法兰尺寸

附录表 11-1　EN1092-21 型法兰(整体法兰 IF)

DN /mm	PN /Par	法兰直径 /mm	法兰螺孔中心圆 D_1/mm	法兰厚度 /mm	螺孔数量	螺孔直径 /mm
1 800	6	2 045	1 970	36	44	39
1 800	10	2 115	2 020	56	44	48
1 800	16	2 130	2 020	68	44	56
2 000	6	2 265	2 180	38	48	42
2 000	10	2 325	2 230	60	48	48
2 000	16	2 345	2 230	70	48	62
2 200	6	2 475	2 390	42	52	42
2 200	10	2 550	2 440	**58**	52	56
2 200	16	2 565	2 440	76	52	70

DN /mm	PN /Par	法兰直径 /mm	法兰螺孔中心圆 D_1/mm	法兰厚度 /mm	螺孔数量	螺孔直径 /mm
2 400	6	2 685	2 600	44	56	42
2 400	10	2 760	2 650	**62**	56	56

注:(1) 正体和粗体数字是Ⅱ型法兰(带颈对焊法兰 WN 有法兰厚度,IF 没有法兰厚度)。

(2) 斜体数据是类比值。

(3) 目前 DN>2 000 mm 的法兰均参考 EN1092。

(4) 根据 GB/T 17186 系列标准,按对焊法兰公式校核斜体数据,满足 Q235A 材料应力要求。

附录表 11-2　EN1092-1 压力等级与最大口径对应的法兰形式

压力等级	最大口径	对应法兰类型
PN2.5	DN4000	带颈对焊
PN6	DN3600	带颈对焊
PN10	DN3000	带颈对焊
PN16	DN2000	带颈对焊
PN25	DN2000	整体法兰
PN40	DN600	整体法兰
PN63	DN1200	整体法兰
PN100	DN500	整体法兰

注:EN 1092-1(PN 标识)包含了公称压力为 PN2.5、PN6、PN10、PN16、PN25、PN40、PN63 和 PN100 共八档,公称尺寸为 DN10～DN4000。

参 考 文 献

[1] 蔡元兴,刘科高,郭晓裴.常用金属材料的耐腐蚀性能[M].北京:冶金工业出版社,2012.

[2] 陈国龙,蔡勇,李国林,等.氟塑料衬里产品的种类、性能与应用[J].有机氟工业,2005(4):37-39.

[3] 陈继忠,王欣,张永生.药芯焊丝用于低中压阀门密封面的堆焊技术应用[J].现代焊接,2009,77(5):47-48.

[4] 陈敏,汤文成,张逸芳,等.阀门密封结构中超弹性接触问题的有限元分析[J].中国机械工程,2007(15):1773-1775.

[5] 成大先.机械设计手册:第2卷[M].4版.北京:化学工业出版社,2002.

[6] 崔忠圻,覃耀春.金属学与热处理[M].北京:机械工业出版社,2020.

[7] 付清林.阀体受力与强度计算公式的理论依据[J].阀门,2006(4):11-12.

[8] 何培堂,刘先东,张志军,等.高温阀门设计中的关键技术[J].炼油与化工,2000(4):27-29.

[9] 胡元银,赵建军,杨辉.衬氟塑料阀门设计若干问题探讨[J].阀门,2007(3):5-8.

[10] 湖南省长沙市革命委员会工交办公室.钳工实践[M].上海:上海科学技术出版社,1978.

[11] 江南阀门公司.阀门制造工艺[G].2008.

[12] 莱昂斯 J L.阀门技术手册[M].袁玉求,张洪文,章嘉炎,等,译. 北京:机械工业出版社,1991.

[13] 李庆寿.机床夹具设计[M].北京:机械工业出版社,1984.

[14] 李仁年,陆初觉.工程流体力学[M].北京:机械工业出版社,2000.

[15] 梁晓刚,陈宗华,低温阀门设计技术研究及分析[J].化工设备与防腐蚀,2003(5):8-11.

[16] 陆培文,高凤琴.阀门设计计算手册[M]. 北京:中国标准出版社,2009.

[17] 陆培文,孙晓霞,杨炯良.机械阀门选用手册[M].北京:机械工业出版社,2005.

[18] 陆培文.调节阀实用技术[M].北京:机械工业出版社,2006.

[19] 陆培文.实用阀门设计手册[M].4 版.北京:机械工业出版社,2020.

[20] 鹿彪,张立红.低温阀门设计制造与检验[J].阀门,1999(3):6-10.

[21] 倪平.阀门流量系数和流阻系数计算式中量单位的分析[J].阀门,2010(6):36-41.

[22] 饶松森,张国桢.理论力学[M].北京:高等教育出版社,1957.

[23] 苏志东,尹玉杰,张清双.阀门制造工艺[M].北京:化学工业出版社,2010.

[24] 苏志东.核级阀门密封面堆焊[J].中国核电,2010,3(1):39-49.

[25] 孙娜,董纯策.阀门在严苛工况下设计的注意事项[R].2008.

[26] 田玉顺.机械加工技术手册[M].北京:北京出版社,1989.

[27] 王文翰.焊接技术手册[M].郑州:河南科学技术出版社,2000.

[28] 席立伟.火电厂阀门的设计理论与应用[J].中国科技博览,2013(38):371-372.

[29] 夏博康,李德君,刘明福.伍德式密封的修复[J].石油化工设备技术,1994(4):3.

[30] 许镇宇,邱宣怀.机械零件[M].北京:高等教育出版社,1965.

[31] 杨源泉.阀门设计手册[M].北京:机械工业出版社,2020.

[32] 张清明.高温阀门的设计与计算[J].通用机械,2008(2):70-74.

[33] 赵耀.电站阀门材料的选择[J].内蒙古科技与经济,2014(14):95,97.

[34] 赵喆敏.高温阀门密封面的堆焊修复[J].山西机械,2002(3):57-58.

[35] 浙江瓯海县耐腐蚀阀门厂.氟塑料衬里阀门制造性能与应用[G].2015.

[36] 郑州华菱超硬材料有限公司.堆焊阀门密封面的最新资料[G].2014.

[37] 中国标准出版社,全国紧固件标准化技术委员会.中国机械工业标准汇编:紧固件产品卷[M].3 版.北京:中国标准出版社,2004.

[38] 中国标准出版社第三编辑室,全国阀门标准化技术委员会.中国机械工业标准汇编:阀门卷[M].3 版.北京:中国标准出版社,2009.

[39] 中国电器工业协会电站辅机分会.电站常用阀门手册[M].北京:中国电力出版社,2000.

[40] 中国机械工程学会,第一机械工业部.机修手册[M].北京:机械工业出版社,1984.

[41] 中国矿业学院高等数学教研组.数学手册[M].北京:中国工业出版社,1962.

［42］中国通用机械阀门行业协会.高温高压阀门和低温阀门的设计、检验及使用［G］.2000.

［43］朱日彰.金属腐蚀学［M］.北京:冶金工业出版社,1989.